国家林业和草原局普通高等教育"十三五"规划教材

WOOD MACHINERY

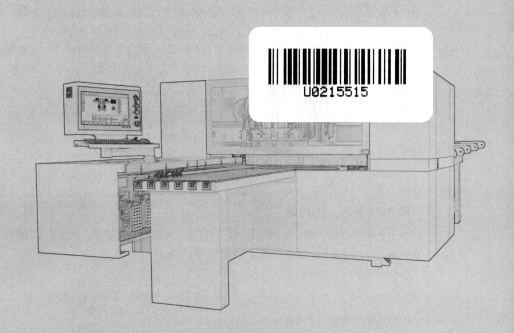

木工机械

李 黎 刘红光 罗 斌 / 主 编
王明枝 李伟光 陈超辉 / 副主编

中国林业出版社
China Forestry Publishing House

·数字资源
·拓展阅读

内容简介

本教材收集了木材加工工艺中常用典型木工机械,既包括木材切削加工中的锯、铣、刨、磨、钻机床,也包括近木制品生产工艺中的封边、贴面、涂布,以及数控机床和定制家具生产线。教材结合木材加工新技术和新工艺,系统介绍了各类木工机械的结构、工作原理、功能和用途等。

本教材是高等院校木材科学与工程专业专用教材,也可作为家具设计与工程等专业的教材或职业培训教材,并可供有关工程技术人员、机床操作和维修人员参考使用。

图书在版编目(CIP)数据

木工机械／李黎,刘红光,罗斌主编. —北京 :中国林业出版社,2021.5(2024.7重印)

国家林业和草原局普通高等教育"十三五"规划教材

ISBN 978-7-5219-1082-7

Ⅰ.①木… Ⅱ.①李… ②刘… ③罗… Ⅲ.①木工机械–高等学校–教材 Ⅳ.①TS64

中国版本图书馆 CIP 数据核字(2021)第 048446 号

中国林业出版社·教育分社

策划编辑:杜 娟　　　　　　　　　　责任编辑:田夏青 陈 惠 杜 娟

电话:(010) 83143553　　　　　　　传真:(010) 83143516

出版发行　中国林业出版社(100009　北京市西城区德内大街刘海胡同 7 号)

E-mail:jiaocaipublic@163.com　电话:(010)83143500

http://www.forestry.gov.cn/lycb.html

经　销　新华书店

印　刷　三河市祥达印刷包装有限公司

版　次　2021 年 5 月第 1 版

印　次　2024 年 7 月第 3 次

开　本　850mm×1168mm　1/16

印　张　17

字　数　414 千字

定　价　52.00 元

本书数字资源

前　言

　　近些年，随着科学技术的飞速发展，我国在木材工业方面正逐步从制造向"智造"大国迈进，木工机械装备也经历了新一轮的换代和升级，已走在信息化、自动化、智能化发展道路上。木工机械逐步向高精度、高速度、连续化、自动化方向转变。为适应木材加工工业发展要求，满足实际教学需求，根据相关院校各专业教学大纲的要求，编写了本教材。

　　本教材主要针对高等院校木材科学与工程专业和家具设计制造专业，并兼顾机械设计制造专业，以及相关职业院校的学生使用，也可以作为相关生产企业工程技术人员的参考书。

　　本教材由北京林业大学教师团队和相关生产企业技术人员共同编写完成，其中，第1章由北京林业大学于志明、李黎和罗斌编写，第2、3章由北京林业大学于志明、王明枝和罗斌编写，第4、6章由北京林业大学刘红光和罗斌编写，第5、8章由北京林业大学罗斌和广州弘亚数控机械股份有限公司陈超辉、罗忠省编写，第7章由北京林业大学李黎和罗斌、青岛盛福精磨科技有限公司王庭晖、青岛威特动力木业机械有限公司白洋编写，第9章由北京林业大学罗斌和佛山市万锐机械有限公司白靖莲编写，第10章由北京林业大学罗斌、中国林业科学研究院李伟光和广州博硕机械设备有限公司吴雪峰编写，第11章由北京林业大学李黎和罗斌、广州弘亚数控机械股份有限公司应俊华、欧码(北京)机械设备有限公司邝春生和姚翔编写。

　　本教材由东北林业大学花军教授主审，其对书稿进行了认真细致地审阅，并提出了极为宝贵的修改意见，对提高本教材的编写质量给予了很大的帮助，在此谨致以衷心的感谢！

　　本教材在编写过程中还得到了张健、郑妮华、孙萍、杜瑶、田彪、金家鑫、孙鑫淼、柳浩雨的大力支持和帮助，在此一并表示感谢！

　　由于编者的水平和条件所限，加之时间仓促，书中不妥之处在所难免，欢迎广大同仁和读者批评指正。

编　者

2020 年 9 月

目 录

第 1 章
绪 论

木工机械是指在木材加工工艺中，将木材和木质复合材料加工成为木制品的一类机械设备。

1.1 木工机械的历史发展

木工机械加工的对象是木材和木质复合材料。木材是人类发现并最早利用的一种原料，与人类的住、行、用有着密切的关系。人类在长期实践中积累了丰富的木材加工经验。木工机床正是通过人们长期生产实践，不断发现、不断探索、不断创造而发展起来的。古代劳动人民在长期的生产劳动中创造和使用了各种木工工具。最早的木工工具是锯子。根据历史文献记载，中国商代和西周时期，最早制成了"商周青铜刀锯"，距今已有 3000 多年。国外历史文献记载中，最古老的木工机床是公元前埃及人制造的弓形车床。1384 年在欧洲出现的以水力、畜力、风力为动力驱动，锯条做往复运动，锯剖原木的原始排锯机，这种排锯机是现代木工机械的鼻祖。

18 世纪 60 年代，英国开始了"产业革命"，机械制造技术取得了显著进步，原来依靠手工作业的产业相继实现机械加工。木材加工也利用这一机会开始了机械化的进程。其中以被称为"木工机床之父"的英国造船工程师本瑟姆（S. Benthem）的发明最为卓著。从 1791 年开始，他相继完成了平刨、铣床、镂铣机、圆锯机、钻床的发明。虽然当时这些机床的结构是以木材为主体，只有刀具和轴承是金属制造的，结构还很不完善，但与手工作业相比却显示出了极高的效率。1799 年，布鲁奈尔（M. I. Bruner）发明了造船业专用木工机床，使得工作效率有了显著提高。

1802 年，英国人布拉马（Bramah）发明了龙门刨床。它是将被加工的原料固定在工作台上，铣刀刀轴在工件上面旋转，当工作台往复运动时，铣刀对木材工件进行平面铣削加工。1808 年，英国人威廉·纽伯瑞（Williams Newberry）发明了带锯机。但由于当时带锯条的制作与焊接技术水平较低，带锯并没有投入使用。直到 50 年后，法国人完善了带锯条的制造焊接技术，带锯机才获得普遍应用。

19 世纪初，美国经济大发展，大量欧洲移民移入美国，需要建造大量的住宅、车辆和船只等，加上美国具有丰富森林资源这个得天独厚的条件，木材加工工业兴起，木工机床得到很大发展。1828 年，伍德·沃思（Wood Worth）发明了单面压刨，它的结构是回转的铣刀轴和进给滚筒相结合，进给滚筒不但进料而且可以起到压紧木料的作用，可以将木料加工成规定的厚度。单面压刨还具有刨边、开槽的功能，工作效率很高。

1860 年开始，以铸铁替代木制床身。

1834 年，美国人乔治·佩奇（George Page）发明了脚踏榫槽机；费伊（J. A. Fay）发明了开榫机。

1876 年，美国人格林·里（Green Lee）发明了最早的方凿榫槽机；1877 年，美国的柏尔林工厂出现了最早的带式砂光机；1900 年，美国开始生产双联带锯机。

1958 年，美国展出了数控机床，10 年后，英国、日本相继开发了木工数控镂铣机。

1960 年，美国首先制成了制材削片联合机。

1979 年，德国蓝帜（Leits）公司制成了聚晶金刚石刀具，其寿命是硬质合金刀具的 125 倍，可以用于极硬的三聚氰胺贴面的刨花板、纤维板及胶合板的加工。近 40 年来，随着电子传感技术和计算机数控技术的发展，木工机械也在不断地采用新技术。1966 年，瑞典柯肯（Kockums）公司建立了世界上首座计算机控制的自动化制材厂。1982 年，英国瓦特金（Wadkin）公司发展了 CNC 镂铣机和 CNC 加工中心。1994 年，意大利 SCM 公司、德国 HOMAG 公司相继推出了厨房家具柔性生产线和办公家具柔性生产线。

2013 年，德国政府推出旨在抢占技术战略制高点的国家战略计划《高技术战略 2020》。"工业 4.0"项目是这个战略计划的十大内容之一，该项目为满足人们对生活质量的要求，应对日益提高的市场个性化需求，在家具等木质家居制品生产中，推出了计算机信息化过程管理与自动化加工的混流生产线和相对应的机械、管理软件，使家具生产率先迈入了智能化生产阶段。

从蒸汽机发明到现在 200 多年的时间，发达工业化国家的木工机床行业，经过不断地改进、提高、完善，现在已发展成为一个有 120 多个系列，300 多个品种的门类齐全的行业。国际上木工机械较为发达的国家有德国、意大利、美国。

由于我国近代受帝国主义的欺压，当时的清政府实行闭关锁国的政策，限制了机械行业的发展。中华人民共和国成立前，我国几乎没有自己的木工机械加工业，大部分机床依靠进口。1950 年后，我国木工机械行业得到了飞速发展。70 多年来，我国已从仿制、测绘发展到独立设计制造木工机械。现已有 40 多个系列，100 多个品种，并已形成了一个包括设计、制造和研发的产业体系，在木工机械设计制造领域进入国际领先行列。

1.2　木工机械的发展趋势

随着科技不断地向前发展，新技术、新材料、新工艺不断地涌现。电子技术、数字控制技术、激光技术、微波技术以及高压射流技术的发展，给木工机械的自动化、柔性化、智能化和集成化带来了新的活力，使机床的品种不断增加、技术水平不断提高。综合起来其发展趋势有以下几个方面。

1.2.1　提高木材综合利用率

由于世界范围内的森林资源日趋减少，高品质原材料的短缺已成为制约木材工业发展的主要原因。因此，最大程度地提高木材的利用率，是木材工业的主要任务。发展各种人造板产品，提高其品质和应用范围是高效利用木材资源最有效的途径。另外，发展全树利用、减少加工损失、提高加工精度均可在一定程度上提高木材的利用率。

1.2.2 提高生产效率和自动化程度

提高生产效率的途径有两个：一是缩短加工时间，二是缩短辅助时间。缩短加工时间，除了提高切削速度、加大进给量外，其主要的措施是工序集中。因为刀具、振动和噪声方面的原因，切削速度和进给量不可能无限制地提高，因此多刀通过式联合机床和多工序集中的加工中心就成了主要的发展方向，如联合了锯、铣、钻、开榫、砂光等功能的双端铣床，多种加工工艺联合的封边机，集中了多种切削加工工序的数控加工中心等。缩短辅助工作时间主要是减少非加工时间，采用附带刀库的加工中心，或采用数控流水线与柔性加工单元间自动交换工作台的方式，把辅助工作时间缩短到最低。

1.2.3 提高加工精度

目前普通机床的加工精度可达到 $1 \sim 5 \mu m$，超精度数控加工机床的加工精度已经达到纳米级。由于木工机械加工对象自身的特点，决定了木工机械达不到金属切削机床的精度，但其加工精度正在逐年提高，如国外砂光机的定厚精度可达 $0.01mm$，步进电机与滚珠丝杠配合的带锯侧向进给机构的进尺精度可达 $0.025mm$，数控铣床的加工精度可达 $0.02mm$。

1.2.4 应用高新技术

随着科学技术的进步，一些新的加工方法将会在木材加工工业中得到广泛应用，如激光、超声波、电子束、等离子束、高压射流、磨料射流、电磁成型等非传统型加工方法。这些技术的应用会给传统加工方法带来一次革命性的变革，将有力促进木材加工工业向高精度、高速度、高质量、高效率方向发展。

1.2.5 发展柔性化、集成化加工制造系统

随着人们生活水平不断提高，家具市场需求开始日益个性化。为满足企业对多品种、小批量生产的需要，国外在 20 世纪 80 年代中期就已开发生产出了家具柔性加工系统。1994 年的米兰和 1996 年的汉诺威国际木工机械博览会上，意大利 SCM 公司和德国 HOMAG 公司推出的厨房家具和办公家具柔性生产线，使家具的柔性生产系统进入了工业化大规模应用阶段。目前，国内外以家具为代表的木质家居制品制造业正步入到计算机信息化过程管理、自动化加工制造和网络化营销的阶段，各种计算机数字控制的加工中心、柔性加工单元、柔性制造系统、智能集成加工系统在板式家具、实木家具以及地板、木门制造业已经进入普及阶段。柔性化、智能化已成为木工机械制造业的发展趋势。

1.2.6 安全无公害加工生产系统

安全性差、噪声、粉尘是木材加工工业中的三大公害，虽经多年努力仍无法从根本上解决。随着人们生活水平的不断改善，环境保护的呼声越来越高，人们更加重视自身的生活质量。因此，木工机械的设计、制造和使用必须符合环保的要求，达到安全、低噪、无尘。所以，进一步解决这三大公害仍将是今后木工机械不断努力的方向。

1.3　木工机械的特点

木工机械与普通机床有相同点，但也有很大的区别。由于木工机床的加工对象是木材，木材的不均匀性和各向异性，使木材在不同的方向上具有不同的性质和强度，切削时作用于木材纤维方向的夹角不同，木材的应力和破坏载荷也不同，促使木材切削过程发生许多复杂的物理化学变化，如弹性变形、弯曲、压缩、开裂以及起毛等。此外，由于木材的硬度不高，其机械强度极限较低，具有良好的分离性。木材的耐热能力较差，加工时不能超过其焦化温度（110~120℃）。上述所有，构成了木工机床独有的特性。

1.3.1　高速度切削

木工机床的切削线速度一般为40~70m/s，最高可达120m/s。一般切削刀轴的转速为3 000~12 000r/min，最高可达20 000r/min。这是因为高速切削使切屑来不及沿纤维方向劈裂就被切刀切掉，从而获得较高的几何精度和较低的表面粗糙度，同时保证木材的表面温度也不会超过木材的焦化温度。高速切削对机床的各方面提出了更高的要求，如主轴部件的强度和刚度要求较高；高速回转部件的静、动平衡要求较高，要用高速轴承，机床的抗振性能要好；以及刀具的结构和材料要适应高速切削等。

1.3.2　有些零部件的制造精度相对较低

除一些高速旋转的零部件外，由于木制品的加工精度一般比金属制品的加工精度低，所以机床的工作台、导轨等的平行度、直线度以及主轴的径向圆跳动等要求要比金属切削机床低。但这只是相对而言，对于高速旋转的刀轴和微薄木旋切机的制造精度要求很高，并且随着木制品的加工精度和互换性要求的提高，木工机床的制造精度正在逐步提高。

1.3.3　木工机床的噪声水平较高

受高速切削和被切削材料性能的影响，木工机床的噪声水平一般较高。其主要噪声来源：一是高速回转的刀轴扰动空气产生的空气动力性噪声；二是刀具切削非均质的木材工件产生的振动和摩擦噪声以及机床运转产生的机械性噪声。一般在木材加工的制材和家具车间产生的噪声可达90dB(A)，裁板锯的噪声可高达110dB(A)，严重影响着工人的身心健康，成为公害之一。工业噪声污染日益受到人们的重视。国际卫生组织规定，木工机床中的锯、铣类机床的空转噪声要低于90dB(A)，其他类机床的空转噪声水平不得高于85dB(A)，否则，该产品为不合格产品，不准出厂。

1.3.4　木工机床一般不需要冷却装置，而需要排屑除尘装置

由于木材的硬度不高，在加工过程中，刀具与工件之间产生的摩擦热小，即使高速切削，也不易出现刀具过热而产生变形或退火现象。另外，木制品零部件的特点决定了其不能在加工过程中被污染，所以木工机床一般不需要冷却装置。但其在加工过程中产生大量易燃的锯末、刨花，需要及时排除，所以一般木工机床都应配有专用的排屑除尘装置。

1.3.5　木工机床多采用贯通式进给方式，工位方式少

由于木材工件质量轻、尺寸大、单次加工量大，所以为了减少机床结构尺寸和占地面积，木工机床一般多采用工件贯通式进给方式，如锯、铣、刨类机床等。

1.4　木工机床型谱编号方法

木工机床型谱编号的目的就是用几个简单的数字和符号将木工机床所属的系列、主要规格、技术性能和结构特征表示出来，以便于使用单位的选用、技术管理、技术交流和商务贸易等活动。

1.4.1　木工机床的分类

木工机床的分类方法很多，可以按不同的用途和需要进行划分。

（1）按照木工机床的加工工艺，包括加工方式、加工零部件的类型、几何尺寸和加工精度等，可分为精加工木工机床和粗加工木工机床。

（2）按照木工机床加工零部件相对切削刀头的位置，可分为通过式木工机床和工位式木工机床。

（3）按照木工机床的工艺适应性，可分为通用木工机床，如平刨、压刨等；专门化木工机床，如封边机、四面刨等；专用木工机床，如装铰机、订钉机等。

（4）按照木工机床可同时加工工件的数量，可分为单轴或多轴木工机床、单线或多线木工机床、单头或多头木工机床，以及多刀木工机床。

（5）按照木工机床自动化程度的高低，可分为手动操作、机械化、半自动化和自动化机床。手动操作木工机床中除了主切削运动外，其余的一切运动均由人工手动操作。机械化木工机床中执行机构的工作运动由机械驱动。半自动化木工机床工作循环中的工作运动和部分辅助运动由机械驱动。自动化木工机床工作循环中全部的工作运动和辅助运动都由机械驱动完成。

（6）按照机床的加工性质，即机床采用的切削方式或用途不同，国家标准中将木工机床划分为13类，具体分类方法见表1-1。

表 1-1　木工机床分类方法

类别	木工锯机	木工刨床	木工铣床	木工钻床	木工榫槽机	木工车床	木工磨光机	木工联合机	木工接合组装涂布机	木工辅机	木工手提机具	木工多工序机床	其他木工机床
代号	MJ	MB	MX	MZ	MS	MC	MM	ML	MH	MF	MT	MD	MQ
读音	木锯	木刨	木铣	木钻	木榫	木车	木磨	木联	木合	木辅	木提	木多	木其

1.4.2　通用木工机床型号编制方法

按照 GB/T 12448—2010 规定的木工机床型号编制方法，木工机床型号的表示如下：

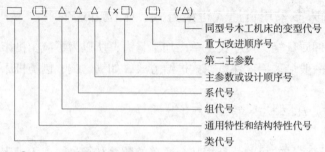

注：①有"( )"的代号，当无内容时，则不表示；若有内容，应不带"( )"。
　　②有"□"符号者，为大写的汉语拼音字母。
　　③有"△"符号者，为阿拉伯数字。

1.4.2.1　组、系的划分

在木工机床 13 类以下划分组、系。同类木工机床中，其结构性能及使用范围基本相同的机床为一组；同组木工机床中，主参数名称相同，数值按一定要求排列；工件和刀具的相对运动特点基本相同，而且基本结构及布局形式相同的木工机床为一系。木工机床型号是木工机床的产品代号，由汉语拼音字母及阿拉伯数字组成，代表木工机床所属的系列、技术规格和性能以及结构特性。每类木工机床划分 9 个组，每个组划分 10 个系，组、系代号用两位阿拉伯数字表示。

1.4.2.2　通用特性代号

当某种类型的木工机床，除了普通型外，还有表 1-2 列出的某种通用特性时，通用特性在类的代号后予以表示；若此类机床仅有某种通用特性，而无普通型时，通用特性不予表示。一般一个木工机床型号中只表示最主要的一个通用特性，少数特殊情况下，最多可以表示两个。通用特性代号在各类木工机床型号中的意义相同。

表 1-2　木工机床通用特性代号

通用特性	自动	半自动	数控	数显	仿型	万能	简式
代号	Z	B	K	X	F	W	J
读音	自	半	控	显	仿	万	简

1.4.2.3　结构特性代号

为了区分主参数相同而结构不同的木工机床，在型号中加结构特性代号予以区别。结构特性代号用大写汉语拼音字母表示，如端面车床用"D"表示，左式带锯机用"Z"表示。但"I""O"两个字母不能作为结构特性代号。

1.4.2.4　主参数

木工机床型号中的主参数用折算值表示，位于组、系代号后。当折算值大于 1 时，取整数，前面不加 0。多数木工机床的主参数是用其最大加工能力的技术参数表示，折算系数为 1/100。

1.4.2.5 设计顺序号

某些通用木工机床，当无法用一个主参数表示时，则在其型号中用设计顺序号表示。设计顺序号由 1 起始。当设计顺序号少于两位时，则一律在设计顺序号前加 0。

1.4.2.6 第二主参数

当木工机床的最大工件长度、工作台长度、裁边长度等长度单位的变化将引起机床的结构、性能的重大变化时，为了区分，将其作为第二主参数列于主参数之后，用"×"分开，读作"乘"。属于长度的，包括行程、跨距，采用 1/100 的折算系数；属于宽度的、深度、齿距，采用 1/10 的折算系数；属于工件厚度的，则以实际的数值列入型号。当以轴数或联数作为第二主参数列入其型号时，表示方法与上面相同，以实际数值列入。

1.4.2.7 重大改进序号

当木工机床的性能及结构布局有重大改进，并按新产品进行试制和验收鉴定时，才可在原型号后加重大改进序号，按字母 A、B、C 的顺序选用，以区别于原型号。重大改进后的产品与原产品是一种取代的关系，两者不能长期并存。凡属局部改进、增减附件、增减测量装置及改变装夹工件方式等，均不属于重大改进。

1.4.2.8 同型号木工机床的变形代号

某类用途的通用木工机床，需要根据不同的加工对象，在基本型号的基础上，仅改变机床的部分性能结构时，则加变形代号。这类变形代号可在原型号后加 1、2、3 等阿拉伯数字顺序号，并用"/"分开，读作"之"，以便与原型号区分。

1.4.2.9 通用木工机床型号示例

例 1：最大锯片直径为 400mm 的手动进给木工圆锯机，其型号为 MJ104；

例 2：锯轮直径为 1060mm 的跑车木工带锯机，其型号为 MJ3210；

例 3：最大加工宽度为 600mm 的带数显的单面木工压刨，其型号为 MBX106；

例 4：最大钻孔直径为 50mm 的立式单轴木工钻床，其型号为 MZ515；

例 5：开榫榫头最大长度为 160mm 的单头手动直角框榫开榫机，其型号为 MD2116；

例 6：MJ223A 表示摇臂式万能木工圆锯机，最大锯片直径为 300mm，第一次改进设计；

例 7：MB504 表示最大加工宽度为 400mm 的木工平刨；

例 8：MM529 表示最大磨削宽度为 900mm 的双砂架宽带砂光机；

例 9：MX5112 表示加工工件最大厚度为 120mm 的立式下轴木工铣床；

例 10：MXK5026 表示工作台最大长度为 2600mm 的数控木工镂铣机。

第 2 章
木工数控机床基础

计算机数字控制（Computer Numerical Control，简称 CNC），是指用数字化信号对机床运动及其加工过程进行控制的一种方法。由计算机数字控制的机床称为数控机床。

数控机床是技术密集型及自动化程度很高的机电一体化设备。它按国际、国家或生产厂家规定的数字或编码方式，把各种机械的位移量、运转参数、辅助功能用数字或文字符号表示出来，通过能识别并可以处理这些符号的微电子系统变成电信号；利用相关的电器元件将电能转化为机械能，实现所要求的机械动作，从而完成加工任务。此处的微电子系统，即为计算机数字控制系统。

木材加工工艺过程中的数控加工工艺技术，就是指用数控机床加工木制品零部件的一种工艺方法。

2.1　数控加工

数控加工与通用机床加工在方法和内容上有许多相似之处，不同之处主要表现在控制方式上。用通用机床加工时，就某一道工序而言，其加工步骤、机床运动次序、走刀路线及相关切削用量的选择，都是由操作人员依据个人的经验和工艺规程来考虑和确定，并用手工操作的方式控制。如仿型铣床，其加工过程可以实现自动化，但其控制方式是通过靠模和气动或机械的压紧仿型机构实现的。而用数控机床加工时，就要预先将各种操作内容和机床动作，按规定的数码形式编排成程序记录在控制介质上，实现人与机床的联系。加工时，将控制介质上的数码信息输入数控机床的控制系统，控制系统对输入的信息进行运算与控制，并不断地向直接指挥机床运动的机电功能转换器件、机床伺服机构发送脉冲信号，伺服机构对脉冲信号进行转换与放大处理，然后由传动机构驱动机床按所编程序进行运动，可以自动加工出所需要的零部件形状。

一般的数控加工主要包括以下内容：①选择并确定进行数控加工的内容；②对零部件图纸进行数控加工的工艺分析；③数控加工工艺设计；④图形的数学处理；⑤编写加工程序；⑥按程序单制作控制介质；⑦程序的校验与修订；⑧首件试加工和现场问题处理。

2.1.1　加工特点和适应性

数控加工与普通机床加工相比较，在许多方面遵循的原则基本一致，但也有其自身的特点。具体如下：

（1）自动化程度高，加工工艺内容具体。数控机床的加工过程是按输入的程序自动完成，一般情况下，操作人员只是在机床旁观察和监控机床的运行状况。具体的工艺问题是早期数控工艺设计时考虑的内容，而且做出选择并已编入了加工程序，由操作人员在加工时灵活掌握，并可以适时调整。

（2）加工零部件的一致性好、质量稳定。由于数控机床的定位精度和重复定位精度高，所以很容易保证零部件尺寸的一致性，大大地减少了人为失误，故数控加工可以保证零部件较高的加工精度。

（3）生产效率高。由于数控机床加工时能在一次装夹工件中完成很多加工工序，即大多数数控机床采用工序集中的加工方式，可以省去普通机床加工时的中间工序，缩短了加工准备时间。

（4）便于完成各种复杂形状加工。由于数控机床一般不需要很多复杂的工艺装备，而是通过编制程序把形状复杂和精度要求高的零部件加工出来，故当设计更改时，也很容易对程序做出相应的软调整，不需要重新设计加工工装夹具。所以数控机床可以缩短产品的研制周期，给新产品开发、快速适应市场的需求变化提供了一种有效的方法。

（5）便于实现 CAD/CAM。计算机辅助设计与制造（CAD/CAM）已成为现代工业技术实现现代化的必由之路。将计算机辅助设计出的图纸及数据，变成实际的产品，最有效的途径就是采用 CAM 技术加工制造，数控机床和数控加工技术是 CAM 制造系统的基础。

（6）数控机床只适宜多品种、小批量产品的生产。数控加工的对象一般为形状较为复杂的零部件，而多数机床又采用工序相对集中的工艺方法，因此，工序时间相对较长。尽管木材工业中的加工中心已采用多刀轴和柔性加工单元，但与多工位专用机床形成的生产线相比，其生产规模和效率仍有较大差距。

（7）加工中难以调节，自适应性差。数控机床不能像普通机床那样可以根据加工过程中出现的问题，比较自由地进行人为调整。程序一经启动，机床按程序进行自动加工。如在钻孔加工中，机床不可能根据材质的状况和排屑的状况，决定机床的加工速度和中途退刀、清屑等。

（8）加工成本高，维护困难。数控加工具有机床设备费用高和准备时间长的特点，以及机床须加外部的电子系统，使加工成本大大提高；数控机床是技术密集的机电一体化产品，因此维护相对较为困难。

（9）根据数控加工的特点和使用状况，按照木材加工生产工艺中零部件的类型，对数控加工有不同的适应程度。一般情况下，以下类型零部件加工适应性最好：①内、外曲线、形状复杂，加工精度要求较高的零部件；②可以用数学模型描述的复杂曲线和曲面轮廓，在普通机床上加工必须配备复杂的专用工装加工；③根据市场的需求变化，要频繁变化和更改设计的，特别是曲线、曲面形状的中小批量、多品种产品的加工。

2.1.2　加工工艺设计

数控加工的工艺设计不同于普通木工机床的加工工艺设计，因为数控加工是按设计好的程序执行加工的，所以只有在工艺方案确定以后，编制程序才有依据。数控加工工艺设计主要包括：①选择并决定零部件的数控加工内容；②数控加工的工艺性分析；③工艺路线设计和工序设计；④加工工艺程序编写和设计。

　　当选择某一个零部件进行数控加工时，并不等于将零部件所有的加工内容全部由数控机床加工。因此，必须对零部件进行工艺分析，选择适合进行数控加工的内容和工序，以充分发挥数控加工的优势。一般将普通机床无法加工的内容作为优先选择内容，将普通机床难以加工或质量难以保证的内容作为重点选择内容。木材加工中最主要、最适合于数控加工的是复杂形状的曲线型面加工，其前提是被加工零部件需有定位基准。采用数控加工可以在产品质量、生产效率和综合经济效益上，有较显著的提高。

　　在数控加工工艺分析中，虽然涉及的内容很多，但主要应考虑数控加工的可能性和方便性。数控加工工艺分析首先应审查和分析零部件图纸中尺寸的标注方法是否适应数控加工的特点。对于数控加工尺寸的标注应从一个基准引出或直接给出坐标尺寸，这样便于编程和尺寸的协调，保证工艺设计、编程基准与程序原点设置的一致性。其次是审查和分析图纸中给出的构成几何轮廓的条件是否充分，以便编程时对几何元素进行定义和确定节点的几何坐标。另外要审查和分析工件定位基准的可靠性，以保证工件数控加工后轮廓和尺寸的协调。

　　数控加工的工艺路线设计是加工工艺过程的概括，包括工序划分、加工顺序安排及数控加工与通用机床加工的衔接等内容。当数控加工工艺路线设计完成后，各道工序的加工内容基本确定，接下来便是工序设计。工序设计的主要任务是确定各道工序的加工内容、加工用量、工艺装备、定位方式和刀具运动轨迹，为编制程序做准备。

　　(1)确定走刀线路和安排工步顺序。走刀线路是刀具整个加工工序中的运动轨迹，包括了工步的内容和顺序，是编写程序的依据。一般按最短加工路线、减小空行程时间和提高加工效率来安排。

　　(2)定位基准和装夹方式的确定。力求使设计、工艺和编程计算的基准统一。

　　(3)夹具选择。保证夹具的坐标方向和机床的坐标方向相对固定，要能协调零部件和机床坐标系的尺寸。

　　(4)刀具选择。数控加工的特点决定了对刀具刚性和寿命要求较高，以保证生产效率和加工精度。

　　(5)对刀点和换刀点的确定。对刀点是刀具和工件相对运动的起点，也是程序原点。换刀点是为加工中心等多刀机床加工过程中自动换刀而设置的。一般应设置于工件范围以外，并留有一定的安全量。

　　(6)加工用量确定。切削加工用量主要是指切削层厚度、刀轴转速及进给速度。根据产品最终加工精度和表面粗糙度要求确定的加工用量应编入加工程序，应按最终要求的表面粗糙度和刀具相应的每齿进给量来确定相应切削厚度、转速、进给速度和刀具齿数。

　　数控加工专用技术文件是数控加工的依据，是操作的规程，也是加工程序的具体说明，包括数控加工工序卡、数控加工程序说明卡和走刀线路图。

　　数控加工工序卡中应注明程序的原点、对刀点、程序的简要说明及切削参数的选定；数控加工程序说明卡是对加工程序的说明，其主要内容包括程序适用的机型，对刀点或程序原点及允许的对刀误差，工件相对于机床的坐标方向和位置、镜像加工的对称轴、所用刀具的规格、编号及程序中对应的刀具号、整个程序加工顺序安排等；走刀线路图是为了避免发生故障，而给操作人员指明的程序中刀具运动路线，如下刀点、抬刀点和斜下刀点的位置，使操作人员开机前对程序中刀具运动的各关键点有一定的了解，以便安排工件的装夹和工作台上各工件的高度。

2.2　数控机床

2.2.1　基本结构特征

数控机床基本上由机械本体、数控系统和伺服系统组成。数控系统是机床的指挥系统,依据按工艺要求编制的程序,数控系统指挥机床的驱动机构运动。驱动机构即伺服系统包括驱动主轴运动的控制单元、主轴电机、驱动进给机构运动的控制单元和电机。因此不能将可编程序控制器(PLC)控制的机床称为数控机床。因为数控机床还具有把加工过程中的一些运动参数通过计量元件反馈给数控装置以便调整误差的性能。

衡量一个数控系统的性能,主要是通过它的功能、可靠性和价格三项指标进行综合评价,即性能价格比要优越。作为一般用户选用数控系统的功能特性时,主要应从以下方面考虑:①控制形式,一般应首选软件型(CNC 型);②控制轴数和联动轴数,决定可加工零部件的复杂程度;③分辨率,决定加工精度;④各轴快速移动速度,决定调节用的辅助工作时间;⑤进给速度,决定加工生产效率;⑥基本功能项目;⑦可选择或可扩展功能项目。

2.2.2　坐标系的命名

数控机床的运动主要是刀具和被加工工件间的相对运动。由于数控机床的加工对象不同,具体的运动各异。但数控机床坐标系实际是工件坐标系,即假定刀具相对于静止的工件而运动。

①Z 坐标轴运动:与传递切削力的主轴一致,如果机床有几个轴,一般选垂直于工件装夹平面的主轴作为 Z 坐标轴。

②X 坐标轴运动:一般水平安装,即平行于工件的装夹平面,是刀具或工件定位平面内运动的主要坐标。

③Y 坐标轴运动:根据 X 和 Z 坐标轴,按照直角坐标系确定。

旋转运动轴 A、B、C 是平行于 X、Y、Z 坐标轴作旋转运动的坐标轴。有些机床上,还有不平行于 X、Y、Z 坐标轴作直线运动和旋转运动的轴,被命名为 U、V、W 或 D、E 坐标轴。

由于数控机床上各运动坐标轴的数量不同,因此其功能中有三轴二联动或五轴三联动之分。三轴二联动是指机床上存在着三个坐标方向的运动,其中两个坐标轴方向的运动可以联合协调动作。

2.2.3　数控机床的选型

2.2.3.1　选型依据

选型依据是数控机床的使用要求。按照生产的性质确定机床的使用要求是选型的关键问题。数控机床与其他机械产品一样,都有其自身的适用范围,数控机床最适宜加工形状复杂、加工精度要求高、中小批量连续生产的零部件。

现代社会生活中，家具和其他木制品的市场需求越来越多样化、个性化，流行趋势和产品的更新速度越来越快。用多品种、中小批量生产以适应快速的市场变化已经成为木材加工企业的主要特征。为适应这种多品种、中小批量、快速调节、变化的生产特性，在加工工艺安排上应以各种数控机床作为首选的加工手段。正是由于数控加工技术有着普通加工技术无法比拟的优点，所以成为现代加工工业中选用的主要加工工艺方法。

如图 2-1 是实木组装的橱柜门。传统工艺加工方法是在铣床上用靠模铣削加工，然后组装成为制品，但曲线形状的上挡板和芯板的加工效率很低，精度也较差。如果用数控加工技术，可以分别加工各种零部件后组装，也可组

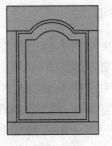

图 2-1　橱柜门外型图

装后用数控机床加工。对人造板整体板件橱柜门，传统工艺加工方法只能在上轴镂铣机上仿型加工，但在数控铣床或加工中心中则很容易加工。

2.2.3.2　选型原则

选型原则包括选择数控机床的主参数、轴数、精度、刚性、可靠性等因素。

在数控机床所有的参数中，坐标轴的行程是主参数。三个坐标 X、Y、Z 的行程反映机床的加工能力。在木材加工所用的数控机床中，X、Y 轴的行程可决定加工工件的幅面尺寸，Z 轴的行程决定可加工轮廓的深度尺寸，联动的坐标轴数决定了可加工型面的复杂程度。

被加工工件的精度由尺寸精度、形状精度和位置精度组成。影响加工精度的因素很多，一般可分为两大类：一类是机床因素；另一类是工艺因素。加工精度在大多数情况下取决于加工机床的精度。机床因素中主要有主轴旋转精度、导轨导向精度、各坐标轴相互位置精度数控系统的功能等方面的内容。如对于铣削类机床，机床的精度主要影响位置精度和形状精度；机床的刚度也直接影响机床的生产效率和加工精度，由于刀具材料和技术的进步，数控机床加工中无须人为干预，加工切削速度很高，因此机床的设计刚度应大于普通机床。

机床的可靠性包含两重含义：一方面是机床在使用寿命期限内故障尽可能地少，另一方面机床连续运转稳定可靠。机床运转的可靠性由机床全部内在质量决定。

2.2.3.3　功能选择

由于机床本体和数控系统配备的不同，数控机床的功能也各不相同。除了坐标轴数以外，其他的功能也在不断地发展和完善。如三轴二联动的数控铣床，一般具有点位控制、连续轮廓加工控制、固定循环、镜像加工等功能。根据加工工件的要求选择机床功能时应首先选择坐标轴。木材加工中所用的数控机床多为铣（钻）类的三坐标轴以上的数控机床，坐标轴的多少和联动数决定了可以加工的复杂程度，如加工斜面时仍须增加旋转轴。

除了机床的主要功能以外，数控机床功能选择时还应根据加工性质的不同，选择机

床的辅助功能和辅助坐标轴，如刀具的破损监控、机上对刀、在线检测、自适应、冷却系统监控、润滑系统监控等。另外考虑到企业的发展和技术的更新和进步，数控机床应有一定的功能预留。

2.3　数控机床的结构

2.3.1　结构类型

图 2-2 表示数控机床结构的基本类型。

（1）门架式：机床工作台与基础固定连接，门架纵向运动，门架和工作台或机床基础之间发生相对运动。此种形式的床身结构特别适合于工件纵向尺寸很长情况的加工。通过两侧立柱的支承，在保持挠度很小和悬臂质量很小的条件下实现大的跨度。这种结构形式的优点是机床占地面积较小，缺点是门架加速度大时门架在其横轴方向有倾翻的可能，在纵向导轨和导轨支座上引起较大的弯曲力矩和变形另一缺点是人工装料时可进入性较差。

（2）龙门式：为刚度最好的一种机床结构形式，使 Y 轴滑座的惯性力作用在与基础相连的立柱上。工件的纵向运动发生在工作台上，作用在基础上的惯性力很小。此种结构的缺点是占地面积大，整台机床占用的场地大约为机床总工作面积的 2 倍。

（3）悬臂式：分为固定式和行走式两种。就操纵方便性而言，这种结构形式是可进入性最好的一种。固定悬臂式的优点是占用场地小，动力学性能好。行走悬臂式需要增大刀架 Y 轴的运行空间，又难以消除动力惯量，所以 Y 轴刀架联动时，其动力学性能很差。

（4）C 型：由于各轴的运动没有相互关联，其动力学性能良好。由于工作台直接在基础上，Y 轴支持在立柱的臂上，其惯性力小。此外，占地面积小，大约为工件尺寸的 2 倍。

（5）长悬臂式：与金属加工工艺中用的长悬臂式铣床相似，缺点是占地面积大，约为门架式机床的 4 倍；与行走悬臂式相似，由于加工刀架的质量和悬臂长度过大，其动力学性能较差。

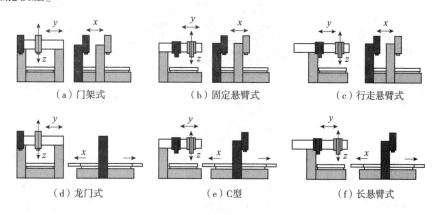

（a）门架式　　　　（b）固定悬臂式　　　　（c）行走悬臂式

（d）龙门式　　　　（e）C型　　　　（f）长悬臂式

图 2-2　数控机床的结构类别

2.3.2　电主轴

木材加工工业中所用大多数数控机床的主轴就是一个电主轴(图2-3)。主轴是一套组件,包括电主轴本身及其高频变频装置、油雾润滑器、冷却装置、内置编码器、换刀装置等。

这种电机与机床主轴"合二为一"的传动结构形式在传统木工机床中也很常见,如双端开榫机、封边机铣削机构等。使主轴部件从机床的传动系统和整体结构中相对独立出来,因此可做成"主轴单元"(Motor Spindle)是数控机床

图2-3　木工机床专用电主轴

的特点。电机的转子直接作为机床的主轴,主轴单元的壳体就是电机机座,并且配合其他零部件,实现电机与机床主轴的一体化。机床主轴由内装式电机直接驱动,从而把机床主传动链的长度缩短为零。由于当前电主轴主要采用的是交流高频电机,故也称为"高频主轴"(High Frequency Spindle)。由于没有中间传动环节,有时又称它为"直接传动主轴"(Direct Drive Spindle)。电主轴的特点为高转速、高精度、低噪音、内圈带锁口的结构更适合喷雾润滑。

2.3.2.1　电主轴结构

电主轴结构如图2-4所示,电主轴由无外壳电机、主轴、轴承、主轴单元壳体、驱动模块和冷却装置等组成。电机的转子采用压配方法与主轴做成一体,主轴则由前后轴承支承。电机的定子通过冷却套安装于主轴单元的壳体中。主轴的变速由主轴驱动模块控制,而主轴单元内的温升由冷却装置限制。在主轴的后端装有测速、回转编码器、位移传感器,前端的内锥孔和端面用于安装刀具。

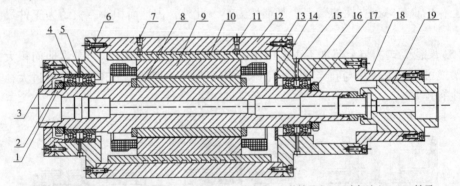

1.芯轴;2.前锁紧圆螺母;3.前端盖;4.前轴承;5.前喷嘴;6.前轴承座;7.冷却油入口;8.转子;
9.定子;10.冷却套;11.冷却油出口;12.外壳;13.前轴承座;14.后轴承油封;15.后喷嘴;
16.后轴承;17.后锁紧圆螺母;18.缸座;19.油缸组件。

图2-4　电主轴结构

2.3.2.2　电主轴冷却

由于电主轴将电机集成于主轴单元中,且转速高,运转时会产生大量热量,引起电主轴温升,使电主轴的热态特性和动态特性变差,从而影响电主轴的正常工作。因此,必须采取一定措施控制电主轴的温度,使其恒定在一定值内。机床一般采取强制循环油

冷却的方式对电主轴的定子及主轴轴承进行冷却，即将经过油冷却装置的冷却油强制性地在主轴定子外和主轴轴承外循环，带走主轴高速旋转产生的热量。另外，为了减少主轴轴承的发热，还必须对主轴轴承进行合理的润滑。

由于木工数控机床的主轴输出动力不大，扭矩较小，因此，木工数控机床多用风冷方式对电主轴进行冷却。

2.3.2.3　电主轴驱动

电主轴的电机均采用交流异步感应电机，由于是用在高速加工机床上，启动时要从静止迅速升速至每分钟数万转乃至数十万转，启动转矩大，因而启动电流要超出普通电机额定电流 5~7 倍。其驱动方式有变频器驱动和矢量控制驱动器驱动两种。变频器的驱动控制特性为恒转矩驱动，输出功率与转矩成正比。可实现主轴的无级变速。机床矢量控制驱动器的驱动控制在低速端为恒转矩驱动，在中、高速端为恒功率驱动。

2.3.2.4　电主轴特性

电主轴具有结构紧凑、重量轻、惯性小、噪声低、响应快等优点，而且转速高、功率大，简化了机床结构。电主轴具有高转速、高精度、低噪音的特点，内圈带锁口的结构更适合喷雾润滑。

电主轴是一个高精度的执行元件，而影响电主轴回转精度的主要因素有：

（1）主轴误差。主轴误差主要包括主轴支承轴颈的圆度误差、同轴度误差（使主轴轴心线发生偏斜）和主轴轴颈轴向承载面与轴线的垂直度误差（影响主轴轴向审动量）。

（2）轴承误差。轴承误差包括滑动轴承内孔或滚动轴承滚道的圆度误差，滑动轴承内孔或滚动轴承滚道的坡度，滚动轴承滚子的形状与尺寸误差，轴承定位端面与轴心线垂直度误差，轴承端面之间的平行度误差，轴承间隙以及切削中的受力变形等。

（3）主轴系统的径向不等刚度及热变形。从以上可以看出影响电主轴回转精度的主要原因就是轴承磨损、轴及接触面磨损。为了保证电主轴能在高精度下正常工作，应尽可能地降低轴承相关部位的磨损率，而降低磨损的主要方式就是润滑，对轴承进行润滑处理，保证良好的润滑及冷却效果。因此选择合理正确的润滑方式是保证电主轴正常工作的重要条件。

电主轴普遍使用油气润滑装置，电主轴油气润滑装置中油随气体的流动而往前运动。气体在运动过程中，会带动附着在管壁上面的少量油滴进入到两边的传动轴承，喷洒到摩擦面上的是带有油滴的油气混合体。

2.3.2.5　电主轴调速控制方式

在数控机床的电主轴通常采用变频调速方法实现无级调速。目前主要应用变频驱动和控制、矢量驱动和控制以及直接转矩控制三种控制方式。

变频驱动和控制的驱动控制特性为恒转矩驱动，输出功率和转速成正比。变频控制的动态性能不够理想，在低速时控制性能不佳，输出功率不够稳定，也不具备 C 轴功能。

矢量控制是以转子磁场定向，用矢量变换的方法来实现驱动和控制，具有良好的动态性能。矢量控制驱动器在刚启动时具有很大的转矩值，加之电主轴本身结构简单，惯性很小，故启动加速度大，可以实现启动后瞬时达到允许极限速度。这种驱动器又有开环和闭环两种，后者可以实现位置和速度的反馈，不仅具有更好的动态性能，还可以实现 C 轴功能。

直接转矩控制是一种高性能的交流调速技术，更适合于高速电主轴的驱动，更能满足高速电主轴高转速、宽调速范围、高速瞬间准停的动态特性和静态特性的要求。

2.3.3 直线导轨

2.3.3.1 分类与作用

直线导轨用于高精度或高速度直线往复运动场合，是用来支撑和引导运动部件按给定的方向做往复直线运动；也可以承担一定的扭矩，可在高负载的情况下实现高精度的直线运动。直线导轨按结构不同，可分为滚轮直线导轨、圆柱直线导轨、滚珠直线导轨三种，按摩擦性质，可分为滑动摩擦导轨、滚动摩擦导轨、弹性摩擦导轨、流体摩擦导轨等种类。目前常用的直线导轨主要有方形滚珠直线导轨、双轴芯滚轮直线导轨、单轴芯直线导轨。

图 2-5　直线导轨

直线导轨(图 2-5)主要是用在精度要求比较高的机械结构上，直线导轨的移动元件和固定元件之间不用中间介质，而用滚动钢球。

2.3.3.2 自动调心能力

来自圆弧沟槽的 DF(45°-45°)组合，在安装的时候，即由钢珠的弹性变形及接触点的转移，即使安装面有些偏差，也能被线轨滑块内部吸收，产生自动调心能力的效果而得到高精度稳定的平滑运动。

由于对生产制造精度严格管控，直线导轨尺寸能维持在一定的水准内，且滑块有保持器的设计以防止钢珠脱落，因此部分系列精度具有可互换性，可按需要订制导轨或滑块，亦可分开储存导轨及滑块，以减少储存空间。所有方向皆具有高刚性运用四列式圆弧沟槽，配合四列钢珠等 45° 接触角度，让钢珠达到理想的两点接触构造，能承受来自上、下和左、右方向的负荷；在必要时更可施加预压以提高刚性。

2.3.3.3 工作原理

直线导轨是一种滚动导引，是由钢珠在滑块跟导轨之间无限滚动循环，从而使负载平台沿着导轨高精度、线性运动，并将摩擦系数降至传统滑动导引的 1/50，能轻易地达到很高的定位精度。

滑块跟导轨间的结构使线形导轨同时承受上、下、左、右等各方向的负荷，回流系统及结构让直线导轨有更平顺、低噪声的运动。

直线导轨与平面导轨一样，有两个基本元件：一个作为导向的固定元件，另一个是移动元件，如图 2-6 所示。由于直线导轨是标准部件，在机床制造时唯一要做的只是加工一个安装导轨的平面和校调导轨的平行度。在多数情况下，安装简单。作为导向的导轨为淬硬钢，经精磨后置于安装平面上。与平面导轨比较，直线导轨横截面的几何形状，比平面导轨复杂，因为导轨上须加工出沟槽，以利于滑动元件的移动，沟槽的形状和数量，取决于机床要完成的功能。

图 2-6　直线导轨结构

直线导轨系统的固定元件基本功能如同轴承环，安装钢球的支架，形状为 V 字形。支架包裹着导轨的顶部和两侧面。为了支撑机床的工作部件，一套直线导轨至少有四个支架。

机床的工作部件移动时，钢球就在支架沟槽中循环流动，把支架的磨损量分摊到各个钢球上，从而延长直线导轨的使用寿命。为了消除支架与导轨之间的间隙，预加负载提高了导轨系统的稳定性，预加负载的获得是在导轨和支架之间安装超尺寸的钢球。钢球直径公差为 $\pm 20\mu m$，以 $0.5\mu m$ 为增量，将钢球筛选分类，分别装到导轨上，预加负载的大小，取决于作用在钢球上的作用力。

工作时间过长，钢球开始磨损，作用在钢球上的预加负载开始减弱，导致机床工作部件运动精度的降低。如果要保持初始精度，必须更换导轨支架，甚至更换导轨。如果导轨系统已有预加负载作用。系统精度已丧失，唯一的方法是更换滚动元件。

2.3.4　滚珠丝杠副

木工数控机床常用的运动执行传动副为滚珠丝杠副，如图 2-7 所示。由伺服电机经过滚珠丝杠副驱动工作台或主轴运动，完成要求的加工任务。滚珠丝杠副是由丝杠及螺母组成。滚珠丝杠副是目前传动机械中精度最高，也是最常用的传动装置。

驱动物体运动时，一般需要将动力源产生的运动直接或通过其他机构间接地传达到运动执行部件。以数控机床为例，在电机产生回转运动，通过滚珠丝杆将回转运动转换为直线运动传递到工作台，工作台做纵横移动即可以在板件表面上铣削出轮廓形状。机械的各种运动都是由各种形式的运动传导机构传递的。滚珠丝杠副是将回转运动转化为直线运动，或将直线运动转化为回转运动的最合理的部件。

图 2-7　滚珠丝杠副

滚珠丝杠副是在丝杠与螺母间以钢球为滚动体的螺旋传动元件，可将旋转运动转变为直线运动，或者将直线运动转变为旋转运动。因此，滚珠丝杠副既是传动件，也是直线运动与旋转运动相互转化元件。

2.3.4.1　特　点

与滑动丝杠副相比，滚珠丝杠副驱动力矩为1/3，由于滚珠丝杠副的丝杠轴与丝母之间有很多滚珠在做滚动运动，所以能得到较高的运动效率。与过去的滑动丝杠副相比，驱动力矩达到1/3以下，即达到同样运动结果所需的动力为使用滑动丝杠副的1/3。

滚珠丝杠副是高精度的保证。滚珠丝杠副由于利用滚珠运动，所以启动力矩极小，不会出现滑动运动的爬行现象，能保证实现精确的微进给。滚珠丝杠副可以加预压，由于预压力可使轴向间隙达到负值，进而得到较高的刚性。滚珠丝杠副由于运动效率高、发热小，所以可以实现高速进给运动。

2.3.4.2　滚珠丝杠副结构与滚珠循环方式

滚珠丝杠副按滚珠循环方式可分为：弯管式、回球器式、端环境式。目前弯管式滚珠丝杠副最常用，木工数控机床几乎都用此种结构形式的滚珠丝杆副。

弯管式丝杠副与螺母之间设有滚珠转动沟道，滚珠对沟道产生轴向负载，滚珠在丝杠轴周围做滚动运动之后，进入镶在丝母内部的弯管口内，并沿弯管再次向负载区循环，从而进行无限滚动运动。

常用的滚珠循环方式有两种：外循环和内循环（图2-8）。滚珠在循环过程中有时与丝杠脱离接触的称为外循环；始终与丝杠保持接触的称为内循环。滚珠每一个循环闭路称为列，每个滚珠循环闭路内所含导程数称为圈数。内循环滚珠丝杠副的每个螺母有2列、3列、4列、5列等种类，每列只有一圈；外循环每列有1.5圈、2.5圈和3.5圈等种类。

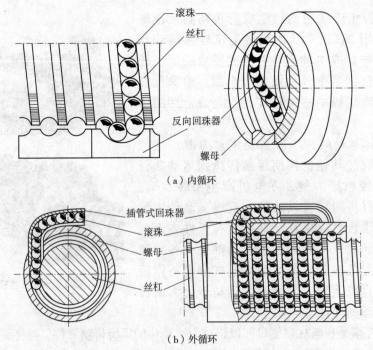

（a）内循环

（b）外循环

图2-8　滚珠丝杠副结构

（1）外循环。外循环是滚珠在循环过程结束后通过螺母外表面的螺旋槽或插管返回丝杠螺母间重新进入循环。外循环滚珠丝杠螺母副按滚珠循环时的返回方式，主要有端盖式、插管式和螺旋槽式。

（2）内循环。内循环均采用反向器实现滚珠循环，反向器有两种类型：①圆柱凸键反向器，它的圆柱部分嵌入螺母内，端部开有反向槽。反向槽靠圆柱外圆面及其上端的圆键定位，以保证对准螺纹滚道方向。②扁圆镶块反向器，反向器为一般圆头平键镶块，镶块嵌入螺母的切槽中，其端部开有反向槽，用镶块的外轮廓定位。两种反向器相比较，后者尺寸较小，从而减小了螺母的径向尺寸及缩短了轴向尺寸。但这种反向器的外轮廓和螺母上的切槽尺寸精度要求较高。

2.3.4.3　使用注意事项

滚珠丝杠副在使用时应注意以下事项：

（1）滚动螺母应在有效行程内运动，必要时要在行程两端配置限位，以避免螺母越程脱离丝杠轴而使滚珠脱落。

（2）滚珠丝杠副由于传动效率高，不能自锁，在用于垂直方向传动时，需要设置平衡重量。

2.3.5　自动换刀系统

数控机床自动换刀系统是实现工序集中加工的保障系统，工件装夹固定一次完成所有工艺加工，是依靠自动换刀系统快速准确更换刀具来实现的。自动换刀系统是满足零部件不同工序之间连续加工的换刀要求的加工装置。自动换刀系统由刀库和换刀装置组成。其中，应用最为广泛的自动换刀系统主要有三种类型，分别是转塔式换刀系统、盘式刀库主轴直接换刀系统和链式刀库机械手换刀系统。

自动换刀系统简称 ATC，是数控加工中心的重要部件，由它实现零部件工序之间连续加工的换刀要求，即在每一工序完成后自动将下一工序所用的新刀具更换到主轴上，从而保证了加工中心工艺集中的工艺特点，刀具的交换一般通过机械手、刀库及机床主轴的协调动作共同完成，如图 2-9 和图 2-10 所示。

带刀库和自动换刀装置的数控机床，只有一个主轴，主轴部件具有足够刚度，因而能够满足各种加工的要求。刀库存放数量很多的刀具，以进行复杂零部件的多工序、多工步加工，可明显提高数控机床的适应性和加工效率。自动换刀系统特别适用于数控机床。

自动换刀系统应满足的基本要求包括：换刀时间短、刀具重复定位精度高、足够的刀具储存量。刀库占用空间少。

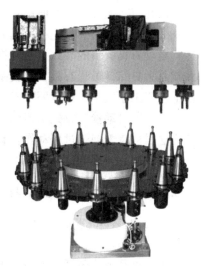

图 2-9　盘式刀库

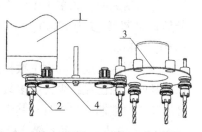

1. 主轴；2. 刀柄；3. 刀库；4. 啮合装置。

图 2-10　回转刀架换刀

2.3.5.1　组成结构

自动换刀系统一般由刀库和机械手组成。不同机床的自动换刀系统可能不同，这正是体现机床独具特色的部分。

（1）刀库。刀库是存放刀具的仓库，加工零部件所用的刀具存放在刀库中，在加工过程中由机械手抓取。目前刀库形式主要有盘式刀库和链式刀库两种。盘式刀库一般容量为 30 把左右。如果刀库容量太大，就会造成刀库的转动惯量过大。木材加工所用的加工中心一般为中、小型加工中心，较多加工中心使用盘式刀库。链式刀库刀库容量较大，最多可以装载 100 多把刀具。链式刀库容量大，机床加工制造所用加工中心因为箱体类零部件加工内容多，使用刀具的数量增加，故多使用链式刀库。

（2）机械手。机械手的形式有单臂、双臂等多种，部分加工中心甚至没有机械手，只通过刀库和主轴的相对运动实现换刀。

2.3.5.2　换刀方式

根据自动换刀系统的工作原理的不同，自动换刀系统分为回转刀架换刀、更换主轴头换刀、带刀库自动换刀等方式。

回转刀架换刀的工作原理是通过刀架回转确定的角度，实现新旧刀具的交换。更换主轴头换刀方式时，首先将刀具放置于各个主轴头上，通过转塔的转动更换主轴头从而达到更换刀具的目的。以上两种换刀方式换刀系统结构简单，换刀时间短，可靠性高。缺点是刀具储备数量有限，尤其是更换主轴头换刀方式的主轴系统的刚度较差，所以仅仅适应于工序较少、精度要求不太高的机床。木材加工中心多采用以上两种换刀方式。

带刀库自动换刀方式由刀库、选刀系统、刀具交换机构等部分构成，结构较复杂。该方法虽然有着换刀过程动作多，设计制造复杂等缺点，但由于其自动化程度高，因此在加工工序比较多的复杂零部件时，被广泛采用。

2.3.6　机床主轴和刀具卡具

图 2-11 表示机床主轴上采用的传统锥形卡具。

刀具夹紧形式包括自动刀具卡具和手动式夹紧系统。手动系统中以液压膨胀夹紧卡盘占多数。德国制造的机床多采用中空锥体式刀具，其卡具锥体锥度多为 SK40、SK30，仅少部分为 SK50 或 SK63。

欧洲制造商生产的木工数控机床，中空锥体式卡具的应用已在减少，大多数的机床采用主轴自动夹紧的锥柄刀和卡具，其中少部分采用刚性较大的 SK40 卡具，而大部分机床主轴采用具有较小刚性的 SK30 卡具。

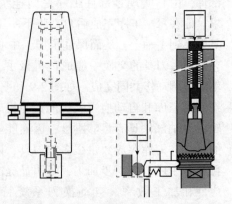

图 2-11　主轴上锥柄刀具和装刀卡具

第 3 章
锯　机

3.1　带锯机

带锯机是以环状无端开齿的带锯条张紧于旋转的两个锯轮上，使其沿一个方向连续运动而实现锯割木材的机床。带锯机主要应用在制材领域。

3.1.1　特点

木工带锯机是一种生产历史长、使用广泛的木材加工机械。1808 年，英国人威廉·纽伯瑞发明了带锯机。由于当时锯条的制作和焊接技术不过关，在带锯机发明 50 年后，法国人才成功地制作了生产用的木工带锯机，并被广泛应用。虽然带锯机比圆锯机和框锯机出现的晚，但是应用广泛。其主要优点是，可以锯切特大径级原木和采用特殊下锯法锯切珍贵树种木材；带锯机所使用的薄锯条，锯口宽度最小，仅为圆锯机的 1/3~1/2，可节约木材；带锯机可以实现看材下锯，出材率高于圆锯机和框锯机；带锯机的进料速度较快，一般为 40~50m/min，美国和加拿大的带锯机已经达到 160~180m/min（锯条宽度 380mm，厚度 3.5mm），生产率高。

带锯机的主要缺点是：锯条的自由长度大，带锯条薄，温升高，容易产生振动和跑锯，影响锯切精度，锯材质量不如框锯；操作技术要求高；由于带锯机的结构复杂，加工精度高，锯条维修技术要求高，因而对操作工人的技术水平要求也高。

3.1.2　分类

带锯机的分类方式较多，常见的有如下几种：

3.1.2.1　按结构分类

带锯机按结构可分为立式和卧式，也可分为跑车带锯机、台式带锯机和多联带锯机。

（1）立式带锯机：如图 3-1（a）所示，一个锯轮在另一个锯轮的上方，通过两锯轮中心线的连线呈直立状态，即为立式带锯机。立式带锯机应用范围最广。根据工艺要求，立式带锯机可以分成左向带锯机和右向带锯机，沿进料方向观看，锯轮做逆时针旋转的为左向带锯机，锯轮做顺时针旋转的为右向带锯机。左向带锯机在型号上要加以表示，如图 3-1 中双联带锯机中位于右侧的带锯机。

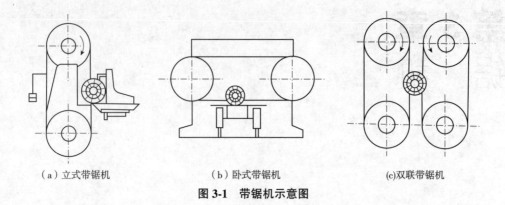

| （a）立式带锯机 | （b）卧式带锯机 | (c)双联带锯机 |

图 3-1　带锯机示意图

（2）卧式带锯机：如图 3-1（b）所示，锯轮置于垂直平面内，通过锯轮中心的连线呈水平，即为卧式带锯机。卧式带锯机通常用于锯切珍贵树种的木材或厚板皮。

（3）双联带锯机：如图 3-1（c）所示，由两个立式带锯机并联组成，可经一次锯切加工两张板材。还可进行多个双联带锯机的纵向组合，成为多联带锯机，一次锯切可加工多张板材，效率极高。

3.1.2.2　按工艺要求分类

带锯机按工艺要求分类可分为原木带锯机、再剖带锯机和细木工带锯机。

（1）原木带锯机：如图 3-1 所示，原木带锯机主要是利用跑车进给，将原木锯割成方材或板材，常见的结构形式为立式带锯机、卧式带锯机和多联带锯机。

（2）再剖带锯机：如图 3-2 所示，再剖带锯机主要是利用手工或机械进料，将毛方材、板皮及厚板材再剖成方材、板材。再剖带锯机也包括立式带锯机、卧式带锯机和多联带锯机。

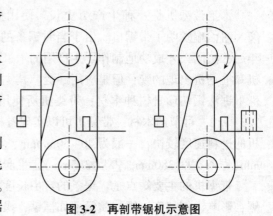

图 3-2　再剖带锯机示意图

（3）细木工带锯机：主要是手工进料，将细木工车间的小料纵切或进行曲线加工。细木工带锯机多数为立式带锯机。

3.1.2.3　按安装形式分类

带锯机按安装形式可分为固定式和移动式。固定式带锯机安装在牢固的钢筋混凝土的基础上，适用于固定制材；移动式带锯机安装于可以运行的机架上，由牵引机械牵引，并作为带锯机的动力源进行流动制材，适用于采伐区或工地的简易加工。

3.1.3　型号编制

带锯机的型号编制参照 GB/T 12448—2010 进行。

3.1.4　结构

带锯机主要由机体、上下锯轮、锯条张紧装置和锯条导向装置等组成(图 3-3)。

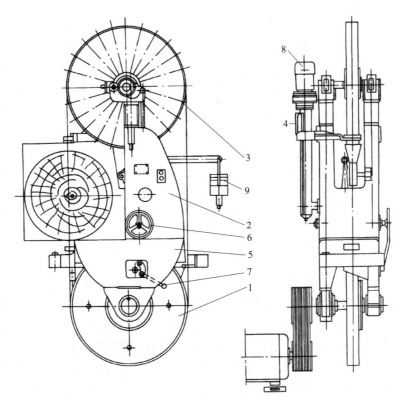

1.下锯轮；2.锯身；3.上锯轮；4.锯条导向装置；5.锯座；6.上锯轮升降手轮；
7.制动手轮；8.上锯卡升降电动机；9.锯条张紧装置。

图 3-3　带锯机结构

3.1.4.1　机体

　　带锯机的机体用于支承和安装上下锯轮、锯条张紧装置、锯条导向装置等其他零部件，使其保持在确定的空间位置，同时承受切削力和运动部件产生的惯性力。

　　带锯机的机体由锯身和锯座组成，机体由铸钢或铸铁制成。锯身上部的立柱上有垂直导轨，以便上锯轮托架的升降；在锯座的下面装有下锯轮的轴承座及制动装置。由于锯轮转速较高，锯轮直径较大，很难达到理想的平衡；受被锯割木材形状的不规则性和材质的不均匀性等因素的影响，带锯机工作时会产生较大的振动，影响加工质量，为了保证正常工作，要求机体具有足够的重量和稳定性。锯身重心降低，锯座增加重量和接触面积，加强锯身与锯座、锯座与基础的结合，合理选择机体的结构，增加其刚度，坚固抗振等都可进一步保证其正常工作。

　　机体类型各种各样，从形式上大体可以分为 I 型、H 型、S 型和 O 型（图 3-4）。I 型和 S 型具有燕尾型的上锯轮升降导轨，其稳定性较差，一般仅适用于轻型带锯机；H 型和 O 型都具有圆柱形的上锯轮升降导轨，稳定性好，振动也较小，一般用于中型带锯机和重型带锯机。

　　轻型带锯机的机体是整体的；对于锯轮直径超过 1000mm 的中型带锯机和重型带锯机，为方便制造和搬运，将锯身和锯座分别制造，所以机体多为装配式的。安装时一定要将锯身、锯座连接牢固，否则将使机体的刚度降低。

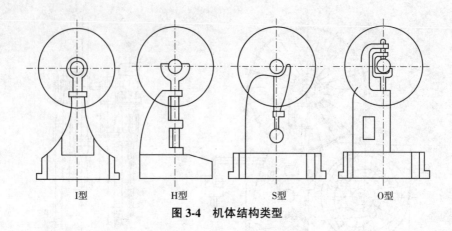

　　　Ⅰ型　　　　　　　　H型　　　　　　　　S型　　　　　　　　O型

图 3-4　机体结构类型

3.1.4.2　锯轮

　　锯轮是一对挂装带锯条的轮子，分为从动轮(上锯轮)和主动轮(下锯轮)(对于立式结构)，锯轮是带锯机最主要的部件之一，起着张紧、驱动、制动带锯条的作用，其性能的好坏直接影响锯割木材的精度。因此应满足如下要求：①精度要满足设计图样和标准的要求。锯轮的几何精度包括锯轮径向圆跳动和端向圆跳动；锯轮外缘直线度(宽度方向)；上下锯轮的平行度；锯轮与锯轴装配的同轴度等。②锯轮都必须经过动平衡处理。一般锯轮要进行静平衡检验，锯轮直径较大、质量较大的，要严格经过动平衡检验。一般经过严格动平衡处理的锯轮，比只经过静平衡处理的锯轮质量好，可以提高锯切精度、减小噪声、延长锯机的使用寿命。

　　锯轮按结构可分为辐条式与辐板式，上锯轮有辐条式与辐板式两种(表 3-1)；下锯轮一般都采用辐板式。

　　(1)上锯轮

　　上锯轮为从动轮。其质量应小些，这样不仅可以降低锯机的重心，而且易被下锯轮带动，动作灵敏；当锯切阻力变化时，可以减少多余的旋转，从而避免由于锯条剧烈伸缩而造成折断和在上锯轮表面的打滑现象，以保持锯条在锯割木材时始终平直且张紧。

表 3-1　上锯轮的结构形式

结构形式	简图	制造方法	结构特点
辐条式		铸造	轮毂、轮缘和辐条一次铸造成型，制造工艺简单，但由于铸造不均，较难平衡，对高速旋转的离心力抵抗能力较弱，目前很少生产
		机械加工	轮毂、轮缘和辐条分别加工，组装成锯轮，是国产带锯机上锯轮的主要结构形式。制造工艺复杂，对材质要求比较严格，结构轻巧，易于启动，缺点是噪声大

（续）

结构形式	简图	制造方法	结构特点
辐板式		铸造	轮毂、轮缘和辐板一次铸造成型，目前国外带锯机上锯轮的主要结构形式。制造工艺简单，锯轮的横向刚性好，功率的空气动力损耗小，噪声小，由于上锯轮质量增加，要求进行精确的动平衡处理
		机械加工	轮毂、轮缘和辐条分别加工，组装成锯轮，目前国内尚未生产。制造工艺复杂，对辐板材质要求比较严格，结构轻巧，空气阻力和噪声小

机械加工的辐条式上锯轮，是目前国内应用较为广泛的一种(图 3-5)，它是由轮缘 1、辐条 2 和轮毂 3 组成。轮缘由钢板弯曲焊接而成，一般采用中碳钢(45 钢)或经过热处理的低碳钢材料，硬度在 HRC 40～50。轮缘外表面最后进行一次精加工，有条件的要进行表面的高频淬火，以提高表面的耐磨性；轮缘内表面要进行等分钻孔，且相邻的两孔分别向左、右倾斜，辐条一端与轮缘固接，另一端通过螺栓与按轮缘的等分数等分钻孔的轮毂相连接；辐条根数按锯轮直径大小不同而异，设计时辐条根数要适当。辐条根数过多，不仅上锯轮质量增加，而且空气阻力增大；辐条根数过少，则影响锯轮刚度。锯轮直径与辐条根数的关系见表 3-2。两排倾斜孔倾斜角为 6.3°左右。5 是锯轮轴，轴与轮毂采用锥度配合，锥度为 1∶25，为保证其同轴度，防止锯轮轴向窜动，用反扣螺母将其锁紧。6 是轴承座，通过轴承托架将其定位，支承上锯轮。4 是螺栓，它一端固定在轴承座 6 中，用来调整锯轴在水平面内的位置，一般选用双列向心滚柱轴承支承锯轴，由旋盖式油杯润滑。

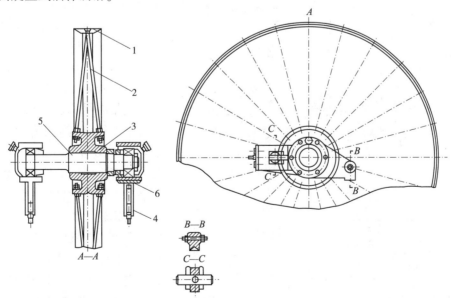

1.轮缘；2.辐条；3.轮毂；4.螺栓；5.锯轮轴；6.轴承座。

图 3-5　机械加工的辐条式上锯轮结构图

表 3-2　锯轮直径与辐条根数的关系

锯轮直径/mm	1060	1250	1370	1500	1800
辐条根数	22~26	26~30	28~32	30~36	34~40

　　为了保证上锯轮安装精度和锯机工作精度，上锯轮的轴承座需要按照下锯轮的位置做如下精确的调整：锯轮间的平行度；上锯轮安装位置与跑车轨道之间的位置度；上下锯轮中心线在同一垂直平面内。

　　如图 3-6 所示为上锯轮轴承座的一种形式，其轴承座制成可调的杠杆式，旋动螺杆 1 即可使上锯轮中心做调整移动。由于轴承座 4 一端与锯铤

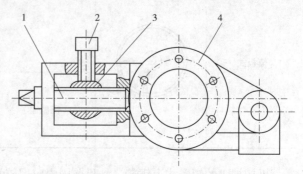

1. 螺杆；2. 紧固螺钉；3. 短轴；4. 轴承座。
图 3-6　上锯轮轴承座

铰接，另一端通过短轴 3 支承在锯铤上，螺栓 1 与短轴 3 螺纹连接，短轴 3 固定在锯铤上相当于螺母，所以使这种轴承座可以调节上锯轮的左右偏斜，即可相对于下锯轮和跑车轨道调节上锯轮的正确位置，紧固螺钉 2 用于调整后的锁紧。

（2）下锯轮

　　下锯轮为主动轮，由电机通过 V 形皮带带动，从而使上锯轮及锯条旋转以锯割木材。下锯轮的重量一般为上锯轮的 2.5~3.5 倍，其目的是增加转动惯量，起飞轮作用，以调节锯割时由于原木的材性不均，而引起的速度变化和缓解锯条焊缝处的摩擦所引起的冲击，同时增加下锯轮的重量，可减轻轴承的负荷。因此，下锯轮一般采用辐板式，其结构常采用整体式的铸铁或铸钢圆盘，辐板较厚，且须经过静平衡检验和动平衡检验。

　　如图 3-7 所示常见的下锯轮结构。下锯轮 1 是辐板式的，在辐板上带有带式制动轮 2，在锯座 3 上安装着制动手柄 4，转动手柄 4 则可以带动制动连杆 5，并使连杆上的制动带 6 收紧，达到制动下锯轮的目的。为了使锯轴 7 与锯轮 1 紧密配合，它们之间采用 1:25 锥度配合并用螺母 8 反扣锁紧。下锯轮的转动是经 V 形皮带 9 直接由电机 10 驱动的。轴承采用中宽系列、双列向心滚柱轴承，轴承的润滑是采用旋盖式油杯 11。

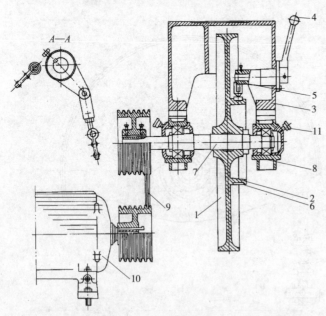

1. 下锯轮；2. 制动轮；3. 锯座；4. 制动手柄；5. 制动连杆；6. 制动带；7. 锯轴；8. 螺母；9. V 形皮带；10. 电机；11. 油杯。
图 3-7　下锯轮结构

（3）新型锯轮

为了克服锯轮在结构和使用过程中存在的弊端，近年来，国内外科研人员进行了许多研究，通过采用新材料、设计新型结构，较好地解决了辐条式锯轮噪声大、锯轮外缘表面磨损修复难等问题。

目前，美国、德国、英国、日本、意大利和中国等很多国家制造的带锯机的上锯轮也采用辐板式结构。辐板式锯轮一般是由特殊铸铁（如球墨铸铁、合金铸铁等）制成，整体铸造，加工工艺简单，搅动空气气流小、噪声低；为了提高锯轮强度，减轻重量，一般采用合金铸钢制成上锯轮。该结构可以获得较薄的辐板，轮缘一般经过强化处理或嵌有特殊耐磨材料。

上锯轮也有铸成辐条式内架，在轮的两侧罩以圆形薄钢板，使其成为辐板式。

细木工带锯机的锯轮较小，国外一般采用辐板式上、下锯轮。锯轮骨架由一般铸铁制成，轮缘嵌有一层钢圈，在轮缘和钢圈之间有一层铝片。对铝层进行挤压加工，使钢圈牢固地嵌在轮缘上。锯轮的轮缘为钢圈，因此不仅能提高锯轮的耐磨性，而且也便于更换磨损的钢圈，从而避免了因轮缘磨损严重而需要更新锯轮的现象。

3.1.4.3　锯条张紧装置

在锯割过程中保持锯条在两个锯轮上处于张紧状态的装置称作锯条张紧装置。它是带锯机的重要组成部分之一，它与锯条的使用寿命、锯切精度及锯切质量等有密切的关系。

锯条张紧装置由上锯轮升降倾斜机构和自动调整张紧力机构组成。

（1）上锯轮升降倾斜机构

上锯轮升降倾斜机构用于升降上锯轮以张紧锯条或更换锯条，正确调整上下锯轮的中心距，将锯条正确地挂装在锯轮上，使高速回转的锯条在工作时不易因受锯割木材的阻力而脱落；使上锯轮倾斜（一般倾斜角为 $0.2° \sim 0.25°$），以适应辊压后的锯条形状，抵抗锯割木材时木材对锯条锯齿的压力和进给力，保持锯条在锯轮上的稳定。

由图 3-8 和图 3-9 可知，在这个机构中有两对蜗轮蜗杆。右蜗轮的右端和手轮 8 的左端均加工有牙齿，组成一组压嵌式离合器。右蜗杆空套在转轴 10 上。手轮 8 以滑键同转轴 10 相连接，可以在转轴 10 上滑动。左蜗杆固定在转轴上。推开离合器，右蜗杆与手轮左端啮合，转动手轮，通过两对蜗轮蜗杆传动丝杠，使支承上锯轮座的两个立柱 2 同时上升或下降。升降距离一般为 100~250mm，升降速度为 0.2~0.3m/min，拉开离合器，转动手

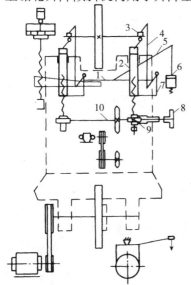

1. 横轴；2. 立柱；3. 轴承座；4. 上顶杆；5. 杠杆；
6. 平衡锤；7. 下顶杆；8. 手轮；9. 蜗轮蜗杆；10. 转轴。

图 3-8　带锯机的传动系统图

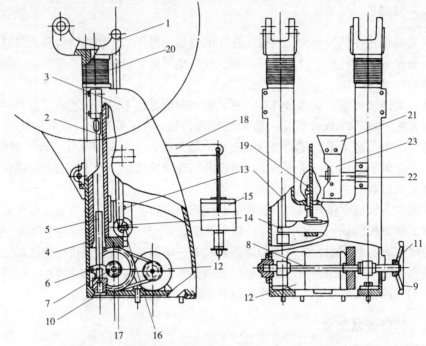

1.轴承托架；2.立柱；3.锯身；4.螺母；5.丝杠；6.蜗轮；7.蜗杆；8、14.转轴；
9.手轮；10.皮带轮；11.离合器；12.电动机；13.顶针；15.重锤；16.下顶杆；
17.托架；18.杠杆；19.杠杆座；20.蛇形套；21.刮屑板；22.支轴；23.支座。

图3-9　锯条张紧装置结构图

轮8，通过左蜗轮蜗杆传动丝杠，右蜗轮与手轮左端脱开，左侧立柱升降，使上锯轮倾斜，倾斜角度一般为$0.2° \sim 0.25°$。

上锯轮升降或倾斜，可以用手动或机械两种方式实现。上锯轮升降倾斜机构除了采用蜗轮蜗杆传动形式以外，还可以采用锥齿轮传动代替蜗轮蜗杆传动，其工作原理与上相同。

（2）自动调整张紧力机构

锯条在切削原木的过程中，因受摩擦，会发热伸长，或因原木径级变化、材种软硬不均，或各种大小节子等引起切削阻力的增减，以及部分锯屑粘于轮缘等情况，均会使张紧力发生变化而失去均衡，可能引起锯条窜动造成材面弯曲，甚至使锯条断裂等。因此，为保证锯条在切削时经常保持适当的张紧度，带锯机必须装置有自动调整张紧力机构。

自动调整张紧力机构可分为机械、气压和液压三种形式。

①机械自动调整张紧力机构：机械自动调整张紧力机构有弹簧式和杠杆重锤式两种。弹簧式结构复杂，灵敏度差，只适合于轻型带锯机。杠杆重锤式结构简单，使用方便，易于改变张紧力，虽因其本身的惯性较大，张紧的灵敏度受到影响，但由于这种机构具有较多的优点，所以世界各国普遍采用，且多用于中型、重型带锯机上。

杠杆重锤式自动调整张紧力机构和工作原理如图3-10所示。根据上锯轮的支承形式不同，杠杆重锤式有单式和复式两种。如图3-10（a）为单式结构，顶针上支承点在上锯轴的下面，顶针机构在立柱内；这种结构杠杆比值小，灵敏度差，旧式带锯机中常见；如图3-10（b）为复式结构，顶针上支承点在轴承座托架的凹槽中，轴承座托架另一端通过销轴和锯铤铰接，顶针机构在立柱外；这种形式杠杆比值大，灵敏度高，较新式带锯机基本采用这种结构。单式、复式结构的主要区别在于杠杆的比值大小不同。一般中型、重型带锯机的杠杆比值为 1/20～1/90，轻型带锯机为 1/20 左右。

②气压和液压自动调整张紧力机构：目前，北美洲及西欧一些国家的带锯机，采用了气压和液压自动调整张紧力机构，国内现未采用。气压自动调整张紧力机构相对应用较多，液压动调整张紧力机构应用较少。气压和液压自动调整张紧力机构惯性小，灵敏度高，但是附属设备多。

如图 3-11 为一种新式气动张紧机构。该机构由横向调节手轮 3、微调手轮 6、气缸 7、活塞杆 8 和空压机组成。通过气缸压力带动活塞杆，实现杠杆式张紧。调节微调手轮可以改变张紧力的大小；调节横向调节手轮，可以获得杠杆式张紧的最佳效果。该气动式张紧装置，结构简单，操作方便。

部分带锯机上使用一种高弹性的橡皮弹簧张紧装置，它不需要压缩空气、液压和重锤，简单可靠，易于维修，和上锯轮装在一起，摩擦损失极小，反应快，能在瞬间消除锯条的伸缩，保证高精度锯割并保护锯条不损坏。

近年来，国外有采用薄锯条的趋势。但是薄锯条的稳定性差，特别是原木刚入锯口和最后离开锯条时，挠性薄锯条承受的负荷骤然变化，则锯条的长度和张力也随着变化，使锯条发生颤动而降低了锯切精度，也影响锯条的使用寿命。机械杠杆重锤式张紧装置不能有效地适应锯条所受负荷的瞬间变化，起不到相应的补偿作用。因此，气压与液压张紧装置优于机械张紧装置。

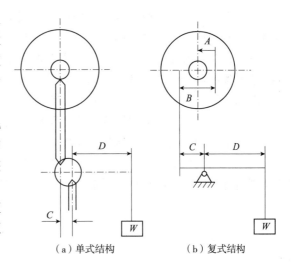

图 3-10　杠杆重锤式锯条张紧机构工作原理图

(a) 单式结构　　　(b) 复式结构

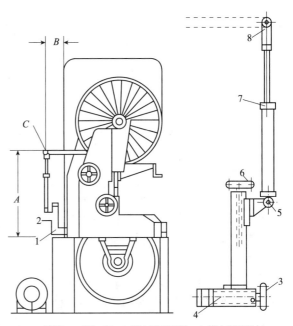

1.托架；2.气缸座；3.横向调节手轮；4.横向调节丝杠；
5.铰链；6.微调手轮；7.气缸；8.活塞杆。

图 3-11　新式气动张紧机构

3.1.4.4　锯条导向装置(锯卡装置)

锯条导向装置简称锯卡装置(俗称锯卡)，是一种防止锯条偏移、横向振动，限制锯条自由长度，保持锯路平直的装置。

在锯割的过程中，由于锯条工作边的长度大大超过锯路高度，因此在高速回转时，容易引起剧烈摆动；摆动的锯条在锯割木材时不仅效率低，质量差，而且容易跑锯。所以一般在锯口两端装有锯卡装置，用来缩短锯条工作边的自由长度，增加其刚性，控制并减小锯条偏移、横向摆动的振幅，以保持锯条的平直。锯卡装置的性能直接影响锯材的精度和质量。一般立式带锯机在锯条切削边上设有上、下两个锯卡装置，下锯卡装置固定在锯座上，上锯卡装置则安装在上下滑移的悬臂支架上，随着锯割木料锯路高度的变化来调整位置，使其始终接近被锯割木料的上侧。

国产带锯机使用的锯卡装置主要是夹板型的。为提高锯条工作的稳定性，获得较好的锯割精度，现在国内外已经研制出新型的锯卡装置有：机械接触型、空气静力型。

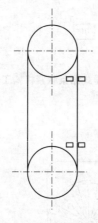

图 3-12　夹板型锯卡装置示意图

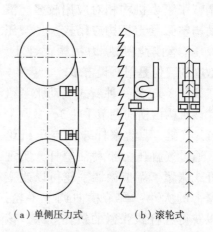

（a）单侧压力式　　（b）滚轮式

图 3-13　机械接触型锯卡装置示意图

（1）夹板型锯卡装置

夹板型锯卡装置（图 3-12）又称块式锯卡，由夹锯板、夹锯板架和悬臂等组成。夹锯板架与悬臂相连，夹锯板嵌装在夹锯板架内，位于锯条两侧，材料为油浸硬木、胶木和塑料等耐磨性好的材料。夹锯板要轻轻扶着锯条，并不卡紧，夹锯板与锯条之间的缝隙一般为 0.10~0.15mm。

这种锯卡装置要有足够的刚性，以防止锯条在锯割过程中振动。由于中型、重型带锯机使用的锯条较宽，比轻型带锯机运行平稳，所以一般采用这种结构简单的夹板型锯卡装置。

（2）机械接触型锯卡装置

机械接触型锯卡装置（图 3-13）常见的为单侧压力式和滚轮式两种。

单侧压力式机械接触型锯卡装置[图 3-13（a）]以一定压力单侧同锯条直接接触，接触板采用低摩擦系数、高耐磨性材料制造。北美洲一些国家在宽锯条带锯机上使用这种锯卡装置。在锯条工作边，该锯卡装置以机械接触压住锯条，将锯条推离上下锯轮的共同切线约 12.7mm，从而增加锯条的刚度和抵抗侧向摆动的能力，达到减少锯材厚度误差的目的。20 世纪 80 年代初，瑞典在跑车带锯机上采用了单侧压力式机械接触型锯卡装置。跑车前进时，依靠气压或液压推动压力锯卡装置，使锯条向一侧移动，实现锯割，跑车返回时，利用单侧压力式机械接触型锯卡装置收缩使锯条躲开原木，避免了整个车架后退，实现了锯条退避的机械化，代替了常用的跑车退避装置，从而提高了摇尺的精度。

滚轮式机械接触型锯卡装置[图 3-13(b)]在锯条的一侧或两侧及锯条的背部装有滚轮，滚轮压紧锯条，当锯条运行时，带动滚轮绕轴线旋转，既起到了导向的作用，又防止因木材推动而向后的窜动。滚轮外面包覆一层高耐磨材料，其工作条件要比夹板式好。细木工带锯机多采用滚轮式机械接触型锯卡装置。

机械接触型锯卡装置能有效地限制锯条的自由长度，增加锯条的稳定性，提高锯割的精度。其缺点是锯条磨损大，加快锯条疲劳破坏。

(3)空气静力型锯卡装置

空气静力型锯卡装置(图 3-14)在锯条的两侧装有喷射嘴，使锯条和喷射嘴之间形成气垫，当锯条一侧与喷射嘴间隙增大时，产生的回复力矩增大，使锯条回到中间位置。气垫的刚性和支承能力利用压缩空气压力调整。

空气静力型锯卡装置的喷射嘴和锯条不受磨损，锯条不受附加弯矩，不会使锯条弯曲，不仅锯条稳定性高，而且可冷却锯条。但是，压缩空气的消耗会增加。

(4)立式带锯机夹板型锯卡装置的升降结构

立式带锯机有上下两个夹板型锯卡装置。下锯卡装置固定不动，安装在下锯口的出口处；上锯卡装置可以升降，装在锯口上部，可根据锯割木料的形状和尺寸升降。升降方式有手动和机动两种(图 3-15)。手动升降时，可操纵机体旁的手轮，通过链条和钢丝绳，牵引上锯卡装置悬臂沿导轨升降[图 3-15(a)]；机动升降是由一台电机通过减速器、丝杠螺母，使上锯卡装置悬臂沿导轨升降[图 3-15(b)]。如图 3-16 所示为上锯卡升降机构结构图。它主要由电机、行星减速器、悬臂、夹锯板架和夹锯板等组成，可以实现手动升降和机动升降。电机 1 的轴上装有齿轮 2，齿轮 2 分别与齿轮 3 和齿轮 4 啮合，装在丝杠 8 上端的齿轮架 5 上，固定着两根小轴 6 和小轴 7，齿轮 3 和齿轮 4 滑套在小轴 6 和小轴 7 上。当电机 1 转动时，齿轮 3 和齿轮 4 除围绕着两根小轴转动外，通过齿轮架 5 还带动丝杠 8 转动，悬臂 9 上的螺母 11 则带动悬臂做机动升降。用扳手转动丝杠 8 下端的方头，可做手动微调。

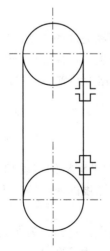

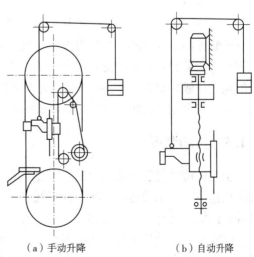

（a）手动升降　　　（b）自动升降

图 3-14　空气静力型锯卡装置示意图　　　**图 3-15　上锯卡升降机构示意图**

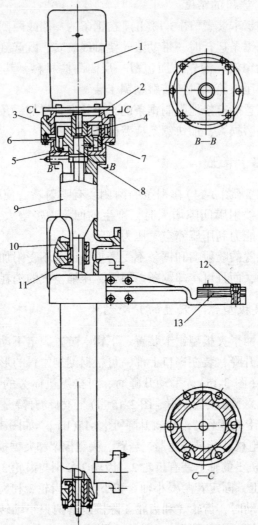

1. 电动机; 2、3、4. 齿轮; 5. 齿轮架; 6、7. 小轴; 8. 丝杠; 9. 悬臂;
10. 导轨; 11. 螺母; 12. 螺栓; 13. 夹锯板和夹锯板架。

图 3-16 上锯卡升降机构结构图

上锯卡装置的机动升降，由操纵按钮控制，也可由测量锯路高度的传感器自动控制。在上锯卡装置悬臂升降的最高位置和最低位置，装有行程开关，以保证安全升降。机动升降的速度一般控制在 3.5~4m/min。为保证锯割质量，上锯卡装置要尽可能接近被锯割的木料，与上锯口的距离一般为 50~60mm。

3.1.5 传动装置

带锯机传动装置的结构取决于带锯机的类型，大多数带锯机的传动轴用 V 形皮带同电机连接。采用带传动，除可以降低对传动零部件制造精度的要求外，还可以在传动系统和锯机之间起弹性缓冲作用。

带锯机的起动包括从接通电源到锯轮达到规定转速的全部过程，为保证起动过程平稳，对于不同类型的带锯机采取不同的起动方法，如对于采用笼型电机可以采用直接起动和降压起动方法；对于绕线型电机可以采取起动变阻器起动和频敏变阻器起动方法。

锯轮停止转动时，为了缩短惯性转动时间，应对锯机进行制动。为防止锯条折断，切忌紧急制动。对于制材带锯机，制动时间一般在 20~50s，锯轮直径越大，制动时间越长；细木工带锯机一般无须制动。制动方法有电气制动和机械制动，国产制材带锯机一般采用机械方法制动。

3.1.6　进料装置

带锯机进料装置用于将锯割木料送进切削区进行加工。进料装置的种类有：车式进料装置(跑车)、滚筒进料装置和链式进料装置等。根据带锯机的类型、锯割木料的形状和尺寸及加工要求，选择进料装置。锯割圆木的带锯机以跑车作为进料装置，再剖带锯机一般以滚筒作为进料装置，而细木工带锯机一般采用手工进料方式。

锯割圆木的带锯机和双联纵列带锯机等，一般采用车式进料装置，即利用跑车把原木送进切削区。跑车是制材带锯机不可缺少的重要设备，用于支承原木且完成纵向进给和横向进给，以及其他辅助运动，跑车工作情况的好坏直接影响锯切效率和质量。跑车应满足下列要求：①安全可靠，故障少。跑车必须坚固，应具有一定的刚度和弹性，以承受锯割过程装木、翻木等产生的巨大冲击。②摇尺精确，操作灵活方便。跑车必须能准确地控制摇尺和运行速度，运转中保持稳定，不摇摆、不脱轨；跑车必须起动平稳，起动力大，以保证生产率和制材质量。

根据跑车传动的动力，可分为手动跑车和机动跑车，一般采用机动跑车。

跑车的规格用卡木桩的有效行程表示，其有效行程为卡木桩从滑轨(车盘)的前端面可以后退的最大位移。按照标准 JB 3178—1982 规定，根据锯轮直径大小，卡木桩有效行程应不小于 630mm，如 800mm、1000mm、1250mm、1500mm 和 1800mm。

跑车由车架、卡木机构、摇尺机构、退避机构、传动机构和翻木机构等组成(图 3-17)。

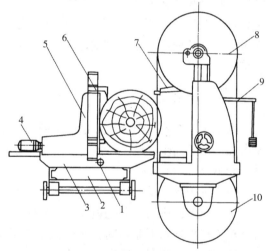

1.摇尺机构；2.车架；3.滑轨；4.微调机构；5.卡木桩；6.卡木钩；7.上锯卡；8.上锯轮；9.锯条张紧装置；10.下锯轮。

图 3-17　跑车带锯机

3.1.6.1　车架

车架是跑车的骨架，跑车的主要机构几乎全部装在车架上。车架分为木架结构和钢架结构两种。木架一般用在手动跑车上，钢架一般用在机动跑车上。车架的长度是根据被锯割原木的长度确定的，一般为 4~6m，宽度可根据原木的径级大小，以及安装在跑车上其他零部件的尺寸确定，一般为 0.8~2m。车架下有 4~5 对车轮，靠近锯条一侧的为承载用的平面形车轮，远离锯条一侧的车轮除承载以外，还起导向作用，因而采用 V 形结构。

3.1.6.2　卡木机构

卡木机构是用来定位和卡紧被锯割木料的，使其在锯割的过程中不发生移动。

卡木机构由滑轨、卡木桩、微调机构和卡木钩组成。

（1）卡木桩

卡木桩又叫车桩，其作用是支承木料，且作为锯割基准，实现木料的定位，并能使木料侧向进给。每台跑车上一般有3~5个卡木桩，卡木桩的数量和位置决定了锯割原木的长度。

卡木桩是由固定在车架上的滑轨和与其相垂直的立桩组成（图3-18）。滑轨是卡木桩移动的导轨。滑轨2内装有齿条3，它和齿轮4相啮合；立桩1与滑轨呈矩形或燕尾形导轨结合；齿轮4由

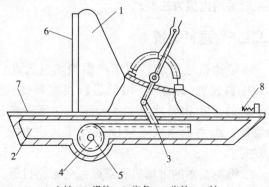

1. 立桩；2. 滑轨；3. 齿条；4. 齿轮；5. 轴；
6、7. 镶条；8. 弹簧定位器。

图 3-18　卡木桩结构示意图

轴5通过电机带动，实现一组车桩同步进退。立桩1和滑轨2分别装有镶条6、7，镶条可以减少原木对卡木桩的磨损，它易于更换。滑轨2的后部有弹簧定位器（或定位行程开关）8，以防止立桩1返回时，由于惯性而脱轨。滑轨在水平面内支承原木，立桩用于在铅垂面内支承原木，并作为锯割基准。每个立桩上都装有微调机构和卡木钩。

（2）微调机构

为了实现对不同形状和质量原木的锯割，提高出材率和产品等级率，在锯割时不仅要求几个立桩同步移动，而且还要求每个立桩能单独移动，即可以微调机构，微调移动量一般不超过200mm。

微调机构有手动、电磁、机械传动和液压传动等形式。

①手动微调机构［图3-19（a）］：操作时，拔出定位销2，扳动手柄1，由于在微调时齿轮5和齿条4不能移动，所以立桩3随手柄1的摆动沿着齿条4上的导轨前后移动。这种机构在跑车上操作，劳动强度大，费时费力。

②电磁微调机构［图3-19（b）］：立桩3需要单独前移时，电磁铁6吸起定位销2，然后开动摇尺机构，传动齿轮5和齿条4，将其余立桩后退。由于该立桩上定位销2与立桩3脱离，该桩不动，相对于其余立桩前移。这种机构减轻了劳动强度，操作方便，结构简单，制造容易。

③机械传动微调机构［图3-19（c）］：立桩3上装有小功率电机1，通过减速器2传动丝杠6转动，丝杠6与固定在齿条4上的螺母相啮合。由于微调时齿条4不动，电机通过传动系统使立桩3前进或后退，实现单独调整，限位开关7装在桩壁上，用来控制微调行程。由于这种机构可在跑车下集中控制，因此操作方便。

④液压传动微调机构［图3-19（d）］：在立桩3的后部安装微调用的双作用油缸1，其活塞杆2前端与齿条4刚性连接。微调时，齿条4不动，通过改变油缸1前后进油方

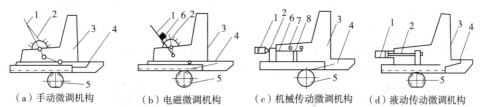

（a）手动微调机构　　（b）电磁微调机构　　（c）机械传动微调机构　　（d）液动传动微调机构

（a）1.手柄；2.定位销；3.立桩；4.齿条；5.齿轮。
（b）1.手柄；2.定位销；3.立桩；4.齿条；5.齿轮；6.电磁铁。
（c）1.电动机；2.减速器；3.立桩；4.齿条；5.齿轮；6.丝杠；7.限位开关；8.螺母。
（d）1.油缸；2.活塞杆；3.立桩；4.齿条；5.齿轮。

图 3-19　立桩微调机构

向，推动活塞杆 2 运动，实现立桩 3 单独调整。这种机构，可在跑车下集中控制，操作方便。

（3）卡木钩

卡木钩又称鹰嘴，其作用是将木料卡紧在卡木桩上，以保证锯割时木料不发生位移和旋转。每个卡木桩上都有一套卡木钩，分上卡木钩和下卡木钩两钩，或上卡木钩、中卡木钩、下卡木钩三钩。卡木钩有两个运动，在与工作面垂直的导轨上滑动，以卡紧不同形状和尺寸的原木；在平行于滑轨工作面的水平导轨上伸缩，调整卡木钩相对于卡木桩前面的距离，以改变剩余木料的厚度。

卡木钩的传动形式有手动、机械传动、液压传动和气压传动等。

手动卡木钩完全靠人工操作，劳动强度大，已被其他形式的传动代替。

如图 3-20 所示为一种机械传动卡木钩。上卡木钩 2 安装在具有调心螺母 5 的滑板上，下卡木钩 1 安装在丝杠 3 下面的滑板上。当电机通过 V 形皮带轮 4 带动丝杠 3 旋转时，使上卡木钩、下卡木钩的滑板先后沿立桩侧面滑道垂直移动。当丝杠 3 旋转时，使带有上卡木钩 2 与平衡锤 6 的滑板下移，从而使上卡木钩 2 从上面卡入原木。当卡入一定深度时，反向力矩使调心螺母 5 不能因丝杠 3 的旋转而继续下移，则丝杠 3 带动下卡木钩 1 沿导向滑键向上移动，由下面卡紧原木。为防止下卡木钩 1 自动下落，一般在下卡木钩滑板外装有锁紧装置。即当下卡木钩卡紧原木后，丝杠 3 继续转动，带动滑块 8 向上运动，并将弹簧 7 压缩；同时，小轮 10 也随之向上移动，与挡块 12 分开；在弹簧 11 的作用下，使防松止逆销 9 紧压在滑板侧面的单向止逆齿条 13 上，防止下卡木钩卡紧松退。当下卡木钩尖端插入原木一定深度时，由行程开关或过电流继电器将电机电源切断，完成对木料卡紧的全过程。当电机反转时，卡紧力较小的下卡木钩滑板将从上向下运动，小轮 10 推动挡块 12，压缩弹簧 11 使防松止逆销 9 和单向止逆齿条 13 分离，滑块 8 在弹簧 7 的作用下复原。当下卡木

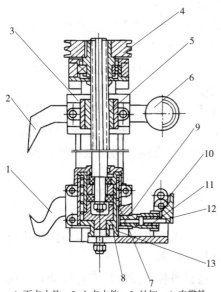

1.下卡木钩；2.上卡木钩；3.丝杠；4.皮带轮；
5.调心螺母；6.平衡锤；7、11.弹簧；8.滑块；
9.止逆销；10.小轮；12.挡块；13.单向止逆齿条。

图 3-20　机械传动卡木钩

钩滑板达到末端以后，上卡木钩滑板即由下向上运动，完成对木料放松的全过程。这种转动装置使用可靠，维护简单，不需用气压设备或液动设备，但卡紧原木速度慢。为了缩短辅助时间，提高机械传动卡木钩的运动速度，丝杠最好采用双头螺纹。

液压传动卡木钩如图 3-21 所示，在立桩 1 的侧面支架内装有主油缸 9，其下端与下卡木钩 10 的滑板铰接，活塞杆 8 穿过上滑板 5 凸台内孔用螺母紧固，上滑板装有中卡木钩 4 和上卡木钩 6。当主油缸在压力油驱动下，上滑板沿支架导轨 2 先垂直向下移动，然后下滑板向上垂直移动，从而实现上卡木钩和下卡木钩夹紧木料的作用。中卡木钩 4 和上卡木钩 6 间相距约 300mm，它们分别装有油缸 3 和油缸 7 以实现横向移动。这种卡木钩卡紧木料速度快，但使用条件受限制，维修不便。

气压传动卡木钩的原理与液压传动卡木钩原理相同，但卡紧木料速度快，需要压缩空气设备。

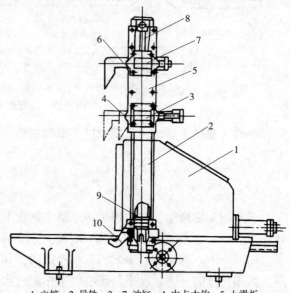

1. 立桩；2. 导轨；3、7. 油缸；4. 中卡木钩；5. 上滑板；6. 上卡木钩；8. 活塞杆；9. 主油缸；10. 下卡木钩。

图 3-21 液压传动卡木钩

3.1.6.3 摇尺机构

摇尺机构是控制被锯割木料横向进给的机构，每次进给量即加工成材的厚度。其精度对锯切质量和出材率有很大影响，它是跑车的重要组成部分。

摇尺机构的种类较多，根据结构形式分类，主要有手动摇尺机构、电动摇尺机构和液动（气动）摇尺机构。手动摇尺机构是利用棘轮、棘爪实现摇尺的，劳动强度大，生产率低，摇尺误差大，已逐渐被电动摇尺机构取代。电动摇尺机构是通过齿轮-齿条或丝杠-螺母传动实现卡木桩进尺。它制造难度低，劳动强度低，生产率高，摇尺误差小，是生产中常见的摇尺机构。液动（气动）摇尺机构是利用液体（或气体）压力通过压力缸推动卡木桩进尺。它的制造要求比较高，摇尺误差小，已应用于生产。电动摇尺机构一般以电机作为执行机构，以丝杠-螺母或齿条-齿轮作为传动机构，利用电机的正反转，实现卡木桩的进退。

（1）电动摇尺机构的控制形式

电动摇尺机构的种类很多，主要区别于控制形式，常见的有手动控制、自整角机控制、电阻模拟控制、光电脉冲计数控制和双电机差动机构控制。

①手动控制：在卡木桩上安装标尺和指针滑杆，指针游标可沿指针滑杆移动并可在预选尺寸位置固定。限位开关装在滑轨上不动。根据锯割尺寸要求，将指针游标手动置于标尺的预选尺寸处。开动摇尺机构，卡木桩前进，带动标尺指针滑杆前移，指针游标碰到限位开关后，摇尺机构断电并制动，完成一次进尺动作。这种控制形式结构简单，

制造容易，操作方便，但摇尺精度低，需要工人在跑车上操作。

②自整角机控制机构：自整角机控制机构有两台自整角机。一台自整角机作为发送机安装在跑车上，把卡木桩的直线位移转换成自整角机的角位移；另一台自整角机作为接收机安装在操纵台内，通过齿轮传动、电磁离合器与进尺指针连接。锯割时，根据进尺量在操纵台的刻度盘上进行预选，把触点（或限位开关）置于刻度盘的预选尺寸处，接通摇尺电机，卡木桩前移，发送机转动，接收机也跟踪转过同样的角度，带动进尺指针转动。当进尺指针碰到触点时，摇尺电机断电并制动，卡木桩停止进尺，电磁离合器释放，进尺指针返回零位，完成一次进尺。这种控制形式同手动控制比较，机械化、自动化程度较高，劳动强度较低，摇尺误差减小；同数控比较，电动控制比较简单，安装容易，操作方便，制造成本较低，维修工作量小。

③电阻模拟控制：电阻模拟控制是利用电阻的电量来模拟摇尺机械量。锯割时，根据进尺量预选尺寸，接通摇尺电机，卡木桩前移，卡木桩下的齿条转动齿轮，通过电磁离合器带动精密线性电位器。线性电位器转动后，所模拟的机械量超过预选尺寸值时，发出信号，经过控制回路，使电机制动，电磁离合器释放，线性电位器返回零位，完成一次进尺。这种控制形式结构比较简单，操作比较方便，可用于剖分带锯机的进尺机构。

④光电脉冲计数控制：光电脉冲计数控制是由光电型传感器把进给量转换成电脉冲，整形放大后，输入进尺计算器进行运算，待预选数值与计数器的数值一致时，控制器自动切断摇尺电机电源并制动，完成进尺尺寸控制，此时数字显示管上指出实际进尺数值。本装置与计算机连接，在解决机械、控制机构精度后，可实现程序控制生产。

⑤双电机差动控制机构：双电机差动控制机构设有两台进尺速度分别为 10mm/s 和 100mm/s 带制动装置的电机，通过差动机构调节摇尺机构的进尺速度，其进尺控制部分由电磁离合器、归位弹簧、凸轮及微动开关组成。本装置使用方便，摇尺精度高。

电动摇尺机构的控制形式较多，采用不同的控制形式，所控制的摇尺精度也各不相同。目前国内应用比较多的是自整角机控制的摇尺机构和微电脑（或计算机）控制的双速摇尺机构。

（2）自整角机控制的电动摇尺机构

如图 3-22 所示为自整角机控制的电动摇尺机构，这套机构可在车下操纵台上直接反映车上的摇尺量。自整角机是一种小型的感应电机，c-3 为接收机，c-5 为发送机，它们是配套的。自整角机 c-5 装在跑车上随立桩进退而转动，车下接收装置自整角机 c-3 则随 c-5 同步旋转，并且通过一套转动机构使操纵台指示盘的指针旋转。当指针转到预选数值时，立桩迅速被制动而停止进给。

如图 3-22(a)所示为车上发送装置。摇尺时，电机 1 通过 V 形带 2 及蜗轮减速器 3 和双排套筒滚子链 4 带动总轴上的齿轮 6 使与之相啮合的立桩上的齿条 5 动作，带动立桩侧向进给，与此同时通过齿轮副 7、齿轮箱 8，带动跑车上的发送自整角机 9 旋转一个角度，发出信号，通过电气联系，从而使车下接收自整角机 c-3 同步旋转同一个角度。

如图 3-22(b)所示为车下接收装置。在刻度盘上装有一个可移动的触点，需要进尺时，把触点移到要求锯割尺寸的位置，接通摇尺电机，卡木桩前移。自整角机 c-5 转动，接收机跟踪旋转，同时电磁离合器 3 吸合。进尺指针 1 和余量指针 2 同时旋转。当达到进尺量时，进尺指针 1 碰到触点，摇尺电机断电并制动，卡木桩停止前移。同时电磁离合器释放。进尺指针 1 在扭转弹簧 5 的作用下返回原位，余量指针 2 停止不动，即完成一次进尺动作。

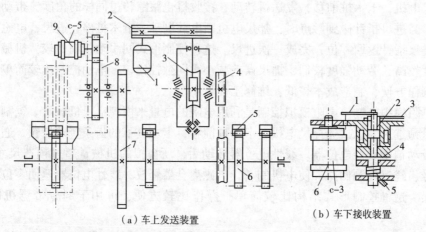

（a）车上发送装置　　　　（b）车下接收装置

（a）1.电动机；2.V形带；3.蜗轮减速器；4.双排套筒滚子链；5.齿条；6.齿轮；7.齿轮副；8.齿轮箱；9.发送自整角机。
（b）1.进尺指针；2.余量指针；3.电磁离合器；4.主轴；5.扭转弹簧；6.接收自整角机。

图 3-22　自整角机控制的电动摇尺机构

如图 3-23 为自整角机接收装置的另一种形式。进尺时，首先转动手轮 9，使预选指针 4 按照进尺量对准刻度盘 1 上相应的尺寸值。预选指针 4 固定在蜗轮 10 上。接通摇尺电机，卡木桩推动被锯割木料向锯条进尺，跑车上自整角机 c-5 转动，同时操纵台内自整角机接收机 8 跟踪转动，电磁离合器吸合，进尺指针 2 和余量指针 3 同时转动。当进尺指针 2 上的金属片进入预选指针 4 的接近开关 5 的作用范围内时，接通制动电路，切断摇尺电机电源并制动，卡木桩停止进尺，同时电磁离合器 11 释放，进尺指针 2 在重锤 7 的作用下返回原位，完成一次进尺。

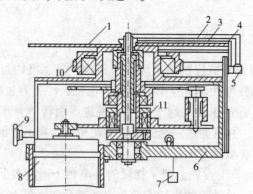

1.刻度盘；2.进尺指针；3.余量指针；4.预选指针；5.无触点接近开关；6.支架；7.重锤；8.自整角机接收机；9.手轮；10.蜗轮；11.电磁离合器。

图 3-23　自整角机接收装置

3.1.6.4　退避机构(车摆)

退避机构又称为车摆,它用于在单向锯割跑车开始返程时,使车架相对于锯条侧向退开一个微小距离,以避免被锯割木料表面与带锯条发生摩擦或碰撞,工作行程开始时又使车架回到原来位置。退避距离也称做车摆量,一般为 10~20mm。

退避机构安装在跑车的前后两端,用拉杆连接,使其同步,保证车架前后两端同时移动。根据退避动作的过程,可分为边摆边走型和先摆后走型。边摆边走型退避机构较常见,其基本原理是在车轮或轮轴转动时,通过各种摩擦或斜面机构,带动车架在车轮轴上横向滑移。缺点是动作时间较长,动力消耗较大,而且操作安全性较差。先摆后走型退避机构是在跑车返程前完成车架横移,因此减少了跑车空行程时间,提高了操作安全性。

(1)边摆边走型退避机构

边摆边走型退避机构的常见类型有螺旋式、斜齿式、偏心式和气动(液压)式。

①斜齿式退避机构(图 3-24):装于车架的摆架 1 上固定着两个齿形方向相反的斜齿块 2、5,它们分别与斜齿块 3、6 相啮合;摩擦瓣 12 上装有可更换的摩擦块 15,摩擦瓣在弹簧 13 的作用下,绕销轴 4 转动,使摩擦块紧压在与轮轴 7 成键联结的摩擦轮 14 的轮缘上。当钢丝绳拉动跑车开始返程时,车轮车轴与摩擦轮 14 一起转动。因摩擦力的作用,斜齿块 3、6 也随之转动,原与斜齿块 3 啮合着的斜齿块 2 亦被推动,并带动车架一起横向移动(退避),直至斜齿块 5 上的齿面阻止斜齿块 6 继续摆动,至此退避动作结束。车架横向移动的距离即为车摆量。当跑车继续返回时,轮轴带动摩擦轮继续转动,但因斜齿块 6 被斜齿块 5 所阻,摩擦块 15 与摩擦轮 14 之间只能打滑。当跑车换向前进时,车轮轮轴反向转动,斜齿块 6 在摩擦力的作用下亦反向转动,并推动与其啮合着的斜齿块 5,带动车架一起横向移动(前进),直至斜齿轮 2 起作用,阻止斜齿块 3 继续转动。这时车架横移(前进)的距离正好补偿了跑车退回时车架退避的距离。

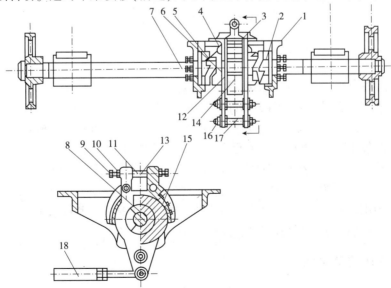

1.摆架;2、3、5、6.斜齿块;4.销轴;7.轮轴;8.键;9.螺钉;10.螺母;11.弹簧;
12.摩擦瓣;13.弹簧帽;14.摩擦轮;15.摩擦块;16.双头螺栓;17.套筒;18.拉杆。

图 3-24　斜齿式退避机构

拉杆 18 用于保证跑车首尾两车摆机构同步。

　　锯解过程中若发生故障须停车并让跑车沿原锯路退回时，必须使车摆机构不起作用（停摆），以免跑车后退时拉脱锯条，发生事故。一般利用手工、机械或液压等方式来控制拉杆 18 的运动，克服摩擦轮 14 与摩擦块 15 之间的摩擦力，就可实现停摆。

　　这种机构由于斜齿的斜度比螺旋的升角大，跑车行走较短距离就可达到退避目的，缩短了辅助时间。

　　②偏心式退避机构[图 3-25(a)]：跑车换向，单独电机通过减速器，带动偏心轴 1 和偏心轮 2 转动，偏心轴 1 与车架 5 相连。当偏心轴 1 转动时，使车架 5 相对于固定支架 3 作横向移动，当移动完毕后，电机制动。电机反转，车架回到原位。

　　③气动(液压)式退避机构[图 3-25(b)]：与车架 1 铰接的推杆 2，一端与轴套 5 铰接，另一端与连杆 3 铰接。连杆 3 与气缸 4 的活塞杆连接，气缸 4 铰接在车架 1 上。车轮轴的转动控制气动滑阀，使气缸 4 动作，通过推杆 2 使车架 1 横移。

　　当介质为液压油时，则为液压式。这种机构动作灵敏，结构简单，但是车架横移时不够平稳，冲击大。

　　④还有其他退避机构，如齿轮-齿条式和滑板式退避机构。

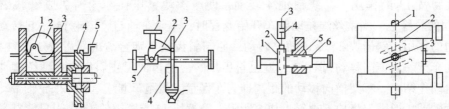

　（a）偏心式退避机构　（b）气动(液压)式退避机构　（c）齿轮–齿条式退避机构　（d）滑板式退避机构

（a）1. 偏心轴；2. 偏心轮；3. 固定支架；4. 车轮；5. 车架。
（b）1. 车架；2. 推杆；3. 连杆；4. 气缸；5. 轴套。
（c）1. 齿轮；2. 齿条；3. 钢丝绳；4. 阻尼油缸；5. 螺母；6. 螺杆。
（d）1. 车轴；2. 滑板；3. 销轴。

图 3-25　常见退避机构

（2）先摆后走型退避机构

　　先摆后走型退避机构的常见类型有齿轮-齿条式和滑板式。

　　①齿轮-齿条式退避机构[图 3-25(c)]：钢丝绳 3 动作时，拉动齿条 2 移动，齿条 2 带动齿轮 1 旋转，螺杆 6 也随齿轮转动，螺母 5 带动车架横向移动。车架横移后，钢丝绳继续牵引齿条 2，由于此时螺杆 6 已不转，齿条、螺杆及车架形成刚性连接，跑车开始前进。阻尼油缸 4 可减少横移冲击。这种机构结构简单，操作安全。

　　②滑板式退避机构[图 3-25(d)]：销轴 3 通过滑板 2 中央的斜槽固定在不动的车轴 1 上。钢丝绳牵引滑板 2 相对于销轴 3 斜向移动，推动车架横移，到极限位置后，钢丝绳牵引跑车运行。这种机构车架横移灵活，操作安全。

3.1.6.5　跑车传动机构

（1）传动要求

　　跑车载着木料沿轨道频繁地往返运行，运行速度决定着带锯机的生产效率和锯材质量，因此对跑车有以下要求：

①锯割过程中，根据原木径级、形状和材质情况，跑车必须随时变换运动速度，且回程速度必须大于进给速度，因此要求跑车能够无级调速，调速范围一般为 10 ~ 100m/min。

②在锯割过程中，由于一些原因，须立即停止进料，因此要求跑车制动迅速。

③为保证切削的变化均匀和锯口表面光洁，要求跑车运行平稳无振动。

④为减少操作人员的体力消耗和降低其精神疲劳，要求跑车操作方便，调速省力。

（2）传动类型

跑车传动机构主要有车上传动和车下传动两大类。车上传动驱动跑车的电机装在跑车上，通过传动系统使跑车在轨道上运行；车下传动驱动跑车的电机安装在车下基础上，通过传动系统使跑车在轨道上运行。车上传动一般只用于中型跑车带锯机上，而车下传动应用比较广泛，是应用比较多的传动机构。

车下传动机构主要有三种类型：钢丝绳传动、齿条传动和液压传动。

①钢丝绳传动［图 3-26（a）］：电机传动钢丝绳卷筒 3，通过滑轮 2 换向，牵引跑车 1 在轨道上运行。通过卷筒 3 的正反转，实现跑车 1 前进或后退。通过调速机构变换运行速度。钢丝绳传动是跑车传动的主要类型，应用最为普遍。它结构简单，使用可靠，钢丝绳卷筒和传动装置可放在与结构相适应的任何位置。由于钢丝绳有良好的弹性变形能力，所以能缓和跑车紧急制动、加速和换向时的冲击。钢丝绳传动的跑车工作变速范围大，一般为 0~200m/min，运行平稳。

②齿条传动［图 3-26（b）］：跑车 1 的车架下平面上安装齿条 2，与齿条相啮合的齿轮 3 装在变速器的输出轴端，位于轨道中部。电机通过变速器传动齿轮 3、齿条 2，驱动跑车运行。齿条传动结构紧凑，但运行距离受结构限制，齿条的长度通常稍长于跑车长度，这是在锯割长材时，为保证跑车的行走距离所要求的。根据齿条工作条件，跑车运动速度不能超过 45m/min。

③液压传动［图 3-26（c）］：油缸 2 的活塞杆端与跑车 1 连接，油缸 2 固定在导轨基础上，依靠液压推动跑车运行。液压传动能在较大范围内灵便地调节进给速度；但由于结构的特点，运行距离受活塞杆行程限制，一般小于 4m；运行速度较低，一般小于 50m/min。

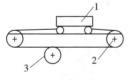

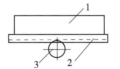

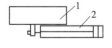

1. 跑车；2. 滑轮；3. 卷筒。　　1. 跑车；2. 齿条；3. 齿轮。　　1. 跑车；2. 油缸。
（a）钢丝绳传动　　　　　　（b）齿条传动　　　　　　（c）液压传动

图 3-26　跑车传动机构类型

（3）钢丝绳传动的无级调速

①摩擦无级调速：如图 3-27 所示为摩擦传动的无级变速装置和钢丝绳轮传动系统。这个传动装置具有结构简单、操作方便、噪声小、运行平稳等优点，虽然操纵还需用手（或脚踏），且占地面积较大，但目前我国大多数跑车带锯机仍采用这种调速方式。其传

动原理如下：牵引跑车14的钢丝绳绕在卷筒12上，钢丝绳一头绕过左面滑轮之后固接在跑车的左端，另一头绕过滑轮10之后连接在跑车的右端。工作时卷筒或左旋转或右旋转，使卷筒两侧钢丝绳随之伸长或缩短，从而牵动跑车进给或退回。跑车的进退和变速均由摩擦变速装置来实现，它取决于游轮6对纸轮2或7的靠紧程度。当手柄1推动拉杆4动作，其用力越大，游轮与纸轮靠得越紧，卷筒旋转越快，跑车进退速度越快；反之，推动拉杆的力小，则跑车速度就低；当手柄处于中间位置时，游轮与纸轮分离，跑车即停止运行。两纸轮的转动方向相反，它们是由电机9通过V形带首先带动大纸轮2转动，然后通过齿轮副3换向，再由V形带5带动小纸轮反向回转。当游轮与小纸轮接触时，跑车实现工作进给，当与大纸轮接触时跑车就快速退回。小纸轮7的直径约为大纸轮2直径的2/5，两纸轮与游轮之间有2~3cm间隙。摩擦轮是用马粪纸或硬橡胶制成，也有用色木板夹皮带制成。

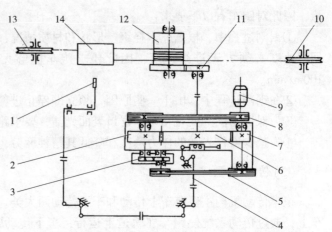

1. 手柄；2. 大纸轮；3、11. 齿轮；4. 拉杆；5、8. 皮带轮；6. 游轮；7. 小纸轮；9. 电动机；10、13. 滑轮；12. 卷筒；14. 跑车。

图 3-27　无级变速装置和钢丝绳轮传动系统

②液压无级调速：目前跑车传动机构的传动已逐渐采用液压马达实现无级调整。如图 3-28(a) 所示，液压马达4通过链轮3带动卷筒2转动，通过滑轮1实现跑车的运动。其基本油路如图 3-28(b) 所示，当电机3带动叶片泵2工作时，油经滤油器1进入油泵，压力油经行程减速阀10(液压马达由该阀实现调速)、电磁阀6、单向节流阀7驱动液压马达8回转。而液压马达带动钢丝绳卷筒使跑车往返。为防止换向时产生背压，还增设两只溢流阀9，以提高油路稳定性。油路压力由溢流阀4通过压力表5反映。液压无级调速，调速方便，使用可靠，但噪声大，跑车往返冲击力大。

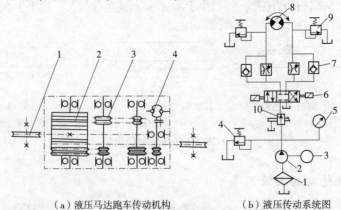

（a）液压马达跑车传动机构　　（b）液压传动系统图

（a）1. 滑轮；2. 卷筒；3. 链轮；4. 液压马达。
（b）1. 滤油器；2. 叶片泵；3. 电动机；4、9. 溢流阀；5. 压力表；6. 电磁阀；7. 单向节流阀；8. 液压马达；10. 减速阀。

图 3-28　液压马达无级调速系统

3.2　圆锯机

1777 年，荷兰人发明了圆锯机，以圆盘锯片方式锯割木材，圆锯机距今已有 200 多年的历史。现在圆锯机已被广泛应用于原木、板材、方材的纵剖、横截、裁边、开槽等锯割加工工序。

圆锯机结构比较简单、效率高、类型多、应用广，是木材机械加工最基本的设备之一。圆锯机按照加工特征，可分为纵剖圆锯机、横截圆锯机和万能圆锯机；按工艺用途，可分为锯解原木、再剖板材、裁边、截头等形式；按照安装锯片数量，可分为单锯片圆锯机、双锯片圆锯机和多锯片圆锯机。

3.2.1　纵剖圆锯机

纵剖圆锯机主要用于木材纵向锯剖，可分为单锯片纵剖圆锯机、多锯片圆锯机、手工进给和机械进给纵剖圆锯机等类型，如裁边圆锯机、再剖圆锯机和原木剖分圆锯机等。

3.2.1.1　手工进给纵剖圆锯机

手工进给纵剖圆锯机结构简单，制造方便，适用于小型企业或小批量生产，应用颇广，如图 3-29 所示。工作台 1 与垂直溜板 5 上的圆弧形滑座 2 相结合，可保证工作台倾斜度在 0°~45°范围内任意调节，并由锁紧螺钉 8 锁紧。为适应锯片直径和锯解厚度的变化，垂直溜板 5 通过手轮 3 可以沿床身导轨移动，使工作台获得垂直方向的升降，并用手柄锁紧螺钉 4 锁紧。安装在摆动板上的电机 6，通过带传动使装在锯轴上的锯片 9 旋转。为加工不同宽度的木材工件，纵向导尺 12 与锯片之间的距离可以调整，并由锁紧螺钉 11 固定。横向导尺 14 可以沿工作台上的导轨移动，以便对工件进行截头加工。为锯截有一定角度的工件，横向导尺 14 与锯片之间的相对角度可以调整，并用锁紧螺钉 15 锁紧。此外，该机床上还设有导向分离刀 10、排屑罩 7 和防护罩 13 等。国产 MJ104 手

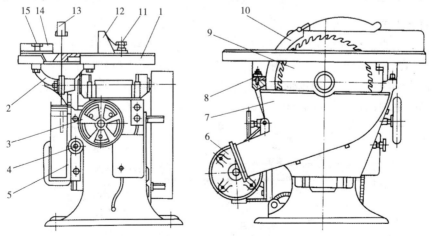

1.工作台；2.圆弧形滑座；3.手轮；4、8、11、15.锁紧螺钉；5.垂直溜板；6.电动机；
7.排屑罩；9.锯片；10.导向分离刀；12.纵向导尺；13.防护罩；14.横向导尺。

图 3-29　手工进给纵剖圆锯机

工进给木工圆锯机就属于此种类型。

3.2.1.2　机械进给纵剖圆锯机

在大批量生产中应尽量采用机械进给纵剖圆锯机。根据加工工艺用途的不同，机械进给的方式有多种不同的类型。在纵剖板材、方材时，履带进给和滚筒进给两种方式应用最为普遍。

图3-30为各种履带进给纵剖圆锯机的工作原理图。毛料4放置在履带1上，履带1由主动轮2带动，沿导轨3做进给运动。这种进给方式运动平稳，工作可靠，工件进给具有精确的直线性，能获得较高的加工质量。压紧滚轮7用以防止毛料在加工过程中产生跳动。

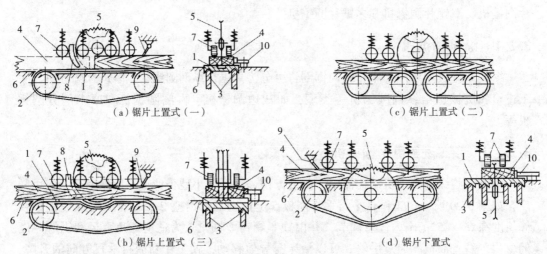

（a）锯片上置式（一）　　　　（c）锯片上置式（二）

（b）锯片上置式（三）　　　　（d）锯片下置式

1. 履带; 2. 主动轮; 3. 导轨; 4. 毛料; 5. 圆锯片; 6. 工作台; 7. 压紧滚轮; 8. 导向分离器; 9. 止逆器; 10. 导尺。

图3-30　履带进给纵剖圆锯机的工作原理图

止逆器9用于防止毛料的反弹。导尺10的位置根据需要可以调整。如图3-30（a）（b）（c）所示的三种履带进给纵剖圆锯机的共同特点是锯轴安置在工作台面上方。其优点是更换锯片方便，并且在同样锯路高度的条件下，比锯轴安置在工作台下方[图3-30（d）]所需的锯片直径要小。锯轴安置在工作台下时，一般采用宽履带，适宜于加工较宽的板材和大方材，且锯屑不易落入履带的导轨表面上，利于提高锯剖质量。

滚筒进给纵剖圆锯机的工作原理如图3-31所示。毛料由两对带沟槽（或表面包覆橡胶）的滚筒带动，实现进给。如国产MJ154型自动进料圆锯机即属此种类型。

滚筒进给纵剖圆锯机的锯轴一般安置在工作台的下面，适用于锯解板条、板材或方材。可锯切毛料的最小长度 L_{min} 可由式（3-1）确定。

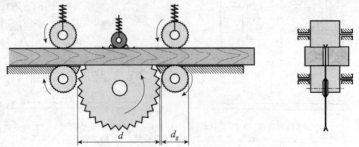

图3-31　滚筒进给纵剖圆锯机的工作原理图

$$L_{\min} = d + d_g + 50 \tag{3-1}$$

式中：d——锯片直径(mm)；

d_g——进给滚筒直径(mm)。

纵剖圆锯机锯片的旋转运动可以由电机直接驱动，也可以通过带驱动。进给运动的变速可以采用无级调速，也可以采用有级变速器或用多速电机，通常采用2~4级变速。

3.2.1.3 多锯片圆锯机

(1)单锯轴多锯片圆锯机

多锯片圆锯机为锯轴在工作台之上的履带进给多锯片圆锯机，如图3-32所示。床身1为钢板焊接或铸造的箱形结构，具有足够的刚度和强度，支承机床的锯割和进给机构。工作台2为整体铸件，履带进给机构装在其上。锯割机构3由电机及主轴等组成，电机通过V形带驱动主轴，电机用铰链连接在床身上，依靠电机自重张紧V形带。进给机构4由电机、履带、上压料辊等组成，电机经过齿轮变速箱和两级链传动使履带运动，获得四种进给速度。这种进给机构运动平稳，木料进给有较精确的直线性。压料辊位于履带上方，无动力驱动，防止木料在锯割过程中产生跳动。为确保安全，防止木料反弹，在机床进料端有三道止逆爪和两道安全防护网。该机床的传动系统如图3-33所示。

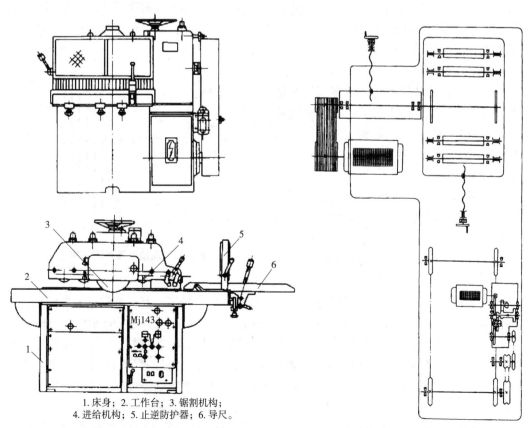

1.床身；2.工作台；3.锯割机构；
4.进给机构；5.止逆防护器；6.导尺。

图 3-32 MJ143 型多锯片圆锯机　　　**图 3-33 MJ143 型多锯片圆锯机传动系统图**

多锯片圆锯机主轴结构，如图3-34所示。主轴箱装在工作台之上，悬臂支承，由电机3通过V形带驱动。锯轴在锯片一侧装两个推力轴承，在V带轮一侧装两个向心球轴承，分别承受轴向力和径向力。锯片和调整垫装在轴套上。

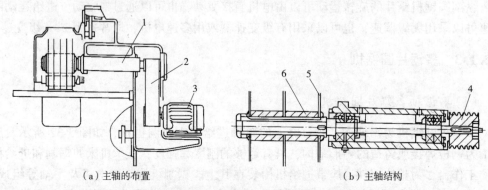

（a）主轴的布置　　　　　　　　　（b）主轴结构

1. 锯轴；2. 带传动；3. 电动机；4. 带轮；5. 锯片；6. 套筒。

图3-34　MJ143型多锯片圆锯机主轴结构

（2）双轴多锯片圆锯机

随着制材工业的发展，20世纪70年代出现了应用硬质合金镶焊锯齿的双轴多锯片圆锯机，目前，其在北美洲及欧洲的制材企业中应用广泛，在木制品生产加工中也可以作为一种高效薄板锯剖设备。其主要优点是：锯口高度由两个锯片分担，因而锯路小；锯片直径为单轴锯机所用锯片的一半，因而锯材尺寸稳定；由于锯片运转稳定，锯材具有很高的表面质量和生产率。

①基本结构

双轴多锯片圆锯机与普通多锯片圆锯机的不同之处是：由上、下两根锯轴代替普通多锯片圆锯机单一锯轴，以上、下两组小直径的锯片取代一组大直径的锯片，如图3-35所示。

双轴多锯片圆锯机的进料、出料压辊以及进料、出料装置，可使被加工的木料无级变速进给；上、下锯轴的主电机分别驱动上、下锯轴旋转，进而带动圆锯片旋转，实现对加工木料的锯割。

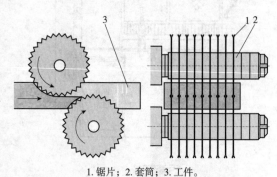

1. 锯片；2. 套筒；3. 工件。

图3-35　双轴多锯片圆锯机

安装位置：通常上锯轴略靠进料端，下锯轴略靠出料端。上、下锯轴通常向相反的方向旋转，上锯片的切削方向与进给方向相同，下锯片则与进给方向相反，目的是使上、下两组锯片对木材的切削力基本平衡，以利于提高锯割质量。上锯轴安装在滑架上，该滑架可以沿高度方向调整，这样可以根据被加工材料的厚度选用不同直径的锯片，当加工高度不太大时可以选择较小、较薄的锯片。上锯轴高度的调整并不频繁，通常采用手动的方式，调整完毕后则由液压装置或气压装置锁紧。

锯轴直径通常在110mm以上，具体直径视所加工材料的几何尺寸和动力消耗而定。

转速可调整，最高可达 3600r/min。每一锯轴有单独的主电机驱动，电机功率为 110kW 以上，最大的可达 250kW。

锯片的安装和调整：双轴多锯片圆锯机因是否带有锯卡，其锯片的安装和调整方式也不同。无锯卡双轴多锯片圆锯机，锯片及锯片间隔挡圈按加工要求先装在轴套上，以便能迅速地在现场更换。换锯片时要特别注意的是避免锯屑或污物落到锯片与挡圈之间，否则，将影响加工精度。安装好锯片的轴套能在锯轴上做轴向滑移及固定，使上、下锯片精确地对准。

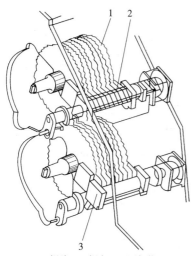

1. 锯片；2. 锯卡；3. 压紧装置。

图 3-36　带有导向锯卡的双轴多锯片圆锯机的花键锯轴

带有导向锯卡的双轴多锯片圆锯机，锯轴为花键轴，锯片直接安装在花键锯轴上，如图 3-36 所示。每一锯片都有一副锯卡夹持，锯卡安装后，在机身两端有气动压紧装置，充气后可保证锯卡压紧在锯片上同时，调整两端压紧装置的位置，可以使锯卡带着锯片在轴上左右移动，以保证上、下锯轴的锯片在同一个平面上锯割木材，而使成品不会形成或尽可能少形成板面接缝痕迹。由于导向锯卡的作用，锯片的稳定性大大提高，因此有条件采用薄锯片。这类锯通常称为导向圆锯机。

上、下锯片的直径可以相同，但目前常采用不同直径的锯片，即上锯片直径比下锯片直径大。例如，加工 100mm 厚度以下的材料时，上锯片的直径通常为 450mm，而下锯片的直径为 300mm；而加工略厚的材料，如被加工材料的厚度在 160mm 左右时，上锯片的直径为 400mm，下锯片的直径为 350mm。

进给装置：木料的进给通常采用履带进给装置、链条进给装置或滚筒运输机。由于上下都有锯轴，进给履带（或链条）分为进料端和出料端两部分，履带为齿形板，由同一电机通过链轮分别驱动；由于设计上考虑了无级变速，进给速度可根据工作负荷的变化而调整，进给速度一般为 4~60m/min，因此锯片可在正常的负荷下工作，寿命长，故障少。滚筒运输机上设有自动对中的装置，不需要操作人员调节，即可使木料按最佳下锯图的要求加工。另外，在进料端上部还有三组压辊和止逆装置，防止木料反弹；在出料端设有分离导向板，既起导向作用，又可以将主材与边材自动分开。

②基本特点

在双轴多锯片圆锯机的设计中目前仍在不断推出新的构思，但其基本特点主要有以下几个方面：

提高进给速度：采用较高的进给速度，以便与削片制材设备相匹配，最高进给速度可达 60m/min。除了增加进给速度外，还可以在同一机座上安装两组双轴多锯片圆锯机，可以同时从左、右两边各进一块方材，厚度可以不同，这样可提高设备的生产效率。

提高锯材出材率：可采取两个措施，一是利用计算机作最佳下锯图设计，使之能达到最大出材率的要求；二是充分利用小锯片锯路小的优点。

提高加工精度及加工表面的质量：目前采用的一些双轴多锯片圆锯机能满足锯材中

加工精度的要求，这主要是由于锯片的直径为一般单轴普通圆锯机一半左右，热应力影响小，工作稳定性好。因此，用其生产的锯材表面光洁。

提高加工的灵活性：为了更好地适应加工木料宽度的变化，也为了能满足最佳下锯的要求，使锯片之间的开挡依据加工宽度能够有所变化；有的双轴多锯片圆锯机在结构上被设计成能用拨叉改变锯片之间宽度的形式，但结构比较复杂。例如，两组或三组双轴多锯片圆锯机配套使用的形式，即利用左、右及中间三组锯机，使它们在一定范围内自由调整，如德国 EWD 公司研制的 FR20 双轴多锯片圆锯机。

3. 2. 1. 4　数控双锯片裁边圆锯机

随着科技的发展，电子数控技术应用日益广泛。利用计算机控制双锯片裁边圆锯机的裁边工序，大大提高了出材率，提高了进料速度，并可通过计算机实现最佳化选择，使得经济效益明显增长，克服了原有裁边圆锯机裁边工序存在的弊端。

图 3-37 为利用计算机控制双锯片裁边圆锯机的工作原理示意图。整个系统由三个部分组成，A 是作为计算机外部设备的毛边板光电检测仪，用来检测所有需要加工的毛边板外形尺寸，并将数据输入给计算机。B 是计算机主机部分，用于接受光电检测仪输入的数据，并进行最佳化处理，计算出最佳裁边位置，并对执行机构进行控制。C、D 分别为步进油缸及双锯片裁边机构，作为该系统的执行机构。计算机得出最佳裁边数据后立即控制步进油缸 C 动作，而步进油缸 C 由于根据板材要求进行活塞行程的设计，因而，通过不同的排列组合可以满足所需要的任何整边板宽度的要求，然后直接带动双锯片裁边机构 D 做开挡的变化，并进行裁边。

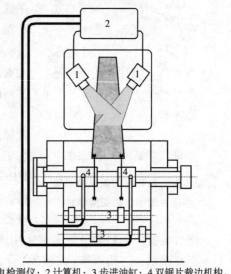

1.光电检测仪；2.计算机；3.步进油缸；4.双锯片裁边机构。

图 3-37　计算机控制双锯片裁边圆锯机的工作原理图

（1）光电检测仪

光电检测仪是该系统的重要组成部分，目前使用的有多种形式，毛边板可以在纵向运行的过程中进行检测，也可以在横向运行时检测。

光电检测仪以远红外线或激光作为光源，它们是非可见光并且不受锯屑、振动等因素的影响。光束通过一面旋转的镜子射向抛物面后向外折射，射向运输设备上的板材时则对板材进行扫描，求得毛边板的外形尺寸，从而计算机能对毛边板的外形进行描绘。目前采用的是四个数据检测仪，即可以测得毛边板的板宽、板厚和左、右斜边，从而可以由裁边锯按齐边板对缺棱的要求进行裁边。

由光电检测仪发出的板宽、板厚及左、右斜边等信号作为原始数据快速地在计算机内运算，它可以对板材的倾斜进行修正，并能输出有关板材外观的完整信息。由于对毛边板的检测是在全部长度中进行的，可以得到多个检测面的数据，即可得到该板材的综合检测值。该数据可以作为最佳化计算的依据。

（2）最佳化选择

由计算机控制的双锯片裁边圆锯机为了减少裁边损耗、分类损耗和计划损耗，根据板材的综合检测值，应用了以下多项最佳化选择：

①规格分类最佳化。每一台计算机控制的裁边系统提供一个可随意预先放置的规格分类数据，计算机获得检测数据时则可进行几何学、数学上的最佳化运算，从而可以在预先规定的规格中确定最佳的板材。

②选样最佳化。计算机的最佳程序排列是使在分类中所确定的规格能优先供给。这意味着计算机在许多相似数据中可以优先选择最佳化的规格，同时也可以顾及板材的长度。

③价格因素最佳化。当计算机在提供各种规格板材时，价格因素最佳化综合考虑了售价与出材率之间的关系，将价格因素最佳化扩展到总的规格分类上，可以预先得到最佳售价的产品。

④材积最佳化。当无规格优先的限制时，每立方米板材是相同的价格，考虑在这种情况下得到最大可能达到的产品材积问题，当然它顾及到每块板材的最佳利用。

⑤规格最佳化。在特殊订货时可以在规定的规格中择取优先的规格，这时考虑的是既能满足订货规格，又能使损耗降到最低。

⑥质量判断最佳化。根据毛边板质量等级判断来规定整边板所允许的缺棱大小，输入计算机储存，并用二级质量判断，选择允许的质量合格板材。

⑦生产记录。除了可以按常规在一班结束时储存当班生产记录外，也可以根据需要立即打印所加工的整边板的数据。

⑧计划最佳化。借助于记录及最佳选择可以决断在生产中要实现最佳化是否需要变化其生产品种，并予以调整。

⑨计算机控制产品设计。根据订货要求可以选择相应的程序，借助于有关计算机内存储的产品信息，计算机可以自行调节，以便得到最佳的、所需要的长度及宽度的板材。

⑩计算机控制进料机构。由计算机控制的双锯片裁边圆锯机，为了保证最佳宽度的板材能够快速加工，必须有一台自动进料机构，其基本功能是使毛边板能自动对心并能平稳快速进给。根据毛边板的综合检测值，利用计算机选择最佳进料速度，控制自动对中心线，其进料速度可达到 $130 \sim 150 \text{m/min}$。

计算机控制的双锯片裁边圆锯机主要可以提高成材出材率，增加收益，其次是实现高速连续作业并改善工作条件。

裁边工人目测进料的裁边圆锯机出材率为 70% ～ 85%。计算机控制的裁边圆锯机可使裁边出材率提高到 92%，减少损失 2/3；其进料速度最高可达 150m/min；并且操作人员可坐在隔音的操作室中工作。可见，计算机控制双锯片裁边圆锯机有着广阔的发展前景。

3.2.2　横截圆锯机

横截圆锯机是对毛料进行横向截断的锯机，其类型有单锯片横截圆锯机和多锯片横截圆锯机，手动进给横截圆锯机和机械进给横截圆锯机，工件进给横截圆锯机和刀架进给横截圆锯机，刀架圆弧进给横截圆锯机和刀架直线进给横截圆锯机等。它们的结构在很大程度上取决于工件尺寸和对机床生产率、自动化程度等方面的要求。加工批量小、工件尺寸小而质量轻的毛料，可采用手动进给；加工批量大时，则应考虑采用机械进给；对批量不大但质量较重的毛料，可采用工件固定，由刀架实现进给运动；当加工批量很大时，则应考虑采用具有专门输送带进给的多锯片截断锯等。

3.2.2.1　刀架圆弧进给横截圆锯机

吊截锯和脚踏平衡锯均属于刀架圆弧进给横截圆锯机。

图 3-38(a) 所示为吊截锯。其摆动支点与锯片位于工作台之上。国产 MJ256 型吊截锯即属于此类型。摆动框架 1 上端与机架铰接于 2，下端装有电机及锯片。电机轴(锯轴)3 上装有锯片 4，工作台 5 上毛料 6 紧靠导尺 7。配重 8 使摆动框架处于原始位置(偏角 $\alpha_0 = 10°$)，手工拉动拉手 9 使锯片对毛料圆弧进给，实现横向截断。拉手动作也可由脚踏代替，图 3-38(b) 为脚踏平衡锯，国产 MJ217 型截锯即属于此类型。目前很多公司已改用液压传动的方式来替代原来的手工操作。

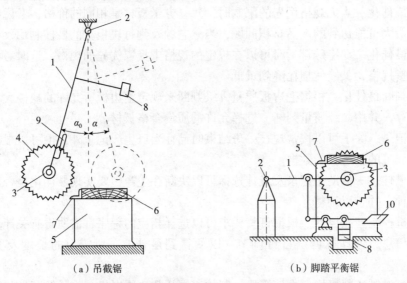

（a）吊截锯　　　　　　　　　　　　　　　　（b）脚踏平衡锯

1.摆动框架；2.铰销；3.锯轴；4.锯片；5.工作台；6.毛料；7.导尺；8.配重；9.拉手；10.踏板。

图 3-38　吊截锯和脚踏平衡锯

3.2.2.2　刀架直线进给横截圆锯机

刀架直线进给横截圆锯机可以比上述吊截锯或平衡锯获得更好的锯切质量，应用甚广。

图 3-39(a) 为手动形式，锯片安于工作台之上。刀架(滑枕)1 的前端是装有锯片 3 的电机 4，手工操纵拉手 5 就可以使刀架在空心支架 14 中往返移动横截工件 6。立柱 13 装于机座 12，通过手轮 9、锥齿轮 10、丝杠 11 实现升降，以适应锯片直径和毛料高度变化的需要。立柱调整后，由手轮 8 锁紧。弹簧 2 可使刀架复位。锯片亦可置于工作台之下，如图 3-39(b) 所示。图 3-39(c) 为液压进给方式。液压系统中溢流阀 1 起调压与安全作用，换向阀 2 控制油缸 3 的进、回油方向，使活塞杆 4 驱动刀架 6 实现锯片 7 的往复运动。换向阀可用踏板 8 由人工操纵或由挡块 5 进行自动操纵。

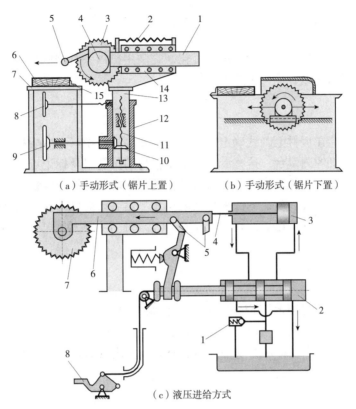

（a）手动形式（锯片上置）　　　（b）手动形式（锯片下置）

（c）液压进给方式

（a）1. 刀架；2. 弹簧；3. 锯片；4. 电动机；5. 拉手；6. 工件；7. 工作台；8、9. 手轮；
　　10. 锥齿轮；11. 丝杠；12. 机座；13. 立柱；14. 空心支架；15. 导尺。
（c）1. 溢流阀；2. 换向阀；3. 油缸；4. 活塞杆；5. 挡块；6. 刀架；7. 锯片；8. 踏板。

图 3-39　刀架直线运动进给横截圆锯机

3.2.2.3　摇臂式万能木工圆锯机

　　摇臂式万能木工圆锯机用途广泛，既可安装圆锯片用于纵剖、横截或斜截各种板材、方材，又可安装其他木工刀具完成铣槽、切榫和钻孔等多项作业。图 3-40 为这类机床的示意图。立柱 3 装于固定在床身 1 上的套筒 2 内，由手轮 4 通过螺杆调节其升降。摇臂横梁 6 安装于立柱上部，可绕立柱在水平面内按需要调整为与工作台导板呈 30°、45°、90°（有的机床可在 360° 范围内任意调节）。特殊的复式刀架 5 上的托架 8，可绕轴线 Ⅰ-Ⅰ 相对于摇臂做 0°、45°、90°（有的机床可转任意角度）的调整。吊装在托架上的专用电机轴上的锯片 9 还可绕轴线 Ⅱ-Ⅱ 相对于水平面做 0°、45° 和 90° 的角度调整。这些调整运动完成后均可由相应手柄锁紧。刀架由人工操纵手柄 7，带锯片一起沿摇臂横梁内的导轨移动，对工件进行加工。国产 MJ224 型圆锯即属此类。

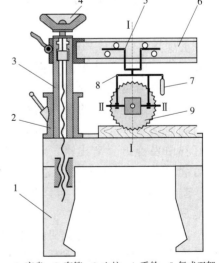

1. 床身；2. 套筒；3. 立柱；4. 手轮；5. 复式刀架；
6. 摇臂横梁；7. 手柄；8. 托架；9. 锯片。

图 3-40　摇臂式万能木工圆锯机

3.2.2.4　优选圆锯机

优选圆锯机是用数控手段来实现配料优化。它利用扫描头对锯截材料扫描，由计算机制订锯裁方案截除缺陷，优化配置板材等级。

（1）工作原理

操作者用荧光笔在板材上画线确定缺陷位置以及等级转换点，然后板材通过配有译码器和荧光读取相机的测量台，这些配备会量出板材的长度以及标记点位置，然后信息被传送到计算机里，根据优选指令，在板材被传送到锯切单元等待锯切前，计算机根据不同的目标计算下锯位置，确定锯截板材长度尺寸，然后计算机将这些信息传送到锯切单元。这一过程有别于人工锯切，在人工锯切中，须通过人工检测板材，决定锯切点，将板材放在锯上，然后锯切。

（2）进给机构

进给过程中进料轮牢牢地固定住木材，滚轮深深地嵌入到工作台中，防止短料倾斜，并保持直线，进行精确的锯切。上部单独的压轮产生所需的压力，用于快速和精确的定位，无须校正，从而发挥压紧功能。压轮只有开始进料后才降低，属于无振动和低磨损操作。

（3）测量机构

测量轮只在木料运动状态下才进行测量。突然的滑动或进料皮带的伸缩不会影响测量结果，锯机仍能够精确地在计算好的位置进行横截，可避免了质量等级高的木材锯切时出现错误。无论木材质量如何，都能保证精确的定长横截。

（4）废料分离系统

在极高速的横截过程中做分选时，对废料和成品的妥善分离具有特别重要的意义。Opti Cut200 系列（图 3-41）智能控制的废料落口在成品的精确分选，提高了横截的加工速度。智能控制的废料落口与锯机集成为一体，并根据高速优选横截锯的出料情况做出精确地调整。这意味着废料能够从好料中妥善地分离出来，不会混

图 3-41　Opti Cut200 优选横截锯

入后续加工中，从而避免了进一步处理的问题。多级系统还允许更长的废料直接分离，避免影响锯机性能。可以通过分选和无干扰加工的最佳方案，让锯机能最大程度地发挥它的生产能力。

自动分选为 Opti Cut 锯机的快速横截提供了保证。它掌握所有成品长度信息，能够贯彻始终地自动按照长度和质量等标准进行分选，尤其在按照任务单加工时。该加工方式简化了厂内物流，节省了人力。

3.3　锯板机

随着加工工艺技术的进步，人造板作为加工基材的大量应用，尤其是板式家具生产技术的迅速发展，传统的通用型木工圆锯机在加工精度、结构形式以及生产率等都已不能满足生产要求。因此，各种专门用于板材下料的圆锯机、锯板机获得了迅速的发展。从生产效率较低的手工进给或机械进给的中小型锯板机，到生产效率和自动化程度均很高的、带有数字程序控制器或由计算机优化，并配以自动装卸料机构的各种大型纵横锯板系统，机床品种、规格繁多，设计、制造在不断地进步。但不论是哪种形式的锯板机，其主要用途都是将大幅面的板材（基材）锯切成符合一定尺寸规格及精度要求的各种板件。这些大幅面的基材表面可以未经装饰，也可经过装饰。通常要求经锯板机锯切后，获得的规格板件要尺寸准确，锯切表面平整、光洁，无须进一步的精加工就可进入后续工序（如封边、钻孔等）。

板件生产线工艺布置如图 3-42 所示。其生产能力和自动化程度均较高，图 3-42 中 A、B 两部分即构成了一个完整的自动纵横锯板系统，从自动装料、进给、纵横锯切，直至自动堆垛送出，都可以自动完成。

我国国家标准 GB/T 12448—2010《木工机床　型号编制方法》中在锯机类中为锯板机专设一组，其中，按结构特点又被分成带移动工作台锯板机（MJ61）、锯片往复运动锯板机（MJ62）和立式锯板机（MJ63）。这几个系列的锯板机也是目前家具生产工艺中最常用的机型。此外，还有多锯片纵横锯板机。

3.3.1　立式锯板机

立式锯板机最主要的优点是占地面积小，与卧式锯板机相比，约可节省一半以上的空间；其次是工件的装卸放置比较方便，调节、操作也较简便灵活，尤其适用于小批量生产和装饰装修现场。

立式锯板机按锯轴与工作台的位置关系，可分为下锯式和上锯式，前者锯轴装在工作台的下方，后者锯轴装在工作台上方。

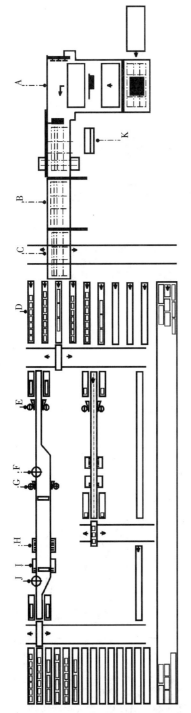

图 3-42　板件生产线工艺布置图

3.3.1.1　下锯立式锯板机

（1）结构组成

各种下锯式立式锯板机的结构形式基本相似，如图 3-43 为国产 MJ6325 型立式锯板机。

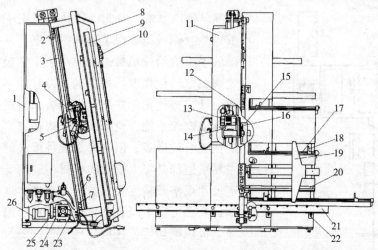

1. 机架；2、7. 行程开关；3. 滑动导轨；4. 锯片升降气缸；5. 锯座溜板；6、23. 链条；8. 压紧架；
9. 压板；10. 压紧气缸；11. 工作台；12、25. 传动带；13、26. 电动机；14. 锯片平行度调节机构；
15. 防护罩；16. 锯片；17、20. 标尺；18. 旋转挡板；19. 垂直挡板；21. 托料架；22. 螺栓；24. 减速器。

图 3-43　MJ6325 立式锯板机

机床主要由机架、切削机构、进给机构、工作台、定位机构、气动压紧机构、操作机构和电气控制系统等组成。

（2）主要部件的结构及工作原理

①机架：机架 1 为钢架结构，能保证机床的稳定性。滑动导轨 3、工作台 11、压紧架 8、托料架 21 等均固定在机架上。

②切削机构：切削机构主要由主电机 13、传动带 12、锯片 16、锯片升降气缸 4、锯片平行度调节机构 14 以及防护罩 15 等组成，它们全部装在锯座溜板 5 上。而该溜板与机架上的滑动导轨 3 相结合，在进给链条 6 的拖动下可做往复运动。

其切削机构的工作原理如图 3-44 所示。主运动由主电机 4 经 V 形带 5 升速驱动，使锯片 6 获得 4000r/min 的转速，切削速度可达 74.35m/s。较高的切削速度能保证锯切表面光洁平整。锯切时气缸 2 的无杆腔进气，活塞杆外伸，推动曲柄 8 绕 f 点摆动，曲肘 7 使锯架 3 相对于锯座溜板 1 绕 b 点右摆抬起，使锯片切削圆超出工作台及其工件，即可对工件进行锯切；反之，空程返回时，气缸 2 活塞杆腔进气，锯架下落，锯片降至工作台以下，可确保操作者的安全。

③工作台：工作台 11（图 3-43）固定在机架上，

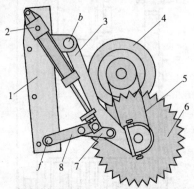

1. 锯座溜板；2. 气缸；3. 锯架；4. 主电动机；
5. V 形带；6. 锯片；7. 曲肘；8. 曲柄。

**图 3-44　MJ6325 立式锯板机切削
机构的工作原理**

其下部有托料架 21 作为放置工件的水平基准面，由螺栓 22 调整其水平。工作台上设有垂直挡板 19 和旋转挡板 18 作为工件的另一个定位基准面，其位置可以根据所需板件的尺寸调节，数值分别由标尺 17、标尺 20 指示。

④压紧装置：主要由压紧架 8、压板 9 和压紧气缸 10 等组成。换向阀操纵压紧气缸动作可使压板向下压紧或向上松开工件，该装置是一个平行四边形机构，能保证压板同时压紧整个工件；电气系统能保证压紧工件在先，锯切运动在后的顺序，以确保安全生产。

⑤进给运动：由电机 26 经传动带 25、减速器 24、驱动链条 23、带动进给链条 6，拖动切削机构的锯座溜板 5 实现运动，减速器带有变速机构，可按被加工工件材质及锯切厚度在 10~14m/min 内无级调节，以选择最佳的进给速度返程运动由进给电机反转获得。行程开关 2 和行程开关 7 起上、下限位的作用。

⑥气动系统：图 3-45 所示为机床的气动系统图，换向阀 1 控制锯架升降气缸 3，换向阀 2 控制压紧气缸 4，锯架的起落速度以及压板上、下行的速度均可分别通过各自的单向节流阀调节，气动系统的工作压力为 0.5MPa。

为适应某些板材的加工需要，该机床还设置了另一种加工方式："划切加工"，如图 3-46 所示。利用同一圆锯片在一次往复运动中，先对工件做划线加工，返程时对工件进行锯切加工。作划线加工前应先调整机床，需要在锯片升降气缸活塞杆上加一个划线用垫圈，这样，气缸使锯片下落时，活塞杆不能全部缩回缸内，圆锯片不能完全落到工作台之下，其切削圆的一小部分暴露在工作台之上；由电气系统配合，保证锯座由下位上升时锯片作划线加工，而当锯座由上而下时，锯片抬起作正常锯切加工。

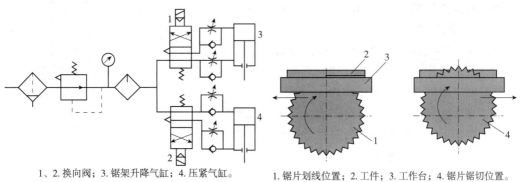

1、2.换向阀；3.锯架升降气缸；4.压紧气缸。

图 3-45　MJ6325 立式锯板机气动系统图

1.锯片划线位置；2.工件；3.工作台；4.锯片锯切位置。

图 3-46　划切加工示意图

3.3.1.2　上锯立式锯板机

图 3-47 为 UniverSVP 系列单锯片立式锯板机外形图。锯片被安置在被锯切工件的上方。机床机架 1 的顶部设有导轨 2，锯梁 4 可沿导轨做水平方向的移动；切削机构 3 的拖板与锯梁由导轨结合，锯梁位置调整后，切削机构可沿锯梁上、下移动，实现锯片对工件作垂直（横向）锯切；切削机构可绕溜板上的支轴做 90°的回转调整，将锯片调成水平且在高度方向调到适当位置，水平方向移动锯梁就可以实现水平（纵向）锯切。锯片对锯梁导轨或对机架顶部导轨平行度有精确的定位和锁紧机构保证。这种锯板机在工件需作纵横两个方向的锯切加工时比较灵活，加工性能优于下锯式。

机床在锯切较大幅面工件时，可利用机架下部的下支承块（或支承辊）6 作为基准，上、下料十分方便；在锯切较小幅面工件或锯切短料时，可利用附件 7，这样可保持适

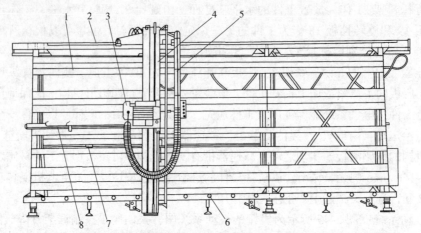

1. 机架；2. 导轨；3. 切削机构；4. 锯梁；5. 除尘装置；6. 支承块；7. 附件；8. 挡块。

图 3-47 UniverSVP 系列单锯片立式锯板机外形图

当的操作高度，利于操作人员作业。机床的锯梁上装有数根标尺，它们分别以下支承块（辊）和附件7位置作为基准，因而不论以何者作为加工基准都可以直接、方便地读出锯切板件的宽度；板件长度方向用4~6个挡块8进行定位，并可由标尺直接读出相应的数值。机床上还装有除尘装置5，收集排除锯屑。有的锯板机带有可倾斜锯切的支承附件，如图3-48所示。

图3-49 为 TEMPOMAT 型立式锯板机。该机在操作方式和工作循环上更趋合理。机床设置了可上下移动的夹紧器3和辅助工作台1，因而允许大板工件2在一次定位后就能进行多次水平方向和垂直方向的锯切，得到符合最终所需尺寸的板件，操作过程中不必将板材从机床上多次搬上、搬下。其工作顺序如下：

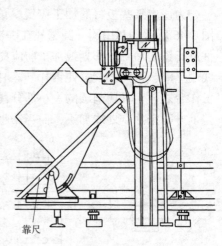

靠尺

图 3-48 锯板机上可做 0°~45°倾斜锯切附件

①从机床右侧通过支承辊6装上工件(大幅面板材)并支承在支承辊上。

②夹紧器3从机架顶部下降并牢牢夹住工件2的上部。

③夹紧器将工件稍稍提起，工件的底边若不是光边，则可将锯片调至适当位置并水

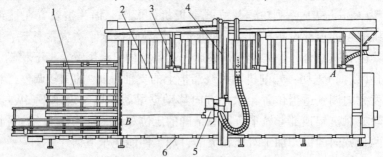

1. 辅助工作台；2. 工件；3. 夹紧器；4. 锯梁；5. 锯发机构；6. 支承辊。

图 3-49 TEMPOMAT 型立式锯板机

平移动，在板材底边处锯去一窄条，起裁边作用。

④夹紧器下降，将工件重新放到支承辊 6 上，并以此为基准，锯片调整到所需高度（最大为 1.2m）进行如图 3-23 所示的水平锯切。在该锯切过程中，工件的上面部分 A 始终被夹紧器牢牢夹住，这样可以避免工件下压而增加锯片锯切时的摩擦力，以及由此可能造成的夹锯现象。

⑤锯片由水平位置转换成垂直位置，同时锯梁移到左边规定的锯切位置。

⑥如图 3-50 所示，经水平锯切裁下的下面部分工件 A 自右向左移动直至碰到按规定尺寸设置的挡块和限位开关。

⑦工件按规定的长度作垂直锯切，锯得符合所需尺寸板件，并从机床上取下。

⑧重复⑥~⑦的动作，直至工件 A 锯切完毕。

⑨锯片转回到水平位置，由夹紧器悬挂的部分工件 A 随压紧器下降，直至工件的下边沿接触支承辊，锯片按所需尺寸调整高度并进行水平锯切，重复④~⑧的动作，直至工件锯切完毕。

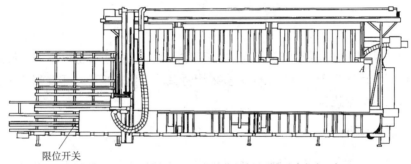

图 3-50　TEMPOMAT 型立式锯板机做垂直锯切时

锯切可以手工操作进给，也可采用自动进给。机床主要技术参数为最大加工板件尺寸 5200mm×2100mm，板厚 80mm；最大水平锯切高度 1200mm；最大锯切长度 2500mm；主电机功率 5.5kW，包括液压部分总功率 8.9kW；机床噪声低于 80dB(A)。

3.3.2　带移动工作台锯板机

带移动工作台锯板机应用广泛，不仅能用作软材实木、硬材实木、胶合板、纤维板、刨花板以及用薄木、纸、塑料、有色金属薄膜或涂饰油漆装饰后板材的纵剖、横截或成角度的锯切，以获得符合产品尺寸规格要求的板件；同时还可用于各种塑料板、绝缘板、薄铝板和铝型材等切割，有的机床还附设有铣削刀轴，可进行宽度在 30~50mm 的沟槽或企口的加工。这类机床的回转件都经过了动平衡处理，在平整的地面平放即可使用；加工时，工件放在移动工作台上，手工推送工作台，使工件实现进给，操作方便，机动灵活。

机床规格已成系列，主参数为最大锯切加工长度，一般范围在 2000~5000mm。国产的带移动工作台锯板机主要有三种规格：2000mm、2500mm、3100mm。

机床结构组成和工作原理如下：

图 3-51 是带移动工作台锯板机的典型布局。机床主要由床身 1、固定工作台 4、纵向移动工作台 7、横向移动工作台 9、锯切机构 6、导向靠板 3、导向靠板 8、防护和吸尘装置 5 等组成。

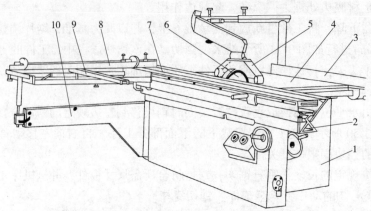

1.床身；2.支承座；3、8.导向靠板；4.固定工作台；5.防护及吸尘装置；
6.锯切机构；7.纵向移动工作台；9.横向移动工作台；10.伸缩臂。

图 3-51　带移动工作台锯板机的典型布局

3.3.2.1　床身

床身大多采用 5~6mm 钢板焊接而成，稳固美观，能保证加工中不产生倾斜或扭曲变形。固定工作台固定于床身顶部，大多采用铸造件，要求平整、不变形。工作台上设有纵向导板及其调节机构。

3.3.2.2　锯切机构

锯切机构通常包括锯座及其倾斜调整机构、主锯片、划线锯片及其升降机构、锯片调速等机构。图 3-52 为锯轴可作 45° 倾斜调整的切削机构原理图。

主锯片及其调节机构如图 3-52(a) 所示，装有主锯片 8 的主轴被置于主锯架 7 的轴承座内，主锯架与锯座板 12 为销轴连接，操纵手轮 2 经丝杠-螺母机构，可使主锯架绕 c 点摆动，实现主锯片的升降调节，以满足工件切削厚度变化的需要；四杆机构可保证锯架 7 作平面运动。主锯片的直径一般为 315~400mm，由主电机 11 通过 V 形带传动，根据锯片直径和工件材种的不同，主锯片可应用塔轮 13 进行变速，塔轮变速结构简单，属恒定功率输出，较符合机床加工的实际需要。主电机功率一般在 4~9kW。为使调速简便采用专用 V 形带，以保证单根带就能满足所需功率的传递。调速时，拧动丝杠 9 即可改变两塔轮间的中心距。此外，应用带传动还能起到过载保护的作用。主锯片采用逆向锯切工件，锯切速度一般在 50~100m/s 变动。锯切削速度高，要求机床制造精密，应严格控制锯轴的加工精度和形位公差，选用精度级别较高的轴承，并在锯轴的轴承座等处采用橡胶圈等减振措施，尽量减小锯片的抖动，以确保工件加工后的表面光滑平整。为防止纵锯时产生夹锯现象，主锯片后带有分离用劈刀。

划线锯片及其调节机构如图 3-52(a) 所示，划线锯片 5 装于可绕锯座板 a 点摆动的锯架 4 上，用手轮 3 作升降调节。弹簧 6 可保持划线锯片调整和工作平稳。划线锯片的作用是先于主锯片锯切开板材的表层，通常仅露出工作台面 1~3mm，采用顺向锯切在主锯锯切之前先将工件底面表层锯开，以免在主锯片锯切时造成工件底面锯口处起毛。划线锯片直径较小，通常在 120mm 左右，由划线电机 1 经高速绵纶带升速传动，转速

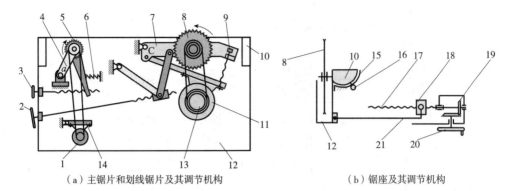

（a）主锯片和划线锯片及其调节机构　　　　　　（b）锯座及其调节机构

1.划线电动机；2、3、20.手轮；4、7.锯架；5.划线锯片；6.弹簧；8.主锯片；9、17.丝杠；10.半圆形滑块；
11.主电动机；12.锯座板；13.塔轮；14.支座；15.半圆形导轨；16.压轮；17.螺母；19.锥齿轮；21.连杆。

图 3-52　带移动工作台锯板机锯切机构原理图

在 9000r/min 左右，其锯切速度一般在 56~60m/s。划线锯片可以采用单片或两片对合、间距可调的形式，其厚度应与主锯片厚度相等或略厚（一般比主锯片厚 0.05~0.2mm），其锯齿锯切平面应与主锯片锯齿锯切平面处于同一平面内。划线锯的传动带常靠划线电机 1 及其支座 14 的自重来张紧。主锯片与划线锯片之间的距离一般为 100mm。

锯座及其调节机构如图 3-52（b）所示，锯座由锯座板 12 和固定在其两端的半圆形滑块 10 等组成。半圆形滑块 10 放置在床身的半圆形导轨 15 中，并由压轮 16 使其贴紧。操纵手轮 20，通过锥齿轮 19、丝杠 17、螺母 18、连杆 21 使锯座滑块在床身半圆形导轨内滑动，从而使整个锯座，包括安置在其上的主锯和划线锯一起旋转。倾斜调节的范围为 0°~45°。

3.3.2.3　工作台

移动工作台主要由双滚轮式移动工作台、横向移动工作台和支撑臂等组成（图 3-53）。这部分是机床的进给机构，滑台及安置其上的导向靠板是被锯切板材的定位基面。滑台移动时的运动精度是保证锯板质量的关键。因此，要求滑台导轨有较高的平直度，以保证加工质量。一般在精密的带移动工作台锯板机上作纵向锯切时，每 2m 切割长度上，锯切面的直线度可达 ±0.2mm，我国国家标准 JB/T 9950—2014 规定每 1m 长度上为 0.15mm。

双轮式移动滑台，其结构通常有两种类型。如图 3-53（a）所示为普通型，即机床锯轴不作倾斜调节；如图 3-53（b）所示为锯轴倾斜型，用于锯轴须作 0°~45° 倾斜调节的锯板机。两者结构相似，仅剖面形状不同。支承座 6 固定于机床床身，大多采用型材，既可保证强度又可减轻重量。普通型为矩形断面，锯轴倾斜型则为矩形与等边三角形的组合，支承座上置有三角形导轨 8。移动滑台 2 大多采用耐磨铝合金异型材制成，重量轻；其锯轴倾斜型的截面较为复杂，由矩型与三角形组合而成，能保证强度，并为锯片的倾斜留有足够的空间。滑台下置有三角形导轨 4，三角形导轨常用耐磨夹布酚醛制造，耐磨无声。其间为双滚轮 3，它直径较大，加之滑台又轻，故其空载推力甚小，通常小于 10N，最轻的仅需 3N，为减少支承座的长度，双滚轮式滑台采用了行程扩大机构。

如图 3-54 所示，推动滑台 1，双滚轮 2 在支承座的导轨上每向前滚动一周（πd）时，滑台前移距离加倍（$2\pi d$），这样可使支承台长度大为缩短。

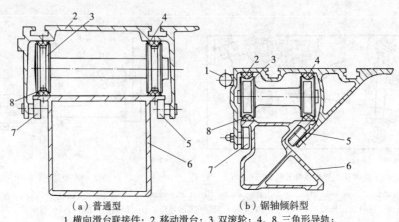

（a）普通型　　　　　　　　（b）锯轴倾斜型

1. 横向滑台联接件；2. 移动滑台；3. 双滚轮；4、8. 三角形导轨；
5、7. 压紧轮；6. 支承座。

图 3-53　双轮式移动滑台

　　横向滑台用于横截、斜切和较大幅面板材的锯切，其一侧可安装在双滚轮移动滑台圆导轨的适当位置上，如图 3-53（b）中 1 所示；另一侧则由可绕床身支座转动的可伸缩支撑臂（图 3-51 中 10）支撑。

　　横向滑台大多采用型材焊成，轻巧可靠，上设可调至一定角度的靠板和若干挡块，以满足工件定位的需要。精密锯板机在作直角锯切时，每 1000mm 锯切长度上锯切面对基准面的垂直度达±0.2mm。

　　图 3-55 为可伸缩支撑臂的示意图，伸缩臂 3 套装在旋转臂 2 中，由四个滚轮 4 导向，各滚轮上均包覆有尼龙，保证伸缩臂移动轻松、方便、无噪声且寿命长。旋转臂与床身为铰销联接，能绕销轴 1 摆动，丝杠 6 通过螺母支撑横向滑台，并可起调平作用。

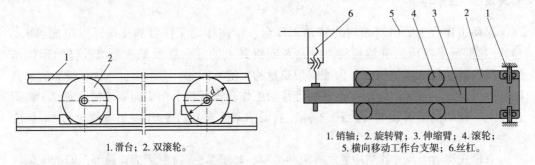

1. 滑台；2. 双滚轮。

1. 销轴；2. 旋转臂；3. 伸缩臂；4. 滚轮；
5. 横向移动工作台支架；6. 丝杠。

图 3-54　双轮式移动滑台行程扩大机构　　　　**图 3-55　可伸缩支撑臂的示意图**

3.3.2.4　其他机构

　　锯片上部常设有防护装置，罩住锯片露出工作台面部分，以防止事故的发生。简单的防护仅罩住锯片上部的不切削部分，较为完善的防护装置常做成带压紧滚轮，能给工件以适当压力的封闭型防护装置，如图 3-51 中 5 所示。

　　机床的床身上都设有排屑口，通过管道可以接到车间的吸尘系统或单独设置的吸尘器上，有的机床在锯片防护罩上部也设置排屑口，并用管道接入吸尘系统，使机床除尘效果更好。

3.3.3 锯片往复木工锯板机

锯片往复式锯板机具有通用性强，生产率高，原材料省，锯切质量好，精度高，易于实现自动化和计算机控制，可用两台或数台机床进行组合，可纳入板件自动生产线等特点。

这类机床以最大加工长度作为主参数，其范围在 1500~6500mm，我国行业标准规定锯片移动式锯板机有 2000mm、2500mm、3150mm 三个规格。

这类机床的操作和控制包括装卸和工件进给等，有手工方式、机械方式及计算机数控等方式。

这类机床切削速度较高，并设有主锯片、副锯片，可实行预裁口，有较高的锯切精度，一般锯切面的直线度为 0.1~0.5mm，如德国 Holzma 公司生产的这类锯板机工件的定位精度可达 0.1~0.2mm；奥地利 Schelling 公司的产品定位精度可达 0.1mm；德国 Anthon 公司和意大利 Giben 公司生产的这类锯板机定位锯切精度可达 0.15mm。

这类机床允许多块板材叠合锯切。单机使用时常同时对两叠或多叠基材进行锯切。这类机床进给速度也较高，因此其生产率比立式锯板机和带移动工作台锯板机要高得多。图 3-56 为手工装卸和推送工件的锯板机，主要由床身 7、工作台 8、切削机构、进给机构、压紧机构 2、定位器 4、定位器 10 以及电气控制装置组成。

锯片往复锯板机的工作循环如图 3-57 所示，具体流程：①压梁下降压紧工件；②起动主、副锯片电机并提升锯架；③进给电机工作实现锯切；④至规定或末端位置时停止进给；⑤锯架下降；⑥进给电机反向切削机构返回；⑦同时压梁上升，复位。

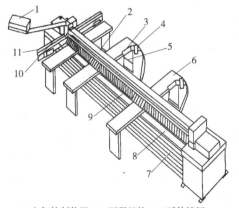

1. 电气控制装置；2. 压紧机构；3. 延伸挡板；
4、10. 定位器；5. 导槽；6. 支承工作台；
7. 床身；8. 工作台；9. 防护栅栏；11. 靠板。

图 3-56 手工装卸和推送工件的锯板机

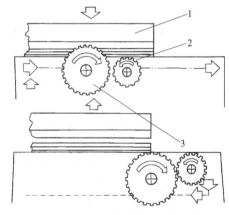

1. 压梁；2. 副锯片；3. 主锯片。

图 3-57 锯片往复锯板机的工作循环

3.3.3.1 切削机构与进给机构

切削机构常安装在小车上。图 3-58 为典型切削机构原理图。主锯片 2、副锯片 4 由各自的电机单独驱动，副锯架 5 可绕支座 6 摆动，以调节副锯片高度，主锯架 11 可绕支座 10 摆动，由气缸 1 使其升降；小车 9 进给时，锯片露出工作台面，可进行锯切；小车返回时下落。主锯片直径通常为 300~500mm，个别重型机床可达 550~600mm。其升出工作台面的高度一般不调节，切削速度为 60~70m/s，一般不变速，功率为 4~9kW，重型机床可达 15~20kW。小车 9 置于床身导轨上，由进给电机经减（变）速装置拖动链条 8 实现进给；依靠电机反转返回。电机功率一般在 0.75~1.5kW，重型机床则为 2.5~3kW。

3.3.3.2 压紧与定位机构

如图 3-59 所示，压梁 1 可在压紧气缸的作用下在锯切全长上从锯路两侧压紧工件。工件定位如图 3-56 所示，气动定位器 4 装在支承工作台 6 侧面的导槽 5 中，对作纵向锯切的工件定位。当所裁板条较窄，定位器不能伸入主工作台区域时，可装上延伸挡板 3。此外气动定位器还有单杆、指状等形式。机械式定位器 10 固定于靠板 11 上方的导槽内，用于横切定位。

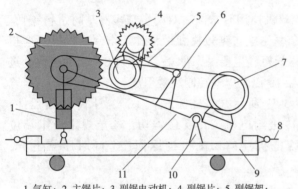 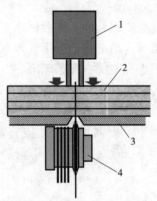

1. 气缸；2. 主锯片；3. 副锯电动机；4. 副锯片；5. 副锯架；
6、10. 支座；7. 主电动机；8. 链条；9. 小车；11. 主锯架。

图 3-58 锯片往复锯板机切削机构的原理图

1. 压梁；2. 工件；3. 工作台；4. 锯轴。

图 3-59 锯片往复锯板机压梁压紧工件示意图

3.3.3.3 气动系统

图 3-60 为锯片往复锯切机的典型气动系统图。换向阀 9 控制锯架升降气缸 8 驱动锯架升降，压力由调压阀 11 调节；换向阀 5 控制压紧气缸 7 驱动压梁升降，两单向节流阀 6 分别调节压梁升降速度，压力由调压阀 3 调节；多个定位气缸 13 可根据需要任意选用，不用者应关闭相应的截止阀 14。定位缸动作由换向阀 15 控制。压力继电器 10 保证只有当气压达到规定数值时，机床主电机才能启动。

3.3.3.4 安全防护

为保障人身和设备安全，设计与选用锯片往复运动的锯板机时要注意机床安全防护方面的性能。除常规的电气过载及短路保护外，通常还应设置以下联锁保护：

①压缩空气压力小于规定数值（如 0.4MPa）时机床不能启动，以免气压不足造成事故或影响加工质量。

②进给电机做进给运转时，压紧气缸不能放松，即使误按下压紧气缸的放松按钮，也不应放开。

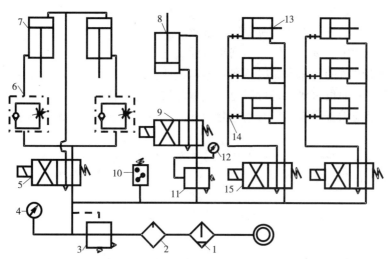

1.分水滤气器；2.油雾器；3、11.调压阀；4、12.压力表；5、9、15.换向阀；
6.单向节流阀；7.压紧气缸 8.锯架升降气缸；10.压力继电器；13.定位气缸；14.截止阀。

图3-60　锯片往复锯板机的典型气动统图

　　③进给电机反转，小车返回时，锯架只能处下位，保证锯片切削圆位于工作台面
之下。

　　④进给电机正反转相互联锁。

　　⑤在压梁的两侧应悬挂片状栅栏，如图3-61所示，可在锯切过程中护围切割区域，
覆盖未补充工件占用的部分，防止手意外伸入而造成伤害事故的发生。

　　⑥压梁两侧应装有安全挡杆，如图3-62所示。停机时压梁处上位，手可伸入切削

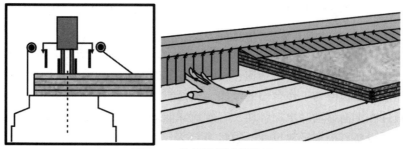

图3-61　片状栅栏防护装置

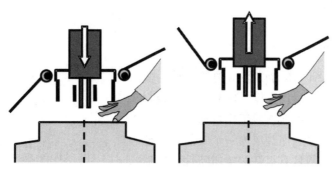

图3-62　安全挡杆装置

区，这时若意外启动机床，则压梁下降，安全挡杆首先触及人手，触动开关，可使机床立即停止运行，压梁升至上位，避免发生事故。

⑦设置锯片固定装置，以便更换锯片时的安全。

⑧锯切通道两侧的工作台面应镶嵌有塑料板条，以防锯片未对准通道时，运行碰到工作台造成损伤；而更重要的是可避免产生危险的火花，利于防火。

⑨电气箱处应设置联锁，只有当电源断开时，才可打开箱盖；或电气箱盖打开时电源自动切断。

⑩控制板应设有急停按钮，遇事故，按下急停按钮，锯机立即停止工作，锯架下降到工作台之下，压梁升至上位。

3.4 数控锯板机

实际生产中数控锯板机又叫数控裁板锯（图 3-63），主要用于板式家具制作过程中，根据家具设计所需的原材料进行自动定长切割。

1. 主机架；2. 锯车机构；3. 压料机构；4. 送料机构；
5. 靠板机构；6. 接料机构。

图 3-63 数控裁板锯外形图

数控裁板锯由主机架、锯车机构、压料机构、接料机构、送料机构、靠板机构等组成。主机架上安装有横向导轨，锯车机构能够在导轨上实现往复式移动锯切。送料机构位于主机架后端，上面布置有工夹，用于抓取板件实现自动送料。主机架上方设置有压料机构，用于将裁切的板件实现压紧，防止板件在裁切过程中位移及防止板材裁切过程中锯口爆边。主机架前端设置有接料结构，用于将裁切的板件进行承接，因接料台为气浮式工作台，能够减少板件与工作台面的摩擦，从而能够保证板件表面得到很好的保护，同时可以使板件在上面移动时更加轻便，有效地降低操作人员的工作强度。综合以上功能特点，此类型设备可根据板料尺寸、数量进行多张、自动定长、同时叠切等操作。

3.4.1 结构部件

3.4.1.1 主机架

主机架（图 3-64）作为设备结构的主体，其主要作用为锯车移动提供支撑，同时为裁切板材加工的工作平面。其由前、后工作台通过压料立柱、支腿、工作台底座连接成为一个龙门式框架结构，其结构特点是具有很好的抗扭特性。前后工作台侧面安装有相对平行的导轨，锯车机构可

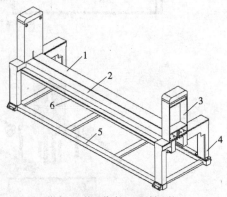

1. 后工作台；2. 前工作台；3. 压料立柱；
4. 支腿；5. 机架底座；6. 锯车导轨。

图 3-64 主机架

沿导轨实现往复式移动。

3.4.1.2 锯切机构

锯切机构作为核心部件，安装于主机架导轨上，锯车内部安装有主、副锯片，电机通过皮带传动，带动锯片高速旋转。机构侧面安装有驱动电机，为锯车移动提供动力，驱动锯车沿导轨移动，从而实现锯片移动裁切板件。

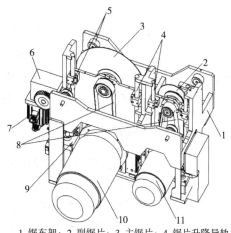

如图 3-65 所示，锯车架 1 作为机构主体支架，其上面安装有移动导轮 5，用于锯车往复运动的导向；锯车架 1 分为主、副两个独立的区域，锯片旋转机构通过锯片 4 升降导轨安装于锯车架 1 上，通过安装在底部的升降气缸 9，实现锯片上下升降功能；电机 10/11 安装于旋转机构上，通过皮带 8 带动锯片 2/3 旋转；安装于锯车架侧方的减速机 6，通过驱动电机 7 驱动锯车移动。工作过程中，首先升降气缸 9 将锯片升起，电机 10/11 驱动锯片 2/3 高速旋转，驱动电机 7 驱动锯车前进实现板件锯切；锯切完成后，升降气缸 9 驱动锯片下降，驱动电机 7 驱动锯车返回锯切待料点，实现整个锯切循环（图 3-66）。

1. 锯车架；2. 副锯片；3. 主锯片；4. 锯片升降导轨；5. 移动导轮；6. 减速机；7. 驱动电机；8. 传动皮带；9. 升降气缸；10. 主电机；11. 副电机。

图 3-65　锯切机构

图 3-66　锯片工作循环位置示意图

3.4.1.3 压料机构

在整个加工过程中，压料机构主要用于将被裁板件在切割过程中进行压紧固定，保证裁切质量。其结构位于主机架上方，由立柱、压料横梁、升降气缸、同步机构等主要结构组成。

如图 3-67 所示，立柱 2 安装固定于工作台 1 上方，立柱 2 内安装有升降气缸 3，升降气缸 3 杆端连接压料横梁 4 左右两端，将压料横梁 4 置于工作台 1 于立柱 2 之间，通过升降气缸 3 升降，实现压料横梁 4 相对于工作台 1 上下运动。压料横梁 4 中间安装有同步杆 5，同步杆 5 两端连接有同步齿轮 6，同步齿条 8 安装于立柱 2 内，与同步齿轮 6 配合安装。压料横梁 4 上下运动时，因左右两边升降气缸 3 运动存在不同步问题，安装此同步结构用于保证压料横梁 4 升降过程中同步。当被裁板件 9 放置位置不在压料横梁 4 中间时，可以保证压料横梁 4 对板件 9 的压力均匀。压料胶条 7 用卡槽式或粘接的方法安装于压料横梁 4 下发，主要用于保护被裁板件 9 的表面，可以有效防止板件压伤。同时

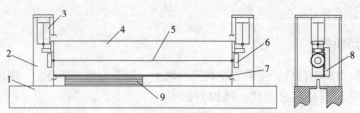

1.工作台；2.立柱；3.升降气缸；4.压料横梁；5.同步杆；6.同步齿轮；7.压料胶条；8.同步齿条；9.板件。

图 3-67　压料机构

因板件存在厚度及平整度误差，压料横梁 4 与被裁板件 9 之间增加一层软质压料胶条 7，可以消除板件厚度及平整度误差，使压料更加稳定。

3.4.1.4　接料机构

如图 3-68 所示，接料机构主要作用为承接已加工好的板件，当板件被裁后会推出到气浮台面板 3 上；气浮台 2 内部中空，上面安装有浮台 3 面板，两者安装后，使气浮台 2 形成密闭的内空腔体；高压风机 7 安装于地面，通过风管 8 连接到浮台 2 上；浮台面板 3 上安装有气浮珠 4，当浮台面板 3 有工件时，板件会将气浮珠 4 推开，使气浮台 2 内部压缩空气释放，在板件于浮台面板 3 之间形成一层气膜，从而达到保护板件与减少板件及浮台面板 3 之间摩擦力的作用(图 3-69)。

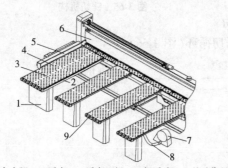

1.浮台支腿；2.浮台；3.浮台面板；4.气浮珠；5.基础靠尺；
6.压料横梁；7.高压风机；8.风管；9.出料导轮。

图 3-68　接料机构

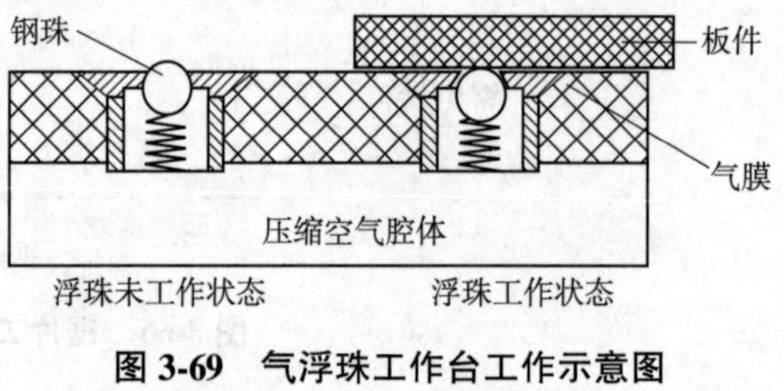

图 3-69　气浮珠工作台工作示意图

3.4.1.5　送料机构

送料机构主要用于将被裁板件进行抓取定长送料，所裁板件尺寸由此机构执行完成。此机构安装于主机架后端，主要由送料导轨、送料横梁、工夹等部件组成。

如图 3-70 所示，送料导轨 1 分别安装于主机架后端左右两侧，通过支腿 8 固定于地面，左右支腿 8 之间通过连接梁 4 连接形成框架式结构；拖料梁 6 安装于连接梁 4 上，拖料梁 6 上安装有滚轮 7，用于支撑板件；工夹 2 用于抓取板件，安装于送料横梁 3 上；送料横梁 3 两侧安装有送料导轮 9，送料导轨 1 上加工有导轨平面，送料横梁 3 通过送料导轮 9 安装于送料导轨 1 上，可在导轨上往复运动；送料横梁 3 中间安装有驱动电机 5，通过驱动电机驱动送料横梁 3 移动，从而实现板件送料动作。送料横梁传动示意如图 3-71 所示。

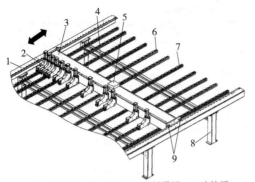

1. 送料导轨；2. 工夹；3. 送料横梁；4. 连接梁；
5. 驱动电机；6. 拖料梁；7. 滚轮；8. 支腿；9. 送料导轮。

图 3-70　送料机构

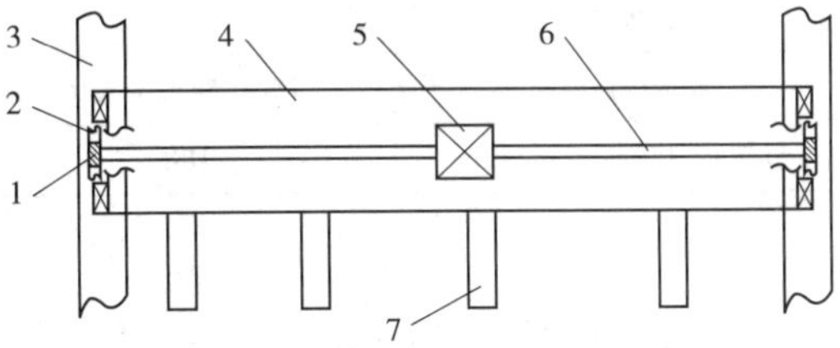

1. 齿轮；2. 齿条；3. 送料导轨；4. 送料横梁；
5. 驱动电机；6. 传动轴；7. 工夹。

图 3-71　送料横梁传动示意图

3.4.1.6　侧向基准靠尺

要用于将被裁板件靠紧于基准靠尺上，板件在裁切送料过程中始终与锯片切割线成垂直状态，使被裁板件裁切后的相邻板边垂直度得到保证。

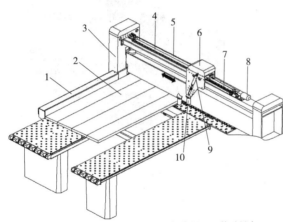

如图 3-72 所示，侧靠梁 4 安装于立柱 3 上方，侧靠梁 4 上安装有导轨 7、传动电机 8，侧靠移动座 6 通过滑块安装于导轨 7 上，通过传动链条 5 连接到传动电机 8 上，电机驱动侧靠移动座 6 实现前后移动；侧靠移动座 6 侧面安装有升降气缸 9，气缸端头连接有靠轮 10，靠轮 10 通过升降气缸 9，可以实现靠轮上下升降。

工作过程中，侧靠座先根据被靠板件宽度，移动到指定位置，升降气缸驱动靠轮下降，电机驱动侧靠座往前移动，使靠轮靠紧板件贴紧基准靠尺，实现靠板动作。

1. 基准靠尺；2. 板件；3. 立柱；4. 侧靠梁；5. 传动链条；
6. 侧靠移动座；7. 导轨；8. 传动电机；9. 升降气缸；10. 靠轮。

图 3-72　侧向基准靠尺

3.4.2　技术参数

国内外数控裁板锯主要技术参数见表 3-3 和表 3-4。

表 3-3　国产数控裁板锯主要技术参数表

参数名称	技术参数值	参数名称	技术参数值
裁板宽度/mm	2850/3200/4300	最大送料速度/(m/min)	85
最小裁板宽度/mm	45	主锯片转速/(r/min)	4000
裁板厚度/mm	75/105/120	副锯片转速/(r/min)	5200
最快锯切速度/(m/min)	120	最大锯片直径/mm	450

表 3-4　国外数控裁板锯主要技术参数表

参数名称	技术参数值	参数名称	技术参数值
裁板宽度/mm	3200/4300	最大送料速度/(m/min)	65
最小裁板宽度/mm	35	主锯片转速/(r/min)	4000
裁板厚度/mm	75/105/120/150	副锯片转速/(r/min)	5200
最快锯切速度/(m/min)	180	最大锯片直径/mm	520

3.5　排(框)锯机

随着家具、门窗、地板等加工业的发展和优质木材资源的日益减少，一种小型精密框锯机应运而生。以捷克 NEVA 公司的 Classic 系列框锯机和奥地利 Winterseiger 公司的 DSG 系列框锯机为代表的薄锯条小型框锯机，除了在高档铅笔加工中应用外，在家具、门窗、地板加工中的应用越来越活跃，表现出很大的发展潜力。

1.工作台；2.进给装置；3.锯切及出料装置；4.机座。

图 3-73　NEVA Classic150/200 型框锯机外形图

3.5.1　整体结构

图 3-73 为 NEVAClassic150/200 型框锯机外形图。其中锯切及出料装置 3 固定在机座 4 上，工作台 1 与进给装置 2 由开合电机驱动，可在机座导轨上相对锯切及出料装置 3 对开，同时开合部分和固定部分前后均装有铰接门。换锯框、检查维修时使两部分相离，打开相应的铰接门，使调整和检修机器极为方便，这是 NEVA 公司生产的框锯机的独特之处。

3.5.2　传动系统

Classic 系列精密框锯机的机械传动系统如图 3-74 所示。主锯切机构由主电机 1、传动带 2、曲柄连杆机构(主曲柄 3、主连杆 4、锯框 5 及机架)组成。锯条张紧在锯框 5 上做上、下往复运动，实现对工件的锯切。

进给机构主要由自动棘轮进给系统组成，实现间隙进给、锯框锯切行程进给和空回行程停止。为提高生产效率，进给机构在锯条到达上止点前提前进给，即工作行程提前进给以消耗除间隙，提高生产效率，提前角为 17°~25°。

工件的进给采用上、下滚筒驱动的滚筒进给方式。为保证在锯框空回行程工件停止进给，采用间歇式进给。进给机构由副曲柄 6、进给连杆 7 组成。摇杆 8 驱动进给棘轮 9 间歇摆动，将运动传至连杆-链条组合机构 12，经传动链 13 驱动上进给滚筒 17 和下进给滚筒 18 间歇转动。上进给滚筒分为两组，分别由气缸 15 驱动，进给时根据工件进给位置，由光电传感器控制先后压紧工件。另外，两组进给滚筒后布置一组弹性压紧滚筒 14 对紧工件。上、下进料滚筒通过链传动联接，以保证两者同步运动。上驱动滚筒在

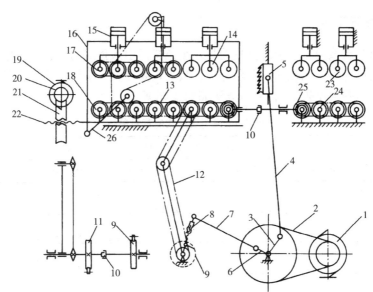

1. 主电动机；2. 传动带；3. 主曲柄；4. 主连杆；5. 锯框；6. 副曲柄；7. 进给连杆；8. 摇杆；9. 进给棘轮；10. 离合器；11. 止逆棘轮；12. 连杆-链条组合机构；13. 传动链；14. 压紧滚筒；15. 气缸；16. 移动床身；17. 上进给滚筒；18. 下进给滚筒；19. 移动床身驱动电动机；20. 蜗杆；21. 蜗轮；22. 床身移动丝杠；23. 后压紧滚筒；24. 出料滚筒；25. 锥齿轮；26. 摆杆。

图 3-74　NEVA 系列精密框锯机传动系统图

气缸带动的上、下移动过程中，链条的张紧由装在摆杆 26 上的张紧链轮完成。

为防止锯框 5 空回行程时工件反退，在下次工作行程时造成空切，在与进给棘轮 9 的同一轴上装有止逆棘轮 11，与进给棘轮反向安装，保证在工件受反向力作用时不会反退。

进给速度的调整，靠调整由丝杆螺母组成的摇杆 8 的长度完成。调整摇杆的长度，副曲柄旋转一周，摇杆 8 的转角即得到调整。调整时采用手轮经钢丝软轴驱动摇杆上的丝杠完成。

出料机构由一组出料驱动滚筒 24 组成。出料滚筒与进料滚筒由离合器 10 连接同步运动。出料时由一组后压紧滚筒 23 对工件施加压力，气压传动系统中保证了其用较小压力施压，避免压裂锯好的薄板。

在检修和更换锯框时，切断离合器 10 与出料机构的动力，由移动床身驱动电机 19 驱动蜗杆机构（蜗杆 20、蜗轮 21），经床身移动丝杠 22 使进料机构与工作台向对锯切与出料装置移动，实现对开。连杆-链条组合机构 12 自动适应移动部分与固定部分的相对位置变化。

为减少空回行程锯齿后齿面与锯路底的摩擦磨损，提高锯机锯片的使用寿命，框锯采用斜装的让锯方式，在空回时自动产生与锯路底的间隙。锯框斜装结构如图 3-75 所示，斜装量可由调整螺钉调整。

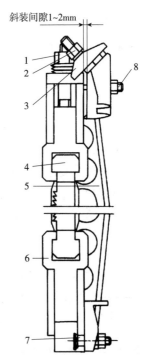

1. 张紧螺栓；2. 紧固螺栓；3. 固定爪；4. 定厚压块；5. 锯架；6. 可换锯框；7. 定位销；8. 调整螺钉。

图 3-75　锯框斜装结构示意图

3.5.3　锯条滚筒压

框锯锯条要求滚筒压适张，其目的是在锯条背部引入预应力，锯条张紧后，背部应力转换为有齿部应力，以提高锯条稳定性，减少锯路损失。滚筒压后在锯条背部产生一定的背弓，具体要求见表 3-5，测量方法如图 3-76 所示。

表 3-5　滚筒压形成的背弓量　　mm

锯条长度	380	420	455	505	610
背弓量 y	0.3~0.5	0.4~0.6	0.5~0.7	0.7~0.9	0.8~1.0

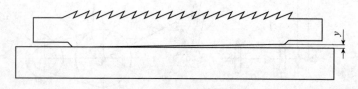

图 3-76　背弓量测量示意图

3.5.4　锯条的张紧

如图 3-75 所示，锯条采用定厚压块压紧，摩擦力张紧。侧面压紧后采用三根 M20 的螺栓拉紧。单根螺栓的拉力 Q 可按式(3-2)计算。

$$M=\frac{d_2}{2}Q\tan(\alpha+\varphi_v)+\frac{f}{2}Q(r+R) \tag{3-2}$$

式中：M——拧紧力矩，组锯时要求 $M=10\text{N·m}$；

$\quad d_2$——螺栓中径（$d_2=16.376\text{mm}$）；

$\quad \alpha$——螺纹升角（$\alpha=\arctan\dfrac{t}{\pi d_2}=2.782°$，螺距 $t=2.5\text{mm}$）；

$\quad \varphi_v$——当量摩擦角（$\varphi_v=9.826°$）；

$\quad f$——摩擦系数（$f=0.15$）；

$\quad r$——螺母支撑环面内径（$r=d/2=10\text{mm}$）；

$\quad R$——螺母支撑环面外径（$R=13.85\text{mm}$）。

由上式得拉力 $Q=2762\text{N}$；锯条张力 $G=3Q=8\,286\text{N}$。

每片锯条张紧时由两块定厚压块夹紧，夹紧力 P 可按式(3-3)计算

$$2fP\geqslant sG \tag{3-3}$$

式中：f——摩擦系数（$f=0.1$）；

$\quad s$——安全系数（$s=1.5$）。

计算后得　　　　　　　　　　$P\geqslant62\,145(\text{N})$

夹紧螺栓 M14，$d_2=12.701\text{mm}$，螺距 $t=2\text{mm}$，螺纹升角 $\alpha=\arctan\dfrac{t}{\pi d_2}=2.869°$。

夹紧螺栓拉力 Q_1 可由式(3-4)计算

$$M_1 = \frac{d_2}{2}Q_1\tan(\alpha_1 + \varphi_v) + \frac{f}{2}Q_1(r_1 + R_1) \tag{3-4}$$

式中：M_1——拧紧力矩，组锯时要求 $M_1 = 80\mathrm{N} \cdot \mathrm{m}$；

　　　d_2——螺栓中径（$d_2 = 12.701\mathrm{mm}$）；

　　　α_1——螺纹升角（$\alpha_1 = 2.869°$）；

　　　r_1——螺母支撑环面内径（$r_1 = d/2 = 7\mathrm{mm}$）；

　　　R_1——螺母支撑环面外径（$R_1 = 10\mathrm{mm}$）。

计算后得

$$Q_1 = 41\,935(\mathrm{N})$$

3.5.5　导向方式

　　NEVA Classic 系列框锯机根据不同工件规格设计了不同的导向系统。图 3-77（a）为侧导轨导向方式，用于一次进给一块工件，适合于高 $A = 45 \sim 250\mathrm{mm}$、宽 $B = 45 \sim 150\mathrm{mm}$ 的工件，可以加工毛料。图 3-77（b）为中导轨导向方式，用于一次进给两块工件，适合于高 $A = 80 \sim 250\mathrm{mm}$、宽 $B = 30 \sim 75\mathrm{mm}$ 的工件。图 3-78（c）为多导轨导向方式，用于一次进给多块工件，适合于高 $A = 45 \sim 250\mathrm{mm}$、宽 $B = 15 \sim 65\mathrm{mm}$ 的工件。

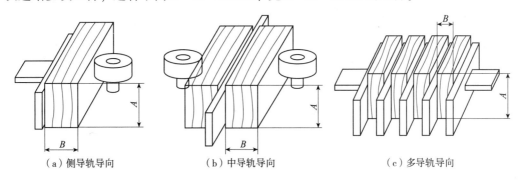

（a）侧导轨导向　　　　　（b）中导轨导向　　　　　（c）多导轨导向

图 3-77　进给导向方式

3.5.6　技术参数

　　NEVAClassic 系列框锯机主要技术参数见表 3-6。

表 3-6　NEVAClassic 系列框锯机主要技术参数

参数名称	150/75	150/120	150/200	150/250
主电机功率/kW	11	11	11	11
刨切电机功率/kW	1.5	1.5	1.5	1.5
开合电机功率/kW	0.25	0.25	0.25	0.25
进给速度/(m/min)	0.2~2.0	0.2~2.0	0.2~2.0	0.2~1.0
锯框行程/mm	210	210	210	210
锯切频率/(次/min)	500	400	400	400
锯切高度/mm	60~75	45~120	45~200	120~250

（续）

参数名称	150/75	150/120	150/200	150/250
锯切宽度/mm	150	150	150	150
下进给滚筒数量	12~14	12~14	12~14	12~14
上进给滚筒数量	4~8	4~8	4~8	4~8
机床总体尺寸/mm				
长	2500	2500	2500	2500
宽	750	750	750	750
高	1550	1500	1550	1550
机床质量/kg	2300	2300	2300	2300

第4章
铣　床

铣床属于一种通用设备。在铣床上可以进行各种不同的加工，主要对零部件进行曲线外形、直线外形或平面铣削加工。采用专门的模具可以对零部件进行外廓曲线、内封闭曲线轮廓的仿型铣削加工。此外，还可用作锯切、开榫加工。

铣床按进给方式，可分为手动进给铣床和机械进给铣床。按主轴数目，可分为单轴铣床和双轴铣床。按主轴布局，可分为上轴铣床和下轴铣床、立式铣床和卧式铣床等。

随着机械加工业和电子控制技术的不断发展，木工铣床的生产水平也得到迅速提高。近几年来相继出现的自动靠模铣床、数控镂铣机，为木制品的复杂加工提供了方便条件。

主要类型铣床工作原理及制品简图如图 4-1 所示。

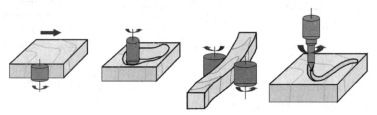

图 4-1　铣床工作原理及制品简图

4.1　铣削

铣削加工是应用很广的一种木材切削加工方法。铣削是以切削刃为母线绕定轴旋转，由切削刃对被切削工件进行切削加工，形成切削加工表面。铣削加工的特点是屑片厚度随切削刃切入工件的位置不同而变化。在木材加工中，铣削用在各种以铣削方式工作的单机、组合机床或生产线上，如平刨、压刨、四面刨、铣床、开榫机、削片制材联合机等，用来加工平面、成型表面、榫头、榫眼及仿型雕刻等。铣削加工在人造板及制浆造纸工业中还被用来削制各种工艺木片。在各种铣削形式中，直齿圆柱铣削是最基本、最简单和应用最广的一类铣削形式。

根据切削刃相对铣刀旋转轴线的位置以及切削刃工作时所形成的表面，可将铣削分为以下三种基本类型：

①圆柱铣削。切削刃平行于铣刀旋转轴线或与其成一定角度，切削刃工作时形成圆柱表面如图 4-2(a)所示。

②圆锥(角度)铣削。切削刃与铣刀旋转轴线成一定角度，切削刃工作时形成圆锥表面如图 4-2(b)所示。

③端面铣削。切削刃与铣刀旋转轴线垂直,切削刃工作时形成平面如图 4-2(c)所示。

由以上三种基本铣削类型,还可以组合成如图 4-2(d)~图 4-2(h)所示的各种复杂铣削类型和成型铣削。而每一种铣削类型又可分为不完全铣削[图 4-3(a)]和完全铣削[图 4-3(b)]两类。在不完全铣削时,刀具与工件的接触角小于 180°;完全铣削时其接触角等于 180°。

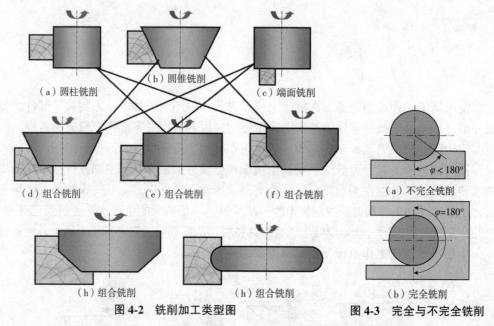

（a）圆柱铣削　　（b）圆锥铣削　　（c）端面铣削

（d）组合铣削　　（e）组合铣削　　（f）组合铣削

（h）组合铣削　　（h）组合铣削

图 4-2　铣削加工类型图

（a）不完全铣削 $\varphi < 180°$

（b）完全铣削 $\varphi = 180°$

图 4-3　完全与不完全铣削

根据铣削时刀具上有几面切削刃参加切削,可将铣削分为开式铣削(一面切削刃参加切削)、半开式铣削(两面切削刃参加切削)和闭式铣削(三面切削刃参加切削)三种形式,如图 4-4 所示。

另外,根据进给运动相对主运动的方向,还可将铣削分为顺铣和逆铣两类。顺铣时进给方向和切削方向一致,逆铣时两者方向相对,如图 4-5 所示。

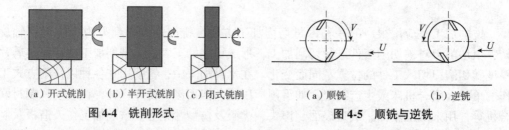

（a）开式铣削　　（b）半开式铣削　　（c）闭式铣削

图 4-4　铣削形式

（a）顺铣　　　　（b）逆铣

图 4-5　顺铣与逆铣

4.2　单轴铣床

手动进给铣床按其主轴在空间的布局,可分为下轴式和上轴式,其中下轴式铣床应用最普遍,如国产 MX5110 型单轴木工铣床和 MX5112 型单轴木工铣床、日本 SM-123 型单轴木工铣床、意大利 T-120 型单轴木工铣床。主轴的结构随不同的传动系统、高度调节系统(移动主轴或工作台)而不同。铣床主轴的传动是通过装在张紧框架上的普通电机经带传动或主轴直接为电机的加长轴。下轴式铣床中，工作台固定在床身上，主轴装在可移动的支架上。有的铣床，为了减少主轴的振动，主轴的轴承直接固定在床身上，这种结构的铣床是用移动工作台的方法来调节刀具与工作台间的相对位置。

铣床主轴采用由铣刀轴和套轴两部分组成的结构。铣刀轴装在轴套上，而套轴以多种方法装于主轴的锥孔内，套轴和主轴之间以锥孔配合，同轴度较高。锥孔的莫氏锥度号，视机床的类型不同有所差别。轻型铣床用莫氏锥度 3 号，中型铣床用 4 号，重型铣床用 5 号。套轴和主轴的连接方式有以下三种：

①为楔式连接［图 4-6（a）］。结构简单，安装方便迅速，但在安装拆卸套轴时，要经过外向锤击，影响主轴的精度和轴承寿命。另外由于楔引起了轴的不平衡，产生离心力能使楔飞出，目前很少应用。

②为盖螺母连接［图 4-6（b）］。由于凸肩和盖螺母摩擦力较大，所需扭紧力较大。拆卸套轴时，也需锤击套轴。

③为差动螺母连接［图 4-6（c）］。在差动螺母上具有两段不等螺距的螺纹。螺距较大的部分与套轴旋合，螺距较小的部分与主轴旋合。当拧紧螺母时，由于螺距不同，迫使轴套向主轴锥孔压紧，拆卸套轴时无须锤击。

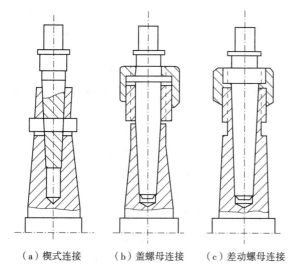

（a）楔式连接　　（b）盖螺母连接　　（c）差动螺母连接

图 4-6　套轴和主轴的连接方式

主轴的润滑方式和润滑装置的选择对铣床的使用寿命有很重要的影响。由于铣床的转速较高，润滑必须充分。通常采用的润滑方式有周期润滑或自流式循环润滑。

以下以 MX5112 型单轴木工铣床为例，介绍手工进给铣床的典型结构。

图 4-7 为国产 MX5112 型单轴木工铣床的外形图。

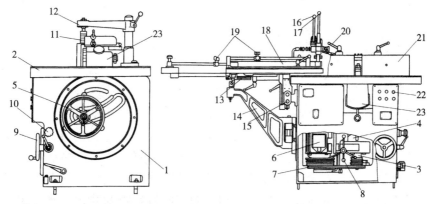

1. 床身；2. 固定工作台；3. 主轴；4. 轴套；5. 手轮；6. 电动机；7. V形带；8、9、10、20. 手柄；11. 刀头；12. 悬臂支架；13. 活动工作台；14. 托架；15. 导轨；16. 水平压紧器；17. 垂直压紧器；18. 靠板；19. 限位器；21. 导向板；22. 控制按钮；23. 安全罩。

图 4-7　MX5112 型单轴木工铣床外形图

MX5112 型单轴木工铣床主要用于工件各种沟槽、平面和曲线外形加工，板材、方材的端头开榫，拼板的槽、簧加工等。

机床主要由床身、固定工作台、活动工作台、主轴部件等组成。床身 1 是用铸铁制成的整体箱式结构，床身内部布置了数条筋板，以保证足够的刚度和强度。固定工作台 2 通过螺栓和可以调节的支承套紧固在床身上，主轴 3 由两个止推轴承支承在轴套 4 内，转动手轮 5 可使轴套带着主轴升降，电机 6 经 V 形带 7 带动主轴。手柄 8 用来调整主轴 V 形带的松紧程度。手柄 9 可调节主轴的偏转，可使主轴偏斜垂直位置 0°~45°的任意位置，以铣削各种角度的零部件。调整手柄 10 可使主轴准确地处于垂直位置。在主轴上端的锥孔内装有刀头 11。刀头上端可根据需要装入固定工作台 2 上的悬臂支架 12 内。活动工作台 13，在托架 14 的支承下，可沿圆柱导轨 15 作水平移动，以便加工榫头和零部件端面。在活动工作台上还装有水平液压压紧器 16，偏心垂直夹紧器 17，靠板 18 和限位器 19。为了便于装卸刀具，可通过止动手柄 20 使主轴固定。机床上还具有导向板 21，控制按钮 22 和安全罩 23 等。

4.2.1　主轴调整机构

MX5112 型单轴木工铣床的主轴调整机构如图 4-8 所示。主轴的调整机构用于调整主轴的升降和倾斜。主轴的升降机构是由上轴座 1、下轴座 2、锥齿轮 3 和锥齿轮 4 组成。在上、下轴座之间装有锥齿轮 3，与锥齿轮 3 啮合的锥齿轮 4 的另一端安装着手轮 5，锥齿轮 4 可在轴套 6 中转动，当转动手轮 5 时，锥齿轮 4 则可带动锥齿轮 3 转动，由于锥齿轮 3 上有螺纹与轴套上的螺纹相结合，因而可以带动轴套沿导向键 7 做升降，导向键 7 是通过螺母 8 固定在下轴座 2 上的。转动手柄 9 经顶杆 10 和顶块 11 可将轴套锁紧。调整主轴的倾斜由托架 12、弧形导轨 13，调整板 14 和螺母 15 完成。托架 12 和下轴座 2 由螺栓 16 连接，调整板 14 则是由螺栓 17 固定在托架 12 上，托架 12 套在轴套 6 的外面，并可围绕它转动。弧形导轨 13 由螺栓固定在圆盘 18 上，当螺母 15 移动时，托架 12 则沿着弧形导轨 13 转动，并带动下轴座 2 转动，使在下轴座中的主轴倾斜。倾斜程度可由圆盘 18 上刻度指示，调整后通过手柄 19 锁紧。图 4-8 中还示出了更换刀具时，固定主轴的装置。它主要由安装在下轴座 2 上的插销 20，弹簧 21 以及安装在床身上的支座 22 和手柄 23 组成。转动手柄 23，钢丝拉线 24 使插销 20 上的凸肩克服弹簧 21 的压力，使插销 20 进入主轴的槽中而固定主轴。

主轴垂直升降距离为 100mm，主轴轴线与工作台水平面之间的角度调整范围为逆时针方向 5°，顺时针方向 45°。

4.2.2　主轴及电机

MX5112 型单轴木工铣床的主轴结构如图 4-9 所示。主轴 1 通过上下两个滚珠轴承装于轴套 2 内。在主轴 1 的中部有更换刀具时需固定主轴的槽口。下滚珠轴承由轴承压套 3 经弹簧 4 来压紧。主轴下端安装着 V 带轮 11，上端是固定刀头的差动螺母 5。轴套 2 上具有导向槽和螺纹，当螺母转动时，轴套 2 则带着主轴 1 作升降。在轴套 2 的下端，由螺钉 6 紧固电机支座 7，齿轮轴 8 装于支座 7 内，转动手柄 9，齿轮轴 8 可带动电机底板上的齿条移动，因此，变换主轴转速时，V 带的张紧得到了保证。手柄 10 是用以防止齿轮轴 8 松动的。主轴的传动电机（图 4-10）1 安装在专用的座板 2 上，两根圆柱形齿条 3（与主轴支架上的齿轮轴啮合）插入

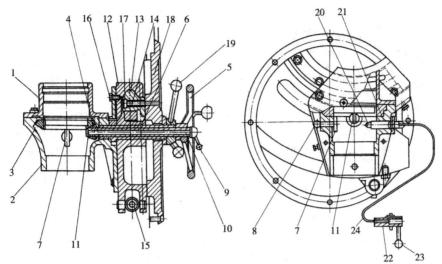

1. 上轴座；2. 下轴座；3、4. 锥齿轮；5. 手轮；6. 轴套；7. 导向键；8、15. 螺母；
9、19、23. 手柄；10. 顶杆；11. 顶块；12. 托架；13. 弧形导轨；14. 调整板；
16、17. 螺栓；18. 圆盘；20. 插销；21. 弹簧；22. 支座；24. 拉线。

图 4-8　MX5112 型单轴木工铣床的主轴调整机构

座板 2 的孔中，在座板 2 上通过螺钉 4 安装着带刹车带 6 的支架 5，经钢丝绳 7 的拉紧实现刹车。松开钢丝绳 7，弹簧 8 可使刹车带放松。刹车盘与 V 带轮合为一体，装于电机轴上。弹簧 9 用于电机的配重。

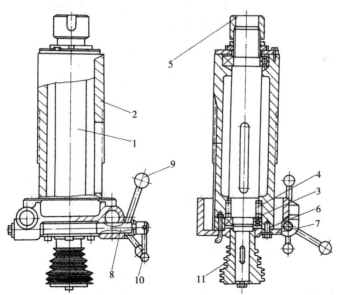

1. 主轴；2. 轴套；3. 轴承压套；4. 弹簧；5. 差动螺母；
6. 螺钉；7. 支座；8. 齿轮轴；9、10. 手柄；11. V 带轮。

图 4-9　MX5112 型单轴木工铣床的主轴结构

4.2.3　活动工作台

　　在活动工作台(图 4-11)上有导向机构、工件的垂直压紧机构、工件的侧向压紧机构和导向板等。为使操作和调整方便，工件的侧向压紧机构采用了油压传递压力。在工作台上还有延长挡板的托板，以便加工较长的材料。

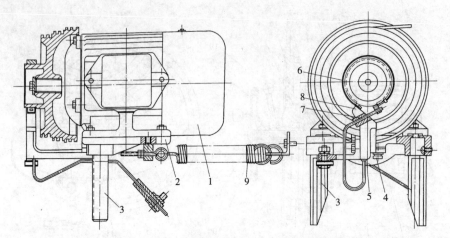

1.电动机；2.座板；3.齿条；4.螺钉；5.支架；6.刹车带；7.钢丝绳；8、9.弹簧。

图 4-10　MX5112 型单轴木工铣床主轴的传动电机

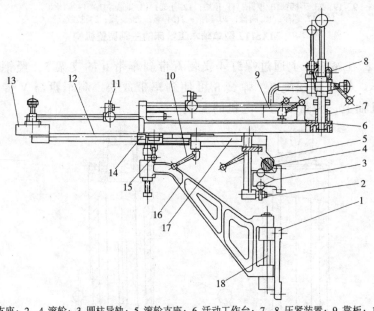

1.支座；2、4.滚轮；3.圆柱导轨；5.滚轮支座；6.活动工作台；7、8.压紧装置；9.靠板；10.手柄；
11.限位器；12.补偿杆；13.支座；14.槽形导轨；15.导轨；16.悬臂托架；17.底架；18.销轴。

图 4-11　MX5112 型单轴木工铣床活动工作台

　　活动工作台的导向机构主要由两根圆柱导轨 3、五个滚珠滚轮 2 和悬臂托架 16 组成。在活动工作台 6 的底部由三个手柄 10 固定着底架 17。松开手柄，底架 17 与活动工作台 6 可做相对移动，底架 17 上还固定着滚轮 2 的支架和支座。五个滚珠滚轮 2 可沿固定于床身上的两个圆柱导轨 3 移动，从而实现了活动工作台的导向。悬臂支架 16 铰接在床身上，其上还安装着两个滚珠滚轮，它们可以沿装于底架 17 上的槽形导轨 14 移动，同时为了适应工作台的移动，滚珠滚轮的支架由止推轴承座支承，支架可转动。因此，工作台作直线往复移动，悬臂支架 16 作摆动时所差的距离得到补偿。

　　活动工作台与固定工作台相对位置精度的调整包括两个方面：沿导轨方向的平行度和垂直导轨方向的平行度。

调整活动工作台工作面与固定工作台沿导轨方向的平行度时(图 4-12)，先旋松螺钉 1，转动偏心套(各轴承滚轮的偏心套结构都如图 4-12 中 5 所示)，使下滚轮 2 离开下圆柱导轨 3，然后旋松螺钉 4，转动偏心套 5，依次逐个地调整支承在上圆柱导轨上各个滚轮的相对位置，则活动工作台将上升或下降，或一端升降，测量与固定工作台工作面高度差和平行度，调好后，依次再紧固各滚轮的螺钉。

调整活动工作台工作面在垂直于导轨方向的平行度时，先将下滚轮 2 脱离下圆柱导轨 3，再如图 4-13 中所示，旋松锁紧螺钉 1，转动调整螺母 2，使支承轴 3 带着一对滚轮 7 上、下移动，从而达到调整目的。调好后依次将各旋松的锁紧螺钉拧紧。当导轨 8 磨损后，则将滚轮 7 下部螺母旋松，再用螺钉 5 调整滚轮和导轨的间隙，调好后，拧紧螺母 4。

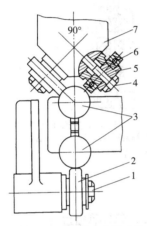

1、4. 螺钉；2. 下滚轮；3. 圆柱导轨；
5. 偏心套；6. 上滚轮；7. 支架。

图 4-12　底架的支承滚轮

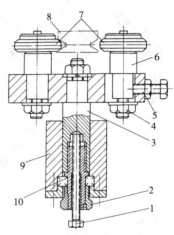

1、5. 螺钉；2. 调整螺母；3. 支承轴；4. 螺母；
6. 销轴；7. 滚轮；8. 导轨；9. 套筒；10. 轴承。

图 4-13　托架和底架之间的支承

4.2.4　夹紧机构

使用活动工作台时，工件需要两个方向的夹紧，即：在垂直方向的夹紧和在水平方向的侧向夹紧。

垂直夹紧机构(图 4-14)是由两根立柱 1 固定在活动工作台上，在立柱 1 上的两个移动套 3 和移动套 4 上装有横梁 2，松开手柄 5 和手柄 6 可以垂直调整移动套 3 和移动套 4 的位置，以适应加工材料的夹紧。横梁 2 上的偏心架 7 能沿横梁移动，用手轮 8 锁紧。偏心架 7 内有压杆 9、弹簧 10 及偏心轮 11。转动手柄 12，偏心轮则压向压杆 9，并克服弹簧 10 的压力，实现了工件的夹紧。松开偏心轮，弹簧 10 可使压杆 9 复原。移动套 3 上除了安装横梁 2 外，其上还有侧向夹紧的主动油缸 13，活塞 14、偏心轮 15、弹簧 16、手柄 17、油管 18(与侧向夹紧机构的被动油缸连接)。

侧向夹紧机构(图 4-15)由缸体 1、盖 2、活塞杆 3、密封圈 4、弹簧 5 及压紧板 6 等组成。缸体 1 固定在轴 7 的右端，轴 7 可沿支架 8 滑动，以调整压向工件之距离，并通过手柄 9 锁紧。主动油缸的油压经过油管 10 进入油缸而克服弹簧 5 的压力，推动活塞杆 3 和压紧板 6 右移进行夹紧，油管 10 的油压消除后，弹簧 5 使压紧板 6 回复原位。支架 8 由螺栓 11 固定在活动工作台上。

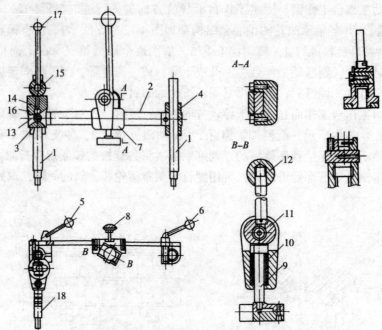

1. 立柱；2. 横梁；3、4. 移动套；5、6、12、17. 手柄；7. 偏心架；8. 手轮；
9. 压杆；10、16. 弹簧；11、15. 偏心轮；13. 油缸；14. 活塞；18. 油管。

图 4-14　垂直压紧机构

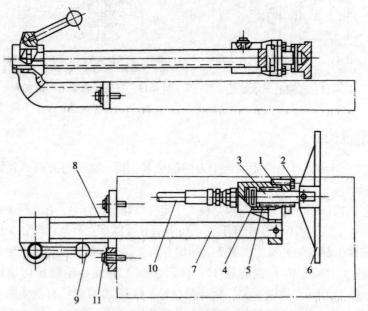

1. 缸体；2. 盖；3. 活塞杆；4. 密封圈；5. 弹簧；6. 压紧板；
7. 轴；8. 支架；9. 手柄；10. 油管；11. 螺栓。

图 4-15　侧向夹紧机构

4.2.5　技术参数

MX5112 型单轴木工铣床的主要技术参数见表 4-1。

表 4-1　MX5112 型单轴木工铣床主要技术参数

参数名称	数　值
工作台工作面尺寸/mm	1120×900
最大榫槽宽度/mm	16
加工零部件最大榫长/mm	100
最大加工厚度/mm	120
主轴转速/(r/min)	2250/3000/4500/6000
主轴最大升降高度/mm	100
主轴倾斜角度	0°~45°
活动工作台最大行程/mm	680
主轴带轮直径/mm	110/13
电机功率/kW	3/4.5
电机转速/(r/min)	1440/2880
电机带轮直径/mm	230/208
外形尺寸(长×宽×高)/mm	2180×1080×1415
自重/kg	1100

4.3　靠模铣床

在铣床上铣削曲线外轮廓零部件和内轮廓零部件时，如果采用普通手动进给铣床，生产率低，强度大，加工质量差，安全性低。在大规模生产或专门化生产中，经常使用各类靠模铣床。

靠模铣床按进给方式，可分为以下几种。

4.3.1　链条进给的靠模铣床

链条进给的靠模铣床用于直线或曲线外形零部件的加工，在这种机床的主轴上装有同主轴同心的链轮，而链轮由另一电机带动，被加工零部件安放在样板上，样板四周紧固着链条，通过杠杆和重锤的作用或气压装置、液压装置，使链条与链轮始终保持啮合状态。因而，当链轮旋转时，样板与工件一起进给。

如图 4-16 所示，该铣床的动力是由电机 1 经过减速器 2、齿轮和链条传动，传至装有和主轴同心的链轮 3 上。弹簧将压紧滚轮 4 紧靠样板 6 的表面，使链轮 3 与样板 6 外围上的链条始终相啮合。由于样板 6 被压紧滚轮 4 压紧，当链轮 3 转动时，就带动了安放在样板上面的工件通过铣刀 7 实现加工。利用踏板使滚轮与样板脱开，则铣床停止进给。

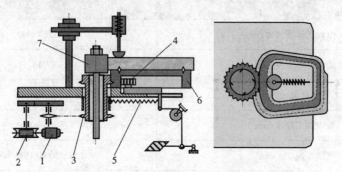

1.电动机；2.减速器；3.链轮；4.压紧滚轮；5.弹簧；6.样板；7.铣刀。

图 4-16　链条进给靠模铣床

4.3.2　回转工作台进给的靠模铣床

回转工作台进给的靠模铣床简称转台铣床(图 4-17)，是利用旋转的工作台作为进给机构，多半用于批量较大的曲线形零部件的加工。

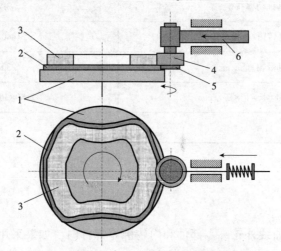

1.回转工作台；2.样板；3.工件；4.铣刀；5.仿型辊轮；6.滑枕。

图 4-17　回转工作台进给的靠模铣床

转台铣床是一种机械进给的单轴铣床，它能按照样板加工曲面零部件。机床具有两个工作主轴，其中之一用于粗加工，另一个则用于精加工，也可以用两个主轴做精加工，只是它们的转动方向不同。

工件依次装在旋转的工作台上，用弹簧式、偏心式气动夹具自动压紧并使它们沿铣刀头移动。铣削完成后，夹具又自动放开工件，然后从工作台上取下工件。刀头支架的滚轮沿着仿型样板滚动，因此，所加工出的工件外形与固定在工作台上仿型样板一致。

回转工作台进给的靠模铣床其加工原理如图 4-17 所示。在回转工作台 1 上固定样板 2，工件 3 安装在样板上，铣刀 4 和仿型辊轮 5 装在滑枕 6 的前端，滑枕在压紧器的作用下，使仿型辊轮 5 紧靠样板 2 的曲线外缘上，随着工作台的回转，工件被铣削加工。工作台上分加工区和非加工区，在非加工区装、卸工件。为了避免在加工时木材发生劈裂，工作台的转速应根据加工的实际工作情况，选择手工变速或自动变速。这类设备的变速系统可采用变频电机、液压电机或机械(电气)无级调速器来调节工作台的回转速度。

图 4-18 为双轴转台靠模铣床结构示意图。机床主要由床身、工作台、工作主轴、工件气动夹紧机构，操纵控制部件组成。床身 1 连接了铣削刀架、工作台两部分构件，由铸铁材料制成组合式床身。工作主轴 2 由单独电机直接传动，两个工作主轴的电机和仿型辊轮都装在可调节高度的刀架滑板 16 上，而刀架滑板则装在刀头支架滑杆 6 上，支架滑杆 6 连同刀架滑板 16 可在支架外壳 7 中移动，并以仿型辊轮通过气压传动压在仿型样板上。样板装在工作台上，用手轮 8 通过齿轮丝杠传动可调节支架外壳 7 距离工作台面的高度。工作主轴的高度也可由手轮 9 来调节。

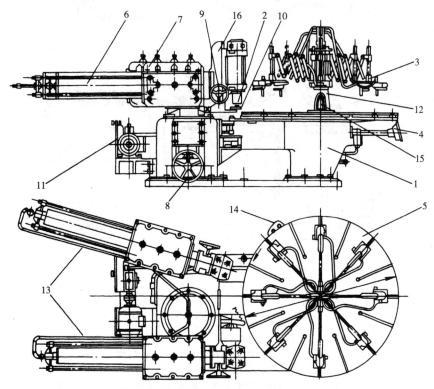

1.床身；2.主轴；3.气动夹具；4.操纵台；5.工作台；6.滑杆；7.支架外壳；
8、9、11.手轮；10.辊轮；12.支柱；13.导轨；14.转动手柄；15.凸轮；16.滑板。

图 4-18 回转工作台进给靠模铣床结构图

用手轮 11 移动辊轮 10，可调节切削深度。气动夹具 3 装在支柱 12 上，夹具的高度可沿导轨 13 来调节，其径向调节则用活节连接的悬臂支架进行。

工作台 5 的运动是由直流电机，通过蜗杆齿轮减速器带动，减速器具有齿轮变速机构，使工作台得到六级转速。工作台的转动由手柄 14 操纵。机床的运动由操纵台 4 上的开关控制。

用变阻器改变工作台传动电机的转速，使工作台自动改变进给速度，它由装在工作台圆槽中的凸轮 15(位置可调)控制。

为保证牢固压紧工件，当气路中的工作压力达不到额定值时，工件不能夹紧，借助压力继电器的作用，停止供电，工作台的传动机构就不能工作，从而避免因工件未被夹紧而造成事故的发生。

机床的传动系统、刀架机构及气压系统如图 4-19 所示。

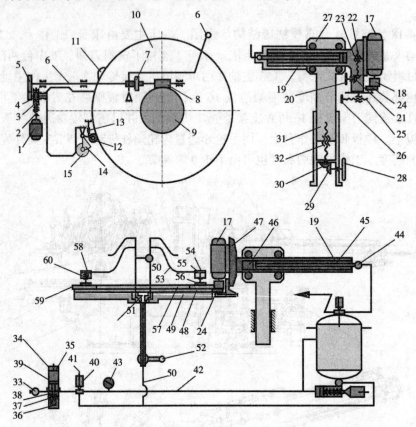

1、17.电动机；2.联轴节；3、4、8、9.蜗轮副；5.齿轮；6.轴；7.离合器；10.圆盘；11.凸轮；12、15.辊轮；
13、36、60.弹簧；14.扇形齿轮；16、52.手柄；18.刀头；19.刀架；20、26、28.手轮；21、29、30.锥齿轮副；
22、25.丝杠；23、32.螺母；24.仿型辊轮；27.刀架滑板；31.立柱；33.总开关；34.压力调节器；35.调整螺
母；37.气门；38.气门座；39、55.活塞；40.注油器；41.调节螺钉；42、50、53.气管；43.压力表；44.开关；
45、54、58.气缸；46.空气腔；47.滑轨；48.仿型样板；49.工作台；51.分气阀；56、59.夹具；57.工件。

图 4-19   回转工作台靠模铣床的传动系统、刀架机构及气压系统

传动系统包括进给电机 1、挠性联轴节 2、蜗轮副 3 和 4、配换齿轮 5、轴 6、摩擦离合器 7、转动工作台的蜗轮副 8 和 9、圆盘 10、作用在辊轮 12 上的凸轮 11，辊轮用弹簧 13 压紧并与扇形齿轮 14 相连接。手柄 16 通过离合器 7 使工作台转动和停止。

刀架机构包括主轴电机 17、刀头 18、刀架 19。用手轮 20 通过锥形齿轮副 21，丝杠 22 和螺母 23 可调节主轴的高度，仿型辊轮 24，用以调节主轴的铣削深度，并用丝杠 25 借手轮 26 移动。刀架滑板 27 具有 12 个导向辊轮，刀架则沿这些辊轮移动。用手轮 28 通过锥形齿轮副 29 和 30、螺母 32、立柱 31 可调节刀架的高度。

在气压系统中具有总开关 33，空气由总空气压缩机通过此开关进入压力调节器 34 中，压力调节器由调整螺母 35、弹簧 36、气门 37、气门座 38、活塞 39 等零部件组成。压力的调整通过调整螺母 35、弹簧 36 来实现。

当外部管路中的气压增高时，活塞 39 背压升高，气门 37 就关闭了机床管路中空气的通路。为了适当地润滑气动系统中的零部件，必须注入适量的润滑油。油从注油器 40 滴

入空气中，和空气一起送进气缸，注油器上附有调节螺钉 41，可调节注油量。空气沿装有压力表 43 的气管 42 进入蓄气罐，然后通过开关 44 进入气缸 45，并进入刀架 19 的空气腔 46 中，在刀架的前部装有主轴，空气将刀架 19 连同主轴一起压在工件上，这时仿型滚轮 24 压在仿型样板 48 上，仿型样板固定在工作台 49 上。

空气沿着气管 50 通过分气阀 51 送到夹紧气缸，用手柄 52 可调节分气阀，当工件接近刀头时，空气经过垂直管路和软管 53 进入气缸 54，作用到活塞 55 上。压力再由活塞传到活塞杆上，从而传到了夹具 56，夹具将工件 57 压在工作台上，当夹具和工件转动到 58 工位时，分气阀把夹具气缸与气管的通路切断，并使气缸与大气连通，然后，用弹簧 60 将夹具向上提起，放松工件。

4.4　数控铣床

数控铣床是木材加工工业中应用最早、范围最广的一类数控机床。目前国内外迅速发展起来的数控加工中心或柔性加工单元(FMC)也是在数控铣床的基础上发展起来的。其基本加工方式都是旋转铣削加工。图 4-20 是一种数控铣床的外形图。由于木材加工中所用的切削方式以铣削为最多，工艺也较为复杂，因此，开发铣削加工的数控系统是木材加工工业中的重点课题。

4.4.1　分类

木材加工工业中所用的数控铣床以立式铣床居多，卧式或其他结构形式的数控铣床极少。立式数控铣床采用主轴刀头悬臂立柱式结构，工作台纵横向移动，立柱沿溜板作垂直升降运动，大型多主轴刀头的数控铣床上也采用龙门式结构。为提高机床刚性、减少占地面积，采用刀头沿龙门框架横向运动和垂直运动，龙门框架沿机床工作台纵向运动的门架式结构。

图 4-20　数控铣床外形图

从机床数控系统控制的坐标数量来划分，目前所见的机床中，三个坐标控制占绝大多数，一般可以三个坐标联动加工或在三个坐标中同时控制两个坐标联动加工，称为三轴联动或三轴两联动(2.5 坐标)加工，还有少数数控铣床可以实现刀轴绕定轴的摆动或数控转角加工称为四坐标数控铣床或五坐标数控铣床，以适应复杂的立体化型面的加工。

为了提高数控立式铣床的生产效率，一般可以采用双工作台或自动交换工作台，以减少工件的装卸时间或在龙门数控铣床上增加主轴数量，以同一个程序同时加工几个相同的工件或型面。

4.4.2　运动特征

(1)控制机床运动的坐标特征。为了把工件上各种复杂的形状轮廓铣削出来，就必须控制刀具沿设定的直线、圆弧轨迹运动。这就要求数控铣床的伺服拖动系统能多坐标协调动作，并保持预定的相互关系，也就是通常所说的实现多坐标联动。数控铣床要加工平面上的曲线轮廓形状，控制的坐标数至少应是三个坐标中两个坐标联动（即 2.5 坐标），要实现连续加工直线变斜角工件，则需四坐标联动，要实现加工曲面变斜角的工件则需要五坐标联动。

（2）主轴运动特征。数控铣床的主轴开启与停止、正反转与主轴的变速等都可以按程序自动执行。不同机床的变速功能和范围也不同，木材加工中铣床的变速范围为 1000~1800r/min。现代木材加工用数控铣床多采用变频器调整，将主轴的转速分为几挡，编程时可任选一挡。在运转中通过控制面板上的旋钮在本挡范围内无级调节，有的则不分挡，编程可在整个调速范围内任选一值，在主轴运转过程中可无级调节。

4.4.3 主要功能

4.4.3.1 一般功能

不同的铣床上配置的数控系统不同，其功能也不尽相同。图 4-21 为常用数控铣床的加工功能。一般的数控铣床都具有以下一般功能：

图 4-21 数控铣床的加工功能

（1）点位控制功能。该功能可以使数控铣床只进行点位控制的钻孔加工。

（2）连续轮廓控制功能。数控铣床通过执行直线插补和圆弧插补可实现对刀具轨迹的连续轮廓控制，加工出直线和圆弧构成的平面曲线轮廓的工件。对非圆曲线的轮廓，在经过直线和圆弧的拟合后也可以加工。

（3）刀具半径的自动补偿功能。利用该功能可以使数控铣床的刀具中心自动偏离工件的加工轮廓一个刀具半径的距离。因而在编程时可以方便地按轮廓的形状和尺寸计算、编程，不必按铣刀的中心轨迹计算编程。

（4）轴对称加工功能。利用该功能只要编制出轴对称两个零部件中的一个零部件的加工程序，机床就可以自动将两个零部件加工出来。对于轴对称的一个零部件，利用该功能可以只编写一半的加工程序。

（5）固定循环功能。利用该功能将一些典型化的加工功能，专门设计一段程序（子程序）在需要的时候自由调用，以实现一些固定的加工循环，如点位直线控制、铣削整圆等。

4.4.3.2　特殊功能

数控铣床除以上的一般功能外，根据需要还具有一些特殊功能：

（1）自适应功能。具备该功能的机床可在加工过程中将刀具的切削状态参数（如切削力、温度等）的变化，通过传感系统、适应系统反馈，使系统及时改变切削用量，从而保证铣床和刀具保持最佳状态。

（2）数据采集系统。配备数据采集系统的数控铣床，可以用传感器将欲加工制造所依据的实物进行测量和采集数据，并能自动处理采集的数据而编写成数控加工的程序（录返系统）。

除以上特殊功能外，一些机床还配备了刀具长度补偿功能和靠模加工功能等。

4.4.4　数控加工中心

数控加工中心是一类功能较全面的数控加工机床（图 4-22）。它把木材加工工艺中的锯、铣、钻削、开槽、铣榫等加工功能集中在一台机床上，使其具有多种加工手段。与数控铣钻床不同的是，加工中心设置有刀具库，刀具库中存放着不同数量的各种刀具和检测工具。在加工过程中由程序控制自动选用和更换。此外，加工中心与普通数控机床相比，结构复杂、控制系统的功能较多，至少有三个运动坐标系，多的可达十个。其控制功能最少可实现两轴联动，实现刀具运动的直线和圆弧插补，从而保证刀具进行复杂加工。另外，加工中心还具有不同的辅助功能，如固定循环、刀具半径、长度方向自动

图 4-22　加工中心外形图

补偿、刀具破损监控、丝杠间隙补偿、图形与加工过程显示、人机对话等，以提高加工效率，保证产品精度和质量。

4.4.4.1　分类

数控加工中心常按主轴空间所处的状态分为立式、卧式和两者兼备的复合式。木材加工工业主要是立式和复合加工中心两种，很少见卧式加工中心。

木材加工用数控加工中心以三轴联动或四轴三联动居多，加工中心的分辨率为1μm，进给速度5~25m/min，定位精度达到10μm左右。

4.4.4.2　结构特点

数控加工中心本身的结构包括主机与控制系统两大部分。主机主要是机械结构部分，包括床身、主轴箱、工作台、立柱、横梁、刀库、换刀机构、进给机构和辅助机构。控制系统包括硬件部分和软件部分，硬件部分包括计算机数字控制装置（CNC）、可编程控制器（PLC）、输入输出设备、主轴驱动装置、显示装置；软件部分包括系统程序和控制指令。

数控加工中心结构上主要有以下特点：

（1）主轴系统结构简单，功率大，调速范围大，可无级调速，主轴转速为1000~20 000r/min，驱动主轴采用交流主轴伺服系统。

（2）传动系统结构简单，传递精度高，速度快。加工中心传动系统主要是滚珠丝杠副，它们由伺服电机直接驱动。因此传递精度高、速度快。一般的进给移动速度是0~25m/min，最高可达70m/min。

（3）加工中心的导轨采用耐磨材料和直线导轨或直线轴承，能长期保持导轨的精度及运动的灵敏度。

（4）设置有刀具库和换刀机构，使加工中心的功能和自动化加工的能力更强，刀具库容量有6~72把刀不等，这些刀具通过换刀机构自动调用和更换。

（5）控制系统功能安全，它不但可以对刀具的自动加工进行控制，还可以对刀具库进行控制和管理，实现刀具自动交换。有的加工中心设有多个工作台，工作台可以自动交换对一批工件进行自动加工。

4.4.4.3　推荐应用范围

（1）中、小批量，周期性加工，产品品种的变化快，并有一定复杂程度的工件。
（2）同一工件上有不同位置的多个平面加工和其他的孔、槽加工。
（3）形状复杂的内外曲线、曲面轮廓零部件的加工和艺术性雕刻加工。
（4）加工精度一致性要求高或成组加工中的系列零部件和零部件族的加工。

4.4.4.4　常见功能

图4-23为数控加工中心常见功能。

数控加工中心具备铣型、开槽、钻孔、封边等多种工艺加工功能，在工件只装一次时，完成各种不同的加工。

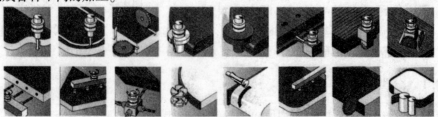

图4-23　数控加工中心的加工功能

4.4.4.5　技术规格

数控加工中心的技术规格主要如下：

（1）工作台规格。工作台的大小与所加工工件的外形尺寸相适应，如工件小而选用大工作台则会造成刀具过长，而影响加工质量。木材加工中，数控加工中心的最大工作台规格为 2500mm×1300mm。

（2）加工范围。加工中心各坐标行程的最大值和最小值，工件的各加工部位，必须为机床各向行程的最大值和最小值所决定空间能够包容的范围。

（3）主轴功率和扭矩。主轴电机功率反映了整机的效率，也反映了整机的切削刚性。加工中心一般配置功率较大的直流或交流调速电机。调速范围较宽，可满足高速切削的要求。由于木材切削加工多为高速旋转切削，因此扭矩不会因为输出功率而受限制。

（4）刀具库容量。刀具库应满足工艺加工需要的刀具数量，特别是多个自动交换工作台的加工中心。

（5）坐标轴控制功能。加工中心一般都可以实现三轴联动，选择坐标轴控制功能应从工件本身的加工要求出发，加工复杂形状时一般三轴两联动和三轴三联动即可满足。

（6）冷却功能。加工中心都配有冷却装置，一部分带防护装置的加工中心配有水循环冷却装置或油冷却装置。由于木材加工装置高速旋转，冷却液又可能污染工件表面，所以主轴冷却以内置水冷却或风冷却为最佳。

第 5 章

刨 床

在木材加工工艺中，刨床用于将毛料加工成具有精确尺寸和截面形状的工件，并保证工件表面具有一定的表面粗糙度。这类机床绝大部分是采用纵端向铣削方式进行加工，也可称为卧式铣床，只有少数采用刨削方式进行加工。

刨床根据不同的工艺用途，可分为平刨床、压刨床、四面刨床和精光刨等。

平刨床可分为手工进给平刨床和机械进给平刨床。手工进给平刨床只加工工件的一个表面。这类机床可以附加自动进料和边刨刀轴。机械进给（滚筒进给或履带进给）平刨床可以是单轴的，也可以是双轴的，双轴平刨床一般采用直角布局。在双轴刨床上同时刨切工件相邻的两个表面，并保证其夹角精度（通常是直角）。

压刨床全都采用机械进给（一般是滚筒进给）。压刨床可分为单面（或单轴）压刨床和双面压刨床。双面压刨床装有两根水平工作刀轴和履带进给机构。履带进给机构运送工件依次通过两根刀轴。

三面刨床和四面刨床是用于对工件的三个面或四个面进行刨切的机床。由于都采用机械化进料，所以生产效率较高并采用多刀轴加工，故机床的调整较烦琐、费时，不适用于小批量生产，而适用于大批量生产。这类机床在细木工、建筑木构件及车厢等生产中获得广泛应用。

5.1 平刨床

5.1.1 用途和特点

平刨床是将毛料的被加工表面加工成平面，使被加工表面成为后续工序所要求的加工和测量基准面；也可以加工与基准面相邻的一个表面，使其与基准面成一定的角度，加工时相邻表面可以作为辅助基准面。所以，平刨床的加工特点是被加工平面与加工基准面重合。

5.1.2 分类

平刨床的主参数是最大加工宽度，即工作台的宽度尺寸。目前使用的平刨床中，手工进给的平刨床占绝大多数。平刨床按其工作台宽度尺寸可分为：轻型平刨床，工作台宽度在 200~400mm；中型平刨床，工作台宽度在 500~700mm；重型平刨床，工作台宽度尺寸在 800~1000mm。

5.1.3　结构

平刨床(图 5-1)一般由床身，前、后工作台，刀轴，导尺和传动机构等组成。

铸铁床身是平刨床各部件的承受体，它应有足够的强度和刚度，满足机床防振的要求。有的平刨床身采用焊接结构。

前工作台是被刨削工件的基准，它应具有足够的刚度，表面要求平直光滑。一般都由铸铁制成(也有的采用钢板)，工作台的平面度应在 0.2/1000 之下，工作台的宽度取决于被加工毛料的宽度，一般在 200~800mm。前工作台对毛料获得精确的平面影响较大，所以其长度比后工作台要长。一般前工作台长度为 1250~1500mm，后工作台长度为 1000~1250mm。

毛料的被加工表面一般比较粗糙，并具有一定程度的弯曲和翘曲，毛料被刨削的过程中，前工作台面的稳定程度直接影响工件的加工精度。在加工弯曲毛料时应取其表面为中凹的面作为基准面当毛料下表面中凹长度小于前工作台长度时，在毛料和工作台面相对滑动过程中，被加工表面上若干支承点在工作台上所构成的支承面高度位置的变化比较稳定，容易获得较精确的平面。然而，当毛料的长度大于前工作台长度，而且被加工工件的下表面是中凹的情况时，毛料在向前移动中后部逐渐升高，所以毛料在前工作台上支承平面就很不稳定，因此，加工出的平面平直性较差。影响支承面高度位置不稳定的因素主要是毛料的长度、厚度、表面粗糙度以及翘曲程度等。但是，当毛料继续沿工作台向前移动并通过刀轴达到一定的长度时(200~300mm)，操作人员对毛料前端的加压点就移到后工作台上，这时的刨削加工是以后工作台为基准面的。因为毛料前部的已加工平面已经可以作为基准面了。所以，当位于前工作台上的毛料弯曲不影响加工时，工件就能获得相当平直的被加工表面。由于受开始刨削时毛料支承面不稳定的影响，实际上通过一次纵向刨削加工，毛料不可能得到完全精确的平面。所以，为了得到精确的基准面，一般要通过若干次加工，而且随着次数的增加，不均匀的毛料基准面逐渐被刨平，从而获得较精确的平面。

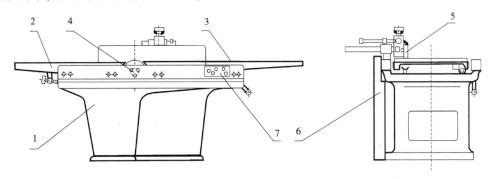

1. 床身；2. 后工作台；3. 前工作台；4. 刀轴；5. 导尺；6. 传动机构；7. 控制装置。

图 5-1　平刨床外形图

前、后工作台靠近刀轴的端部各镶有一块镶板，被称做梳形板。其作用是减少前、后工作台与刀轴之间的缝隙，同时又可以加速刀轴扰动空气的流通，降低空气动力性噪声。镶板应具有一定的刚度，并经过精加工，支持毛料通过刀轴，防止工件撕裂。

平刨床的调节主要是调节前、后工作台高度，前工作台要比刀轴切削圆母线低，低的量就是一次铣削的厚度值。后工作台在理论上应调节到与刀轴切削圆母线同高度但生产中最好调节到比刀轴切削圆母线低略低的位置，一般约低于刀轴切削圆母线0.04mm，以补偿木材工件切削加工后的弹性恢复。

图5-2是平刨床工作台升降调节机构的示意图。其中：图5-2（a）、图5-2（b）是通过丝杠螺母沿楔形导轨调节的升降机构，图5-2（c）是杠杆偏心轴调节机构。当手柄5按标尺4所指示值调节时，由床身1支承的偏心轴2使工作台3在偏心距范围内移动。调节高度因工艺要求而定，一般在铣削深度为2~3mm时，最大调节高度在10mm以上，偏心轴一般调整高度范围为10~20mm。

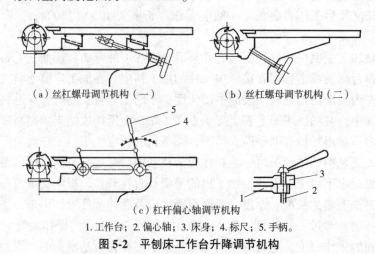

（a）丝杠螺母调节机构（一）　　　　（b）丝杠螺母调节机构（二）

（c）杠杆偏心轴调节机构

1. 工作台；2. 偏心轴；3. 床身；4. 标尺；5. 手柄。

图 5-2　平刨床工作台升降调节机构

切削刀轴一般为圆柱形，其长度比工作台宽度大10~20mm，直径常为125mm。在刀轴上安装刀片一般为四片，较少用两片或三片，因为手工进给平刨床的进给速度一般不高于6~12m/min，就是在机械进给的平刨床上，进给速度也不超过18~24m/min。刀轴转速在3000~7500r/min，由电机通过平带或V形带带动。电机安装在能摆动的电机拖板上，带张紧度一般用弹簧调节。

表5-1列出了几种国产平刨床的主要技术参数。

表 5-1　国产平刨床的主要技术参数

技术参数	MB502A	MB503A	MB504A	MB504B	MB506B
最大铣削宽度/mm	200	300	400	400	600
最大铣削量/mm	5	5	5	5	5
工作台总长度/mm	1400	1600	2065	2100	2400
刀轴转速/（r/min）	6000	5000	5000	6000	6000
刀片数目/个	3	3	2	4	4
铣刀直径/mm	90	115	128	115	128
功率/kW	1.5	3	2.8	4	4
自重/kg	200	300	700	600	800

5.2　单面压刨床

5.2.1　用途与分类

单面压刨床用于将方材和板材刨切为一定的厚度，其外形如图 5-3 所示。单面压刨床的加工特点是被加工平面是加工基准面的相对面。压刨床按加工宽度可分为：窄型压刨床，加工宽度为 250~350mm，主要用于小规格的木制品零部件的加工；中型压刨床，加工宽度为 400~700mm，常用于各种木制品生产工艺中；宽型压刨床，加工宽度在 800~1200mm，主要用于加工板材或框形零部件；特宽型压刨床，

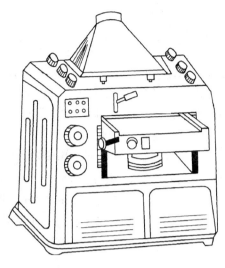

图 5-3　单面压刨床外形图

加工宽度可达 1800mm，主要用于大规格板件的表面平整加工。

窄型单面压刨床，结构简单，价格便宜，生产率较低，因此只适用于在小型企业、小批量加工中使用；中型压刨床，用于加工各种中等宽度的工件，适用于中、小批量的加工；宽型压刨床和特宽型压刨床，适用于专门化的大批量生产。

图 5-4 是单面压刨床的典型工艺图。图 5-4(a) 中 1 是被加工工件，在工作台 2 上装有两个支承滚筒 3，在支承滚筒的上方装有前进给滚筒 4 和后进给滚筒 5。有些压刨床上、下滚筒都是驱动滚筒，因此，进给牵引力较大。前进给滚筒 4 带有槽纹。为保护已加工表面，后进给滚筒 5 为光滑滚筒。为了使进给滚筒压向工件产生牵引力，采用压紧弹簧 6 压紧。在刀轴 7 的前、后装有压紧元件，前压紧器 8 一般做成板形，有时做成可绕销轴 9 转动的罩形结构。前压紧器的作用，是在刨刀离开木材处壅积切屑，防止木材超前开裂，并起压紧工件防止其跳动的作用，抵消木材铣削时的垂直方向的分力，引导切屑向操作人员相反方向排出，起切削刀轴的护罩作用。后压紧器 10 用于压紧工件并防止木屑落到已加工表面上，被进给滚筒压入已加工表面而擦伤加工表面。挡板 11 用于防止切屑从上面落到后压紧器和后进给滚筒之间的已加工表面上，否则，刨花会经后进给滚筒在已加工表面上压出压痕，影响加工表面质量。

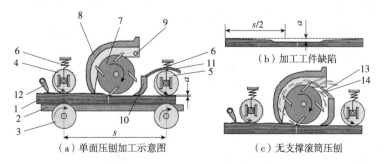

（a）单面压刨加工示意图　　　（b）加工工件缺陷　　　（c）无支撑滚筒压刨

1. 工件；2. 工作台；3. 支承滚筒；4. 前进给滚筒；5. 后进给滚筒；6. 压紧弹簧；
7. 刀轴；8. 前压紧器；9. 销轴；10. 后压紧器；11、14. 挡板；12. 止逆器；13. 切屑。

图 5-4　单面压刨床的典型工艺图

刀轴刨切深度一般控制在 1~5mm，正常情况取 2~3mm。刨切深度的大小对工件厚度尺寸精度影响很大。

下滚筒适当高出工作台面，以减少工件和工作台面间的摩擦阻力。但如果下滚筒高出量大，而被加工工件的刚性又较差，则被加工过的工件表面就会成为如图 5-4(b)所示形状，而达不到平面精度要求。工件的两端将比中间高出滚筒凸出工作台面高度值 a，而较厚端头的长度是两下滚筒距离的一半($S/2$)。此外，过高的凸出量还会使工件在加工中产生振动，影响加工质量。

切屑落到旋转刀轴和后压紧器之间也会破坏加工表面。旋转刨刀带动切屑 13 压向已加工表面，使表面产生压痕。因此，有些机床上安装有挡屑挡板 14，如图 5-4(c)所示。为了保证良好的加工质量和表面粗糙度，还应该正确地确定工件进给速度、刀片刃磨质量以及压紧元件的压紧力，并使工件在加工过程中处于稳定状态。

为防止工件在进给方向上反弹，设有止逆器 12，发挥安全保护作用。

5.2.2　组成结构和工作原理

单面压刨床由切削机构、工作台和工作台升降机构、压紧机构、进给机构、传动机构、床身和操纵机构等组成。

(1)切削机构

刀轴长度和机床工作台宽度相适应，一般为 300~1800mm。工作台宽度在 600mm 以下时，刀轴直径为 80~130mm；工作台宽度在 1200mm 时，刀轴直径为 160mm；对更宽的工作台，刀轴直径为 180~200mm，刀轴上装刀数量一般为 2~6 片。

绝大多数机床采用圆柱形刀轴。刀轴转速一般为 3000~7500r/min。压刨刀轴的典型结构，如图 5-5 所示。

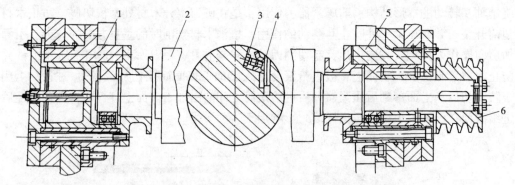

1、5.轴承座；2.刀轴；3.刀片紧固螺钉；4.刀片；6.带轮。

图 5-5　压刨刀轴的结构

(2)工作台

机床工作台宽度是机床主要参数之一，长度一般在 800~1400mm。工作台一般为整体铸铁件，沿长度方向两侧有挡边，挡边在相对刀轴和前、后进给滚筒的地方留有缺口，以利于刀轴和进给滚筒能够尽可能地靠拢工作台。在工作台上开有两个长方形孔，以便安装下滚筒并使其突出台面。为了适应不同厚度工件的加工，工作台设有垂直升降机构，可以沿一对或两对垂直导轨做升降调节。工作台升降可以采用丝杠螺母机构，也可以是移动楔块式机构，后者能保证较高的移动精度，一般用在重型压刨床或新式中型压刨床上。在一些新型压刨床上，也有采用一个丝杠螺母机构，以及圆柱和垂直复合导轨导向的结构。这种结构既紧凑又能保证工作台有较好的刚度和稳定性，使机床具有较高的加工精度。

图 5-6 是压刨床的工作台升降机构示意图。图 5-6(a) 为手动丝杠螺母传动的工作台升降机构，在工作台 3 的两侧，安置有一对导轨 4，转动手轮 1(或转动手轮 2)，通过链传动经过齿轮传动 6、7 使丝杠螺母 5 转动，丝杠使工作台作垂直移动。图 5-6(b) 为机动丝杠螺母传动的工作台升降机构示意图。在工作台的两侧，安置有两对垂直导轨 2，丝杠 4 由专用电机 9 经链传动 8、蜗杆传动 6 带动，实现工作台快速升降调整。手轮 5 通过链传动 7、蜗杆传动 6 带动丝杠 4 转动，实现慢速精确调整。

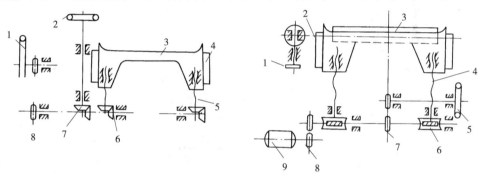

(a) 手动丝杠螺母传动的工作台升降机构　　　　(b) 机动丝杠螺母传动的工作台升降机构

(a) 1、2. 手轮；3. 工作台；4. 导轨；5. 丝杠螺母；6、7. 齿轮传动；8. 链传动。
(b) 1、5. 手轮；2. 导轨；3. 工作台；4. 丝杠螺母；6. 蜗杆传动；7、8. 链传动；9. 电动机。

图 5-6　压刨床的工作台升降机构

图 5-7 是丝杠螺母圆柱形导轨的压刨工作台升降机构示意图。工作台 2 在丝杠螺母 3 的带动下，可以沿圆柱导轨 4 和在工作台两侧的四个垂直导轨 6 做上下移动。丝杠 3 由专用升降电机或进给电机通过变速器、链传动和蜗杆传动 5 传动。工作台上的下滚筒直径为 80~120mm，滚筒端部的螺钉用于调节其高出工作台的量。在某些新型压刨床上，采用专用机构来调节下滚筒高于工作台面的高度。

图 5-8 是一种下滚筒升降调节机构示意图。套筒 6 通过滚珠轴承 5 安装在偏心轴 8 上，偏心轴 8 的端头用销钉 4 和摆臂 3 固定在一起。两个摆臂用螺钉 2 和拉杆 1 铰接，摆臂的上凸轴安置在机床工作台 7 的相应孔内，可以灵活转动。拉杆 1 又通过销钉 12、拨叉 13 和丝杠 11 连接，丝杠通过滑动轴承安装在工作台 7 上，转轮 9 用键和销钉固定在丝杠 11 的端头。这样转动转轮 9 就可使摆臂摆动，偏心轴上的套筒，即下滚筒就在工作台上做上下运动，以调节高度。

(3) 压紧装置

①前压紧器

压紧器按加压方式，可分为重荷式和弹簧式两种；按其唇口结构，又可分为整体式和分段式两种。

图 5-9(a) 为整体重荷式前压紧器。压紧罩 5 可以绕轴 6 翻转。罩唇 1 借助罩的

重量压在工件上。当加工两个不同厚度的工件时，为使罩唇能够倾斜，在压紧罩两耳转孔处要有很大的垂直间隙（达 10mm）。唇口对工件的单位压力一般为 0.1～0.25MPa。当唇口加压面宽为 1～0.5cm，而且加工工件和工作台等宽时，作用在工件上的单位压力不超过 0.2～0.5MPa；当加工工件宽度小于工作台宽度时，则按工作台全宽来调整，单位压力不超过 0.25MPa。手柄 3 用于换刀时翻转压紧罩。螺钉 2 用于调节唇口的初始重块 4 用来调节对工件的压紧力。这种整体罩式前压紧器的优点是结构简单、用途广，一般适用于产量小的窄型刨床。其缺点是如果同时进给不同厚度的工件时，压紧器只能同时压紧两根工件，同时送进的工件超过两根后，会出现未被压紧的工件。

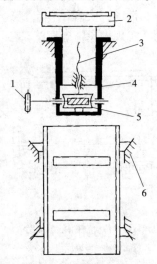

1. 手轮；2. 工作台；3. 丝杠；
4、6. 导轨；5. 蜗杆传动。

**图 5-7　丝杠螺母圆柱形导轨的
压刨工作台升降机构**

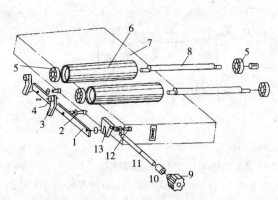

1. 拉杆；2. 螺钉；3. 摆臂；4、12. 销钉；5. 滚动轴承；6、10. 套筒；
7. 工作台；8. 偏心轴；9. 转轮；11. 丝杠；13. 拨叉。

图 5-8　下滚筒升降调节机构

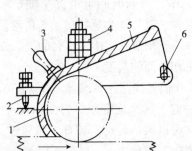

1. 罩唇；2. 螺钉；3. 手柄；4. 重块；5. 压紧罩；6. 轴。
（a）整体重荷式前压紧器

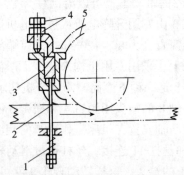

1. 弹簧；2. 唇口；3. 导槽；4. 螺钉、螺母；5. 导向防护罩。
（b）整体弹簧式前压紧器

图 5-9　整体罩式前压紧器

　　图 5-9(b)为整体弹簧式前压紧器，具有整体唇口 2 的压紧器两端安置在导槽 3 中，拉杆穿过导向槽，上端和压紧器相连，下端装有压缩弹簧 1，使唇口压向木材。压力的大小可以用螺母调节。螺钉 4 用于调节唇口的初始高度。加工过程中，当工件厚度变化时，压紧器在导向槽内作垂直移动。这种压紧器借助其在导向槽内的倾斜只能压紧两根

较厚的工件，第三根工件即可能不被压紧。为了引导切屑飞出，旋转的刀轴还须设置附加导向防护罩 5。

分段式前压紧器是一种较完善的前压紧器。在这种结构中，唇口由 20~50mm 宽的窄段组成。每个小唇口都由单独的弹簧压紧。图 5-10(a) 是分段弹簧式前压紧器的示意图。钢质小唇口 1 可以绕铸铁压紧罩 3 上的销轴 2 转动，弹簧 5 用于压紧小唇口 1，转动调压螺钉 4 可以调节弹簧 5 的压力。图 5-10(b) 是另一种分段弹簧式前压紧器。导向槽 7 固定不动，小唇口 6 由弹簧 8 压紧，弹簧的压紧程度用调压螺钉 9 调节。国产 MB106、MB106A 等压刨床均采用这种前压紧器。

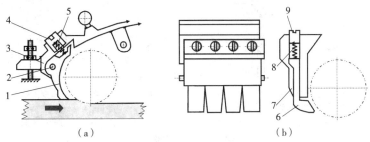

(a)　　　　　　　　　　　　　　　　(b)

1、6. 唇口；2. 销轴；3. 压紧罩；4、9. 调压螺钉；5、8. 弹簧；7. 导向槽。

图 5-10　分段弹簧式前压紧器

②后压紧器

后压紧器用于对工件已加工表面的压紧，防止工件跳动。因后压紧器压向工件时，工件已具有较均匀的厚度，所以，后压紧器一般均采用整体式的，并由弹簧来调节对工件的压紧力。

图 5-11(a) 是一种弹簧安在工作台下方的后压紧器。压紧器端头凸耳 3 安装在导向槽 2 内，拉杆 4 上面穿过导向槽与凸耳相连，下面穿过支承挡板 5 装有弹簧 6，由调压螺母 7 调节弹簧的压力，压紧器唇口初始高度位置由调高螺钉 1 调节。图 5-11(b) 为弹簧安装在工作台上方的弹簧压紧式后压紧器。螺母 3 和螺母 2 均可用于调节弹簧 4 的压力和调节压紧元件凸耳 5 的高度位置。在这两种结构中，前者是将调压和调位分开，结构松散，后者是将调压和调位组合起来，结构较紧凑。上述结构，在国产压刨床上均有采用。在一些压刨床上，为了避免前、后压紧器唇口因工件厚度的变化而跳动，导致与高速旋转的刀轴碰撞，将前、后压紧器做成和刀轴同轴转动式的结构。

(4)进给机构

压刨床的进给机构一般是采用 2~4 个进给滚筒进给。它们被安置在刀轴的前后，前进给滚筒带有网纹或沟槽(图 5-12)，后进给滚筒为光滑或包覆橡胶的圆柱体，前、后进给滚筒间距一般为：窄型压刨床 200mm，中型压刨床 400mm，宽型压刨床 500mm。前、后进给滚筒的中心距决定了压刨床可加工工件的最小长度尺寸。进给滚筒的直径一般为 80~150mm，滚筒对工件的牵引力由进给滚筒上弹簧的压紧而产生。前进给滚筒分为整体式和分段式两种。整体式进给滚筒最多只能同时进给两根工件，为了能同时进给具有一定厚度误差的两根以上的工件，提高机床生产率，在绝大多数机床上前进给滚筒均采用分段式(图 5-13、图 5-14)。

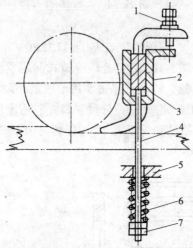

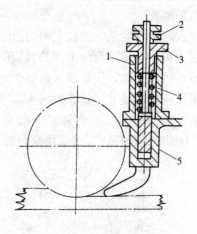

1. 调高螺母；2. 导向槽；3. 凸耳；4. 拉杆；
5. 支承挡板；6. 弹簧；7. 调压螺母。

（a）弹簧在工作台下方的后压紧器

1. 导向槽；2、3. 螺母；4. 弹簧；5. 凸耳。

（b）弹簧在工作台上方的后压紧器

图 5-11　后压紧器

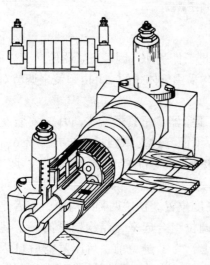

图 5-12　前进给滚筒

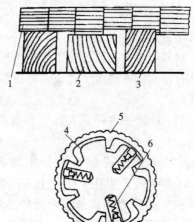

1. 滚筒；2. 工件；3. 工作台；4. 芯轴；5. 弹性套；6. 弹簧。

图 5-13　分段式前进给滚筒

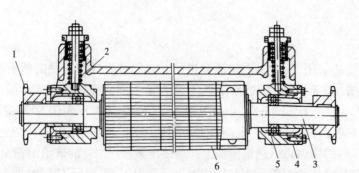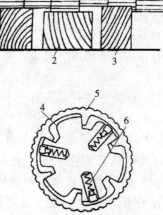

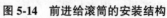

1. 链轮；2、7. 弹簧；3. 轴；4. 轴承座；5. 轴承；6. 弹性套。

图 5-14　前进给滚筒的安装结构

　　压刨床的进给运动，一般有两种不同的传动形式：一种是直接从刀轴的一端，通过齿轮、链传动使前后进给滚筒旋转，如国产 MB103 型压刨床就是采用这种方式；另一种是由专门的电机通过变速机构、链传动使进给滚筒旋转，如国产 MB106 型压刨床。前者一般进给速度不变或变速级数很少，多用在小型压刨床上。后者一般用在中型或宽型压刨床上。变速机构分为有级变速和无级变速两种形式。具有变速机构的压刨床，其进给速度一般为 5~30m/min。有级变速通常采用拉键（如 MB106 型），滑移齿轮机构（如 MB1065 型等），或电机变速等方式实现。变速的级数通常采用 2~4 级，2 级变速的进给速度如 10m/min、20m/min；3 级变速的进给速度如 8m/min、12m/min、16m/min；4 级变速的进给速度如 4.5m/min、6m/min、9m/min、12m/min，9m/min、12m/min、18m/min、24m/min。无级变速多采用带式锥盘无级变速器等多种结构形式，调速范围一般为 5~20m/min 或 7~32m/min，如 MB106A 型。

　　压刨床的主切削运动，一般由电机通过 V 形带带动刀轴旋转。在个别情况下，也有由电机直接带动刀轴旋转的，电机可以用常用频率（50Hz）或高频电源（100Hz 以上）。

5.2.3　压刨床的调整

　　在单面压刨床上加工的工件应预先经平刨床精确刨平，使压刨加工有较好的基准面。否则，在单面压刨床上就很难得到精确的厚度。为了压刨能正常的进给，被加工工件厚度允差不得超过 4~5mm。在加工工件窄边时，如果其宽度能保证在加工过程中有足够的稳定性，可以同宽面加工时一样进行。计算和实验表明，当工件厚度宽度比不超过 1∶8 时，可以保证工件具有足够的稳定性。如果低于这个比例，则只能并排几根一起通过机床加工。

　　单面压刨床的调整主要有以下内容：①前、后压紧器和前、后进给滚筒相对刀轴切削圆或工作台平面的位置调整；②在刀轴或刀轴上切削刃平行于工作台的调整；③工作台不同高度位置水平度的调整；④前、后压紧器和前、后进给滚筒压紧力的调整；⑤工作台几何精度的检测与调整。

　　前、后压紧器和前、后进给滚筒与刀轴切削圆下母线的相对位置调整（图 5-15）

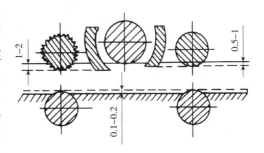

图 5-15　相对位置调整示意图

中，前进给滚筒和前压紧器自由状态应比刀轴切削圆最低点低 1~2mm。下支承滚筒应比工作台面高 0.1~0.2mm，只有加工厚度尺寸较大而未经平刨加工的工件时，允许下支承滚筒的高出量可达 0.3~0.5mm。后压紧器和后进给滚筒自由状态则应比刀轴切削圆最低点低 0.5~1.0mm。

　　刀轴和切削刃对工作台的平行度可用专用对刀器校准。简单调整时也可用校准板，调整时将校准板安放在刀轴下的工作台面上，升起工作台使校准板与某一刀刃轻轻接触，然后用手转动刀轴并调整其余刀刃与校准板接触，这一调整应分别在刀轴两端进行，调整后将刀片固定。

　　在工作台与刀轴平行的情况下，工作台不同高度位置水平度的调整是检验工作台升降机构的运动精度。检测时可将水平仪放置在工作台中间，慢慢升起工作台，并每间隔一定距离停住工作台，检查工作台上水平仪气泡的偏移程度，工作台从最低点升至最高点后，再从最高点降到最低点，以检验工作台各不同高度位置上的偏移量，通过调节工作台下部与升降丝杠连接处调节螺栓，以调节工作台的水平度，调整完毕后用锁紧螺母将工作台锁紧。

前、后压紧器的压紧力的调节可以用弹簧的压缩程度来调整。压紧力过小易导致工件跳动，影响加工质量，压紧力太大则产生较大的摩擦阻力，使进料困难且引起某些零部件过度磨损。压紧力的大小最好用测力仪检验，使与计算所需的压紧力相符合。

前、后进给滚筒的压紧力调整也可用试验法，即先调整前、后进给滚筒使其具有不大的压紧力，用试件测试其进料情况，如果试件打滑，说明前、后进给滚筒压紧力不足，则应加大压紧力再测试，这样反复进行，直至压力调整到合适为止。

工作台几何精度需定期检测，目的是检测工作台的磨损情况，检测内容主要是工作台的平面度。检测时，应用直尺和塞规在工作台的纵横两个方向上测量工作台的平面度，以确定工作台是否需要修整。

表5-2列出了几种国产压刨床和进口压刨床的主要技术参数。

表5-2 压刨床的主要技术参数

技术参数	MB103	MB106	MB106A	S63	SX-500	SX-400	T500
最大铣削宽度/mm	300	600	600	630	500	400	500
最大加工厚度/mm	120	100	200	235	295	295	240
最小铣削长度/mm	400	100	290	280	263	263	
刀轴转速/(r/min)	4000	4250	6000	5500	5000	5000	4500
刀片数目/个	2	4	4	4	4	4	4
铣刀直径/mm	80	125	128	120	100	100	120
进给速度/(m/min)	8	10, 20	7~32	6, 9, 12, 18	9~18	9~18	6~18
进给滚筒直径/mm	60	125	90	85			
功率/kW	2.8	7.5	7.25	7.5	5.5	4.0	5.6
自重/kg	400	1000	1200	1035	780	700	600

5.2.4 MB106A 型单面木工压刨床

图5-16为国产MB106A型单面木工压刨床的外形图。它主要用于木制品、建筑木构件、车厢、木模切削加工中，将方材、板材加工成具有一定厚度尺寸和表面粗糙度的工件。

MB106A型单面木工压刨床，床身1为整体封闭的框式铸件结构，机身稳重坚实，刚性好。工作台2横向穿过床身垂直框口。下面由两个丝杠支承并做升降移动，由床身上的导轨导向，保证升降运动精度，通过电机5来实现工作台的快速升降调节或者用手轮6实现精确调节，锁紧手轮7用于将工作台2锁紧在调节好的高度位置上，以保证批量生产条件下加工厚度的一致性。为使加工工件顺利通过刀轴，工作台2上安装了两个支承滚筒，用手轮8来调节其高出工作台面的高度值。主电机安置在床身内腔的右侧下方，主轴传动机构使刀轴获得41m/s的切削速度。在床身左侧壁腔内，无级变速器3通

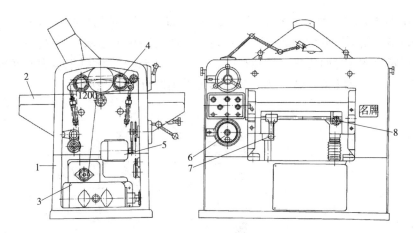

1. 床身；2. 工作台；3. 无级变速器；4. 进给滚筒；5. 电动机；6、7、8. 手轮。

图 5-16 MB106A 型单面木工压刨床的外形图

过链传动驱动进给滚筒 4，使工件获得 7~32m/min 的进给速度。改进的 MB106D 型，已改用可控硅无级调速电机。

图 5-17 为 MB106A 型单面木工压刨床的传动系统图，它主要由主切削传动系统、进给传动系统和工作台升降传动系统三部分组成。主电机 1 通过传动带 2 驱动刀轴 3 转动，实现切削运动；进给电机 4 依次通过链式无级变速器 5、圆柱齿轮传动 6、传动链 7 带动前进给滚筒 8 和后进给滚筒 9，实现进给运动；工作台升降电机 10，经传动带 11、链传动 12、蜗杆传动 13 带动工作台 15 的升降丝杠 14 转动，实现工作台的快速升降运动。转动手轮 16 通过链传动 12、蜗杆传动 13 使丝杆 14 转动，实现工作台高度的精确调节。

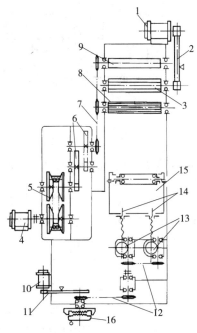

1、4、10. 电动机；2、11. 传动带；3. 刀轴锥；5. 盘无级变速器；6. 圆柱齿轮传动；
7、12. 传动链；8、9. 进给滚筒；13. 蜗杆传动；14. 丝杠；15. 工作台；16. 手轮。

图 5-17 MB106A 型单面木工压刨床的传动系统图

图 5-18 为 MB106A 型单面木工压刨床的切削刀轴和进给滚筒的结构图。切削刀轴 1 为整体式结构，其两端分别由两个装有双列向心球面轴承的轴承座套 2、3 所支承，轴承座套分别安装在床身两边侧壁的圆孔内。V 带轮 4 将运动和动力传至切削刀轴，刀轴直径为 125mm，刀轴上装有 4 片刀，装刀后的切削圆直径为 128mm。

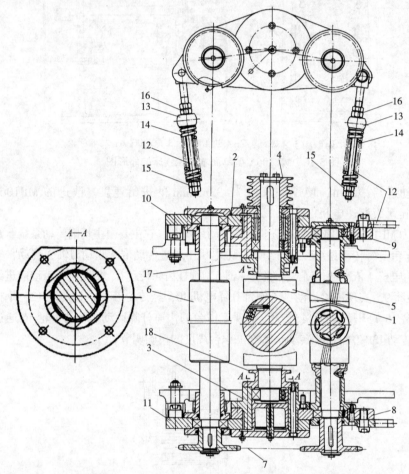

1. 切削刀轴；2、3. 轴承座套；4. V带轮；5. 前进给滚筒；6. 后进给滚筒；7. 链传动；8、9、10、11. 轴承板；12. 长螺栓；13. 支承小轴；14. 弹簧；15、16. 调节螺母；17、18. 轴承盖。

图 5-18   MB106A 型单面木工压刨床刀轴和进给滚筒的结构图

前进给滚筒 5 为分段式，每一段内装有扁圈形弹簧装置。这种结构的优点是在允许的范围内能使不同厚度的工件同时进行加工。分段式滚筒表面带 7° 的齿槽，经热处理表面硬度为 HRC 40~45。后进给滚筒 6 则为整体式的光滑滚筒。前、后进给滚筒由同一链传动 7 驱动。每个滚筒的两端分别由四块有倾角的轴承板 8~11 所支承，轴承板 9、10 套装在主轴承座套 2 上，板 8、11 套装在主轴承座套 3 上，这种结构允许进给滚筒部件绕刀轴轴线回转，滚筒升降灵活、调节方便。前、后进给滚筒的调位调压装置安置在轴承板的端部。长螺栓 12 的上部用螺钉与轴承板铰接，并穿过装在床身侧壁的支承小轴 13，弹簧 14 和调节螺母 15 装在长螺栓 12 的下部。调节螺母 15 可调整弹簧 14 的压缩量，由弹簧 14 所产生的弹性力作用在长螺栓 12 上，由于力臂的关系使前、后进给滚筒以更大的压力压紧工件。调节螺母 16 用于调节各进给滚筒的高度位置。

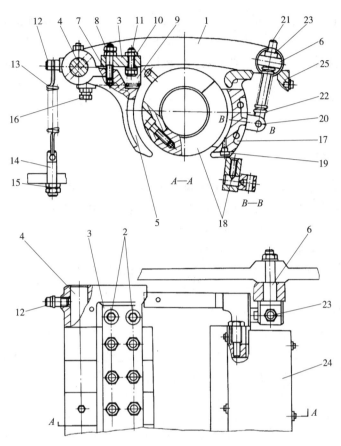

1. 支架；2. 螺钉；3. 盖板；4. 横轴；5. 前压紧器；6. 弹簧支撑；7. 双头螺栓；8、11、15、23. 螺母；
9、22. 压缩弹簧；10、12、16. 螺钉；13. 拉伸弹簧；14、21. 螺栓；17. 后压紧器；18. 轴瓦；
19. 镶条；20. 支撑叉；24. 刮屑板架；25. 黄铜刮板。

图 5-19 MB106A 型单面、工压刨床前、后压紧器的结构图

图 5-19 为 MB106A 型单面木工压刨床前、后压紧器的结构图。左、右两个支架 1 用螺钉 2 与盖板 3 构成门式刚性结构，支架 1 的一端通过横轴 4 安装着 14 个分段式前压紧器 5，另一端分别与装在床身侧壁上的弹簧支撑成铰接。这种结构不仅保证了整个前压紧器可以绕弹簧支撑 6 的轴线转动，而且使每个分段前压紧器也可以绕横轴 4 的轴线转动。横轴 4 的两端分别用销与支架 1 固定，中段加工有导油槽。在横轴 4 上的 14 个分段式前压紧器 5 中，有四个带有导油槽，前压紧器 5 一般采用铸铁 HT20~HT40，它的表面与木材工件加工表面摩擦剧烈，要求有一定的耐磨性，制造时用金属模直接铸出，白口深度一般不小于 1mm。14 个双头螺栓 7 穿过盖板 3 与前压紧器上部相连，用螺母 8 来精确调节前压紧器 5 的高度位置；14 个压缩弹簧 9 一端支承在前压紧器 5 的凹穴内，另一端被盖板 3 上特制螺钉 10 套住，用螺母 11 分别调节弹簧 9 的压缩量，即调节分段前压紧器 5 对加工工件的压紧力。此外，在左右两个支架 1 的端部还分别装有两个特制螺钉 12，它们分别挂装着拉伸弹簧 13，借助螺栓 14 穿在床身台肩上。调节螺钉 16 调节整个前压紧器的高度位置。后压紧器 17 的两端用螺钉与两个剖分式的轴瓦 18 相联结，轴瓦 18 套装在主轴承座套的轴承盖（图 5-18 中 17，18）上。后压紧器一般采用铸铁 HT18~HT36，其表面与工件加工表面摩擦剧烈，采用可拆式镶条结构，由 45 号钢制成的镶条 19 用螺钉与后压紧器固定，镶条经热处理，表面硬度 HRC40~45。支撑叉 20 用螺钉

固定在轴瓦 18 上，螺栓 21 下端与支撑叉 20 成铰接，中间套装压缩弹簧 22，螺栓 21 上部穿过弹簧支撑 6，用螺母 23 来调节后压紧器的高度位置和对加工工件的压紧力。在后压紧器 17 上还安装有刮屑板架 24。黄铜刮板 25 用以刮去后进给滚筒表面上的残留切屑。

5.3　双面刨床

5.3.1　用途和分类

双面刨床主要用于同时对木材工件相对的两个平面进行加工。经双面刨床加工后的工件可以获得等厚的几何尺寸和两个相对的光整表面。被加工工件表面的平直度主要取决于双面刨本身的精度和上道工序的加工精度。

双面刨床具有两根按上、下顺序排列的刀轴，按上、下排列的顺序不同，可以将其分为先平后压(先下后上)和先压后平(先上后下)两种形式。由于机床结构和功能的限制，无论是哪一种排列方式，该类机床都不能代替平刨床进行基准平面加工，只能完成等厚尺寸和两个相对表面的加工。

图 5-20 是双面刨床的加工工艺示意图。图 5-20(a)为双压刨式排列。工作台 1 可以通过丝杠螺母支承，沿导轨在垂直方向上调节。下进给机构 3 和刀轴 8 随工作台 1 一起移动，八个进给滚筒牵引工件进给，先通过上刀轴 4 和下刀轴 8。上面四个滚筒中第一个刀轴前面的两个上进给滚筒是表面带沟纹分段式的。下面四个进给滚筒中前三个是表面带沟纹的，最后一个是表面光滑的。下面最前面的两个进给滚筒有时可用履带机构代替。上刀轴 4 前面是分段式压紧器 5，后面是整体式压紧器 6，在下刀轴 8 的对面装有基准板 7。工件在到达下刀轴 8 之前被压紧器 9 压向基准板 7。基准板 7 可以在垂直方向上调节。在下刀轴 8 后设有后压板 10，后压板 10 可以是弹性的也可以非弹性的。下刀轴 8、后压板 10 均设有垂直方向调整装置。

图 5-20(b)、图 5-20(c)所示是平-压刨式两面刨床。其中图 5-20(b)是滚筒式进给，如图 5-20(c)是输送带-滚筒组合式进给。后者能保证较好的加工质量，因为采用这种方式进料，工件变形小。工作台 1 可以垂直移动，以便调整切削厚度。

机床其他机构与单面压刨床基本相似。在某些设备较完善的双面刨床上，还带有刨刀的自动化或机械化刃磨装置。

5.3.2　组成结构

图 5-21 是 MB206D 双面刨床的外形图。MB206D 双面刨床的最大加工宽度是 630mm，最大加工厚度是 200mm，主要用于加工板材、方材，通过一次加工能够同时获得工件上、下两个平面和两个面之间的定厚尺寸，下水平刀轴可以升降调节，当其降到工作台面以下时，机床就可以作为单面压刨床使用。

机床由床身 1、工作台 2、减速器 3、上水平刀轴 4、进给滚筒 5、主轴电机 6、工作台升降机构 7、电器控制装置 8、下水平刀轴及电机 9、前进给机构 10、前进给摆动机构 11 等组成。

床身是由铸铁制成的整体零部件，床身内部合理的布置了两侧筋板和水平隔板，以保证床身加载后有足够的刚性。床身的上部设有排屑除尘用的排屑罩。

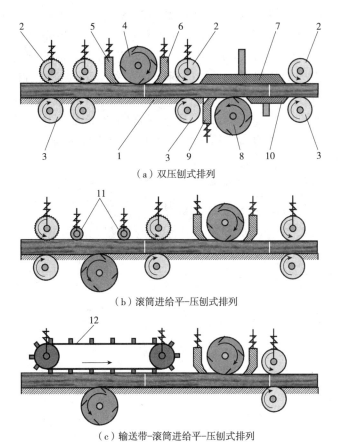

（a）双压刨式排列

（b）滚筒进给平−压刨式排列

（c）输送带−滚筒进给平−压刨式排列

1. 工作台；2. 上进给滚筒；3. 下进给滚筒；4、8. 刀轴；5、6、9. 压紧器；
7. 基准板；10. 后压板；11. 压紧滚筒；12. 进给履带。

图 5-20　双面刨床的加工工艺示意图

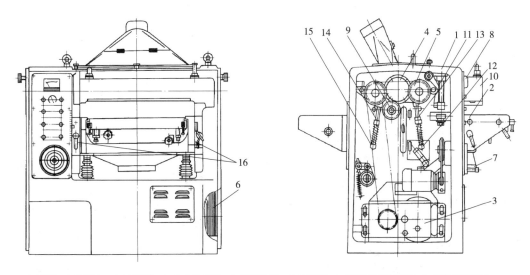

1. 床身；2. 工作台；3. 减速器；4. 上水平刀轴；5. 进给滚筒；6. 电动机；7. 工作台升降机构；8. 电气控制装置；
9. 下水平刀轴及电机；10. 前进给机构；11. 前进给摆动机构；12、13、14、15. 进给滚筒压力调整机构；16. 指示器。

图 5-21　MB206D 双面刨床的外形图

工作台及下水平切削机构的结构如图 5-22 所示，工作台由前工作台 4 和后工作台 13 组成，前、后工作台间可调节的最大垂直距离为 5mm（即下水平刀轴最大切削用量），前、后工作台垂直方向的调节由安装在偏心轴 5 上的手柄来完成。为了下水平刀轴换刀方便，当手柄 3 松开时，前工作台可向进给方向相反的方向移动一段距离。换刀工作完毕后或前工作台的高度调整完毕后应把手柄 3 锁紧，才可开始切削加工。后工作台 13 内装有两个下进给滚筒 12，前工作台 4 内装有一个下进给滚筒，其突出工作台面的高度值分别由手轮 1 和 2 来调整。

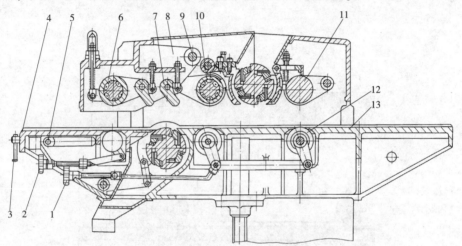

1、2. 手轮；3. 手柄；4. 前工作台；5. 偏心轴；6. 分段进给滚筒；7. 止逆器；8. 支架；9. 轴；
10. 前进给滚筒；11. 后进给滚筒；12. 下进给滚筒；13. 后工作台。

图 5-22　工作台及下水平切削机构的结构

为保证工件的加工精度，后工作台 13 装有锁紧手柄，切削加工时，应将手柄锁紧。上工作机构（图 5-22）包括：前进给机构、上水平刀轴、前压紧器、压紧板。前进给机构是由支架 8、分段进给滚筒 6、止逆器 7 等主要部件组成。前进给滚筒 10 与后进给滚筒 11 结构与单面压刨床相同，前、后进给滚筒的初始位置和进给力的调节是由安装在两端轴承座下面的四个拉杆和四个弹簧来调整的。为了使上水平刀轴换刀方便，支架 8 固定在轴 9 上，轴通过进给摆动机构（图 5-23）可回转 45°以上。前进给摆动机构由轴承座 1、丝杠 2、摇杆 3、连杆 4、螺母 5、支座 6、偏心套 7、轴 8 等组成。丝杠 2 转动时，使螺母 5 做上下移动，通过连杆 4 和摇杆 3 使轴 8 转动，并使前进机构回转一定角度。上水平刀轴的结构，前压紧器及后压紧器结构与压刨相同。整个前压紧器

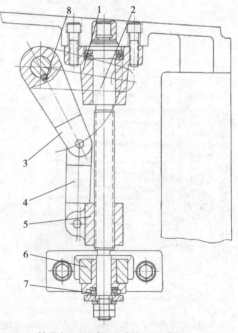

1. 轴承座；2. 丝杠；3. 摇杆；4. 连杆；
5. 螺母；6. 支座；7. 偏心套；8. 轴。

图 5-23　MB206D 双面刨床前进给摆动机构

靠自重起断屑和压紧作用，其初始位置由螺钉来调整。后压紧器初始位置用螺母的调整位置来保证。

　　MD206D 型双面刨床的传动系统如图 5-24 所示，上水平刀轴由额定功率为 7.5kW、转速为 2920r/min 的三相异步电机通过 V 带驱动，使主轴转速达到 5000r/min。下水平刀轴由额定功率为 4kW、转速为 2920r/min 的三相异步电机通过 V 带驱动，主轴转速也是 5000r/min。进给运动是由功率为 1.5kW、转速为 1500r/min 的直流电机经可控硅调速系统和两级齿轮减速机构变速后，再经链传动带动进给滚筒。进给滚筒进给速度的范围为 7~32m/min。工作台的升降机构由功率为 0.37kW、转速为 1350r/min 的电机经 V 带、锥齿轮、链轮、蜗杆蜗轮带动工作台升降丝杆，也可通过微调手轮，对工作台的高度作精确调整。

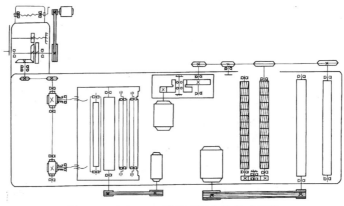

图 5-24　MD206D 型双面刨床的传动系统

　　表 5-3 列出部分国产双面刨床的技术性能。

表 5-3　国产双面刨床的主要技术参数

技术参数	MB204	MB206	MB206D
最大铣削宽度/mm	400	600	600
最大铣削厚度/mm	140	100	200
最小铣削长度/mm	230	200	300
刀轴转速/(r/min)	4500	4250/2880	5000
刀片数目/个	2	4	4
进给速度/(m/min)	7.5/15	10/20	7~32
功率/kW	11.5	11.5	13
自重/kg	800	1250	1600

5.4　四面刨

5.4.1　分类

　　四面刨是按其生产能力、刀轴数量、进给速度以及机床的切削加工功率进行分类的，一般可分为轻型、中型、重型。衡量四面刨生产能力的主参数是被加工工件的最大宽度尺寸。除此以外，刀轴数量、进给速度和切削功率也在一定程度上反映了机床的生产能力。

（1）轻型四面刨。一般有四根刀轴，加工工件的宽度为 20~180mm，刀轴的布置方式和顺序为下水平刀轴、左右垂直刀轴和上水平刀轴，左垂直刀轴和上水平刀轴可以相对右垂直刀轴和下水平刀轴进行移动调整。

（2）中型四面刨。一般有五根或六根刀轴，加工工件的宽度为 20~230mm，五刀轴四面刨前四根刀轴的布置方式和顺序与四刀轴四面刨相同，一般第五刀轴用作成型铣削加工，可以 360°旋转调节，可在任意方向上对进给的工件进行切削加工。六刀轴四面刨是在五刀轴四面刨的基础上，在所有刀轴的最前面再加一个下水平刀轴，对被加工工件进行两次下水平面的加工，以使工件有一个较好的加工基准，保证加工精度。

（3）重型四面刨。一般指有七根或八根刀轴，加工工件宽度为 200mm 以上的四面刨。七根或八刀轴四面刨多是以六刀轴四面刨为基础改进而成，但最后两根刀轴的相对变化较多，其主要目的是加工高精度的基准面和成型面，一般情况是在六刀轴四面刨的最后端加一个旋转刀轴而成七刀轴四面刨，以两根可旋转调节的刀轴进行较复杂成型面的加工，或仍设置一个旋转刀轴，再加一个垂直刀轴，用第三根垂直刀轴作成型面加工。八刀轴四面刨一般的布置方式和顺序为两上刀轴、两下刀轴、三垂直刀轴和一个旋转刀轴，或两个下刀轴、两个上刀轴、两个垂直刀轴和两个旋转刀轴，用以加工较大尺寸的成型面或进行精确的截面形状尺寸加工。少数重型四面刨的最后端还装有刮刀箱或砂光辊，其目的同样是为获得更精确的产品尺寸和截面形状。

5.4.2　选用原则和加工范围

（1）选用原则

选择四面刨时，无非是选择刀轴的数目和各刀轴之间的调整位置，一般应根据被加工工件的形状、批量、进料时的定位、加工基准的确定和工件通过刀轴的方便程度等因素来选用。由于使用的环境、被加工工件种类的变化，选用四面刨并无确定的原则。在选用机床时，要考虑一个主要加工方向，兼顾其他方向的加工要求，统筹安排，全面考虑技术要求和资本投入，合理地选用某一类型的机床，以满足最多的工艺加工需要，最小的费用支出，最简捷方便的操作、维护为原则。

①根据被加工工件要求的截面形状，确定刀轴的数目。四面刨刀轴的数量决定了机床的加工能力，主要决定了机床可加工工件的截面形状。一般情况下，规则截面形状的工件用四刀轴四面刨加工即可以满足要求。一个面为型面，另外三个面为平面的工件可用五刀轴四面刨加工，其中最后一个刀轴最好为可旋转调节的刀轴。复杂截面形状工件的加工，如包括了开榫槽、榫头和两个平面，或装饰用的线条型面，要求用七刀轴或八刀轴四面刨加工。

②根据可能加工批量选择机床的加工能力。机床的加工能力，主要取决于机床的进料速度、刀轴转速和切削功率，其生产能力为

$$Q = BTUK_1K_2K_3 \qquad (4\text{-}1)$$

或
$$Q = TUK_1K_2K_3 \qquad (4\text{-}2)$$

式中：B——切削加工宽度；

$\quad\quad T$——单班工作时间；

$\quad\quad U$——进给速度；

$\quad\quad K_1$——进给间断系数；

$\quad\quad K_2$——工作时间利用系数；

$\quad\quad K_3$——机床利用系数。

刀轴转速和切削功率与进料速度是匹配的，切削功率

$$N = KBHU \qquad (4\text{-}3)$$

式中：K——单位切削比功；

$\quad\quad H$——切削加工厚度；

$\quad\quad U$——进给速度；

$\quad\quad B$——工件宽度。

切削力
$$F = N/V \qquad (4\text{-}4)$$

$$V = \pi Dn \qquad (4\text{-}5)$$

式中：D——刀轴直径；

$\quad\quad n$——刀轴转速；

$\quad\quad V$——切削速度。

一般情况下，当进料速度高时，切削量，即切削的宽度和厚度要小，刀轴的转速要增加。当进料速度低时，切削量可以适当增加，刀轴的转速可相应降低，以满足电机功率的要求。但转速不可太低，否则将影响加工表面质量。在机械强度和刚度允许的范围内，机床刀轴的转速越高，加工表面的质量越好。

③根据被加工工件的尺寸规格和精度要求，确定机床刀轴间的相互位置和进料方式。四面刨可以加工工件的最大宽度尺寸是机床的主参数，工件的截面尺寸，宽和高（厚），决定了四面刨上、下水平刀轴和左、右垂直刀轴之间调节的极限范围，以及刀轴的调节定位精度。一般情况下，机床各刀轴不应处于其可调节范围的极限位置，应当留有一定的余量，否则将影响加工的精度。进料方式不同会影响机床加工时，工件的定位和压紧，从而影响工件的加工精度。通常情况下，薄而长的刚度较差的工件，进料机构的各压紧辊的压紧力要小，而压紧辊相应地要多。短方材等刚度好的工件，进料机构的各压紧辊压力可大，压紧辊也可相应地减少。

④以一种产品为主，兼顾开发其他的产品，尽可能地选择工艺范围可以扩展的机床，以便于企业今后发展的需要。

(2) 加工范围

轻型四面刨用于较短、加工刚度较好的方材，或厚宽比小于 1/4 的板材。在原料长度小

于 1m 时，毛料可以直接经四面刨加工，也可以用于规格板材、方材的开槽、开榫加工。

中型四面刨用于规则截面形状的方材或成型面的加工，五刀轴四面刨可以加工一个成型面，六刀轴四面刨主要用于精度要求高的平面或成型面加工。六个刀轴中，最前端的两个下水平刀轴的两次加工，主要是为提高定位基准精度。

重型四面刨分两种情况：一种是加工简单截面形状，加工精度和表面粗糙度要求较低的、尺寸较大的工件。这类工艺加工的进给速度很高（100～200m/min），加工用量大，机床的功率大，可以使原料经一次切削加工即达到要求，如车厢板等。另一种是加工高精度，表面光洁的复杂成型面的精确加工。此类加工的进给速度不高，但刀轴转速高（6000～9000r/min），加工用量不大。机床上有一个或两个刀轴可以 360°旋转调节，有三四个刀轴是用于型面加工，如线型、企口地板等。

因为四面刨的调整工作量大，辅助工作时间长，四面刨选用原则和适合的加工范围中，最值得重视的一点是四面刨作为一种适合于大批量加工的机床，如果被加工工件的数量达不到一定的批量，使用四面刨加工生产，在经济上是不合理的。

5.4.3 技术参数

四面刨的主要技术参数见表 5-4。

表 5-4 四面刨主要技术参数

技术参数	MB402	Profimat23EC	HPC-008A	P230	Superset23
最大加工宽度/mm	200	230	150	230	230
最大加工厚度/mm	80	120	100	120	125
刀轴转速/(r/min)	5000	6000	—	6000	6000
刀头直径/mm	—	125	—	100～200	125
刀轴数目/个	—	5		6	7
进给速度/(m/min)	7～32	5～25	6～12	5～50	5～35
工作台长度/mm		2000		2000	2500
最小工件长度/mm	—	150	—	200	150
第一轴功率/kW	4	5.5	5.6	3	4
第二轴功率/kW	4	5	3.7	3	4
第三轴功率/kW	5.5	5	3.7	3	4
第四轴功率/kW	5.5	7.5	5.6	4	5.5
第五轴功率/kW	—	5.5		5.5	7.5
第六轴功率/kW	—	—		3	5.5
进给电机功率/kW	1.5	4	3.7	—	4

可加工工件的宽度尺寸范围，加工工件的最大宽度是四面刨的主参数，它体现的是机床的加工生产能力，决定于刀轴切削加工工件的宽度或左右刀轴间调节范围。

可加工工件的厚度尺寸范围，体现了上水平刀轴相对于工作台面的调节高度范围和左、右刀轴的垂直调节范围。

可加工工件的最小长度尺寸，由进给机构压紧辊间的最短距离所决定。

进给工作台的最大长度，决定保证可靠加工精度的工件最大长度。

刀轴的轴径和可装铣刀外径，决定配置铣刀的技术参数和机床上应留有的工作空间，同时也决定了工件通过的方便程度。

刀轴的转速和电机的功率，决定了加工时切削用量的大小和最可靠的加工能力。

5.4.4　基本结构

四面刨主要由床身、工作台、切削机构、压紧机构及操纵机构等组成（图 5-25、图 5-26）。如图 5-26 所示机床有七个刀头：下水平刀头 5 和 9、上水平刀头 4、右垂直刀头 6 和 8、左垂直刀头 7 以及万能（可旋转调节）刀头 3。工件在前工作台 10 上，靠向导尺 11 由进料滚筒推送，依次通过下水平刀头、右垂直刀头、左垂直刀头、右垂直刀头、上水平刀头、

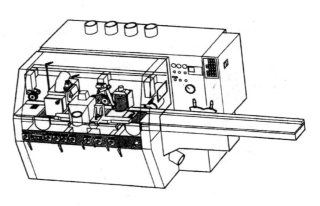

图 5-25　四面刨外形图

下水平刀头及万能刀头；最后由出料台 1 出料。在某些机床上，为了提高加工精度，在第一下水平刀头前还加有预平刨刀头。它预加工基准面，即在工件底面加工出沟槽、作为后面平刨的基准面。

5.4.4.1　切削机构

四面刨可以同时加工工件的四个表面，并可加工出各种不同形状的成型面。切削刀轴较多，一般为 4~10 根，最普遍的为 6~7 根。根据不同的加工要求可选用不同的刀轴数目。刀轴布局也各不相同。如图 5-27 所示，为各种不同的刀轴布局方案，有 4~7 轴；图 5-28 为另一种刀轴布局示意图，在某些机床上增设了预平刨刀头，可以保证获得精确的加工表面。图 5-29 为四面刨典型刀轴分布示意图。

（1）第一下水平刀头。也叫预平刨刀头，用于加工辅助基准面，此基准面不是平面而是齿槽表面，铣刀把工件表面加工出槽口，再以此为基准进行加工。

（2）下水平刀头。装在预平刨刀头后面，加工出带槽表面作为下基准面，故该下水平刀头加工出的基准面精度较高，完全符合平刨加工的要求。刀轴直径为 125mm。刀轴可在高度方向和侧向进行调整。

（3）右垂直刀头。用于加工工件右侧基准面，故也称为边刨刀头。工件经过平刨刀头和右垂直刀头后，即获得互相垂直的基准面，后续工序即可以此两个基准面加工出所要求的高质量的精确零部件。刀头直径为 90~80mm，该刀轴可用调整丝杠作垂直和侧

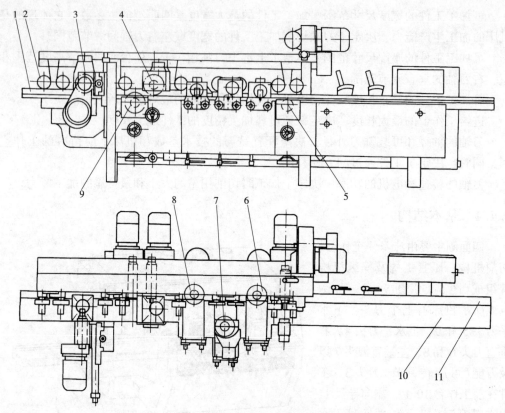

1. 出料台；2. 出料滚筒；3. 万能刀头；4. 上水平刀头；5、9. 下水平刀头；
6、8. 右垂直刀头；7. 左垂直刀头；10. 前工作台；11. 导尺。

图 5-26　四面刨结构图

向调整，可降至工作台面 40mm 以下。

（4）左垂直刀头。刀轴直径为 90～180mm，刀轴可用调整丝杠作垂直和侧向调整。刀具可降至工作台下面 40mm。侧向调整可使直径为 125mm 的刀具加工最大宽度的工件。经过该刀头加工可保证工件宽度或得到成型表面。当加工特别宽的零部件时，它可降至工作台下 40mm，右刀头则作为铣刀用。

（5）第二右垂直刀头。此刀头常用作成型面加工。刀头可作垂直和侧向调整，相对于第一右垂直刀，它的调整量即为工件的加工余量，要求精确的调整。

（6）上水平刀头。它是按压刨方式加工的，故称为压刨刀头，通过此刀头加工保证工件厚度或形成上成型表面。当该刀头改装成锯片进行锯切时，刀轴下面的工作台可用木质板代替，以保证锯透工件。

（7）第二下水平刀轴。用于加工下成型面或修整下表面，适用刀具直径为 90～180mm，用调整手轮可对刀轴作侧向和高度调整。

（8）万能刀头。它能安装铣刀或锯片，可作为辅助的上水平刀头、下水平刀头或左垂直刀头使用，并可在 90°范围内倾斜，加工斜面和企口等。它可以在垂直方向和水平方向上调整。

刀头由电机通过带传动驱动，转速一般为 6000r/min 左右。为了快速准确的调刀，可采用直刀或成型刀的安装器。

在刀轴上采用液压夹紧刀头，可提高刀轴的旋转精度，提高加工精度，减少机床振

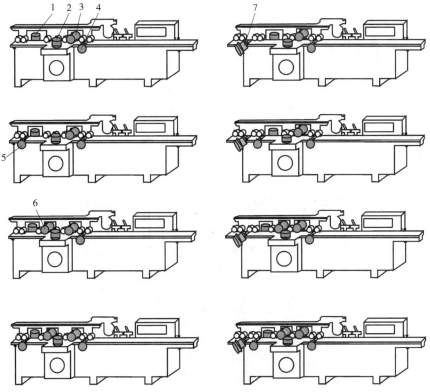

1. 右垂直刀头；2. 左垂直刀头；3、6. 上水平刀头；4、5. 下水平刀头；7. 万能刀头。

图 5-27　各种不同的刀轴布局方案

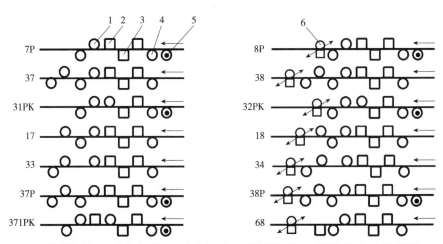

1. 上水平刀头；2. 右垂直刀头；3. 左垂直刀头；4. 下水平刀头；5. 预平刨刀头；6. 万能刀头。

图 5-28　刀轴布局示意图

动和噪声。这种形式的刀体通过液压夹紧系统消除内孔与刀轴之间的同轴度误差，将这种刀体放在专用的刃磨机上进行刃磨时，可使各刀片所形成的切削圆与刀轴的同轴度误差保持在 0.005mm 以下。由于采用了液压夹紧系统，刀轴重装到机床上时，不会降低安装精度。

意大利 SCM 公司的四面刨（Superset23）还配备有数字显示、程序控制的多刀刀轴。

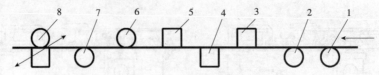

1. 预平刨刀头; 2. 下水平刀头; 3. 右垂直刀头; 4. 左垂直刀头;
5. 第二右垂直刀头; 6. 上水平刀头; 7. 第二下水平刀头; 8. 万能刀头。

图 5-29   四面刨典型刀轴分布示意图

在几秒内即可从一个成型面调整为另一个成型面的加工。图 5-30 为四面刨刀轴典型的调节机构。

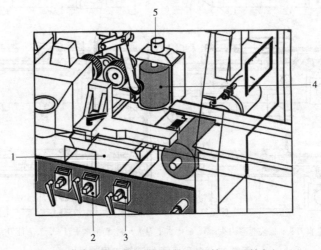

1. 工作台; 2、3. 调整量显示器; 4. 刀轴; 5. 刀轴支座。

图 5-30   四面刨下水平刀轴和右垂直刀轴的调整机构

5.4.4.2   进给机构

四面刨的进给机构按进给方式,可分为机械进给和液压推送进给;按进给元件,可分为上进给滚筒进给,上、下进给滚筒进给,上进给滚筒、下履带进给三种形式。

一般情况下,轻型四面刨为推送式进给,只在工件进料处设上进给滚筒,后面的工件推送前面的工件;中型四面刨除了进料滚筒外,在后工作台设有下支撑滚筒;重型四面刨除了上进料滚筒还设下进料滚筒或履带输送带。进料滚筒上开有槽纹,以增加进给牵引力,出料滚筒一般为光滚筒以免损坏已加工表面。

进料机构的传动可以是机械传动,即由电机通过齿轮变速箱(或无级变速器)传至滚筒轴,进给速度一般为 6~30m/min,如选用较大功率电机进给速度可高达60m/min;也可采用液压传动,通过液压马达、齿轮装置、传动轴、万向节驱动进料滚筒,实现无级变速。液压进给的进给速度一般为 6~60m/min,最高可达100m/min。图 5-31 为四面刨进料机构的进给滚筒传动机构。图 5-32 为进给滚筒的锥盘无级变速器。

除此之外,还可以将进给滚筒改装成可倾斜进料机构,与水平方向倾斜旋转 30°送料,加工非方形零部件。

进给滚筒的压紧力可以采用弹簧加压,亦可采用气压压紧,应保证当工件厚度不同时能顺利通过,又有足够的压紧力。

进给机构高度方向的调节是为了能加工不同厚度的工件。一般情况保证进给滚筒在

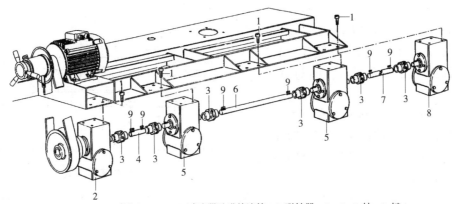

1.螺钉；2、5、8.减速器及进给滚筒；3.联轴器；4、6、7.轴；9.键。

图 5-31　进给滚筒的传动机构

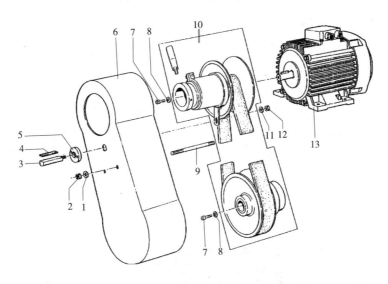

1~5、7~9、11、12.防护罩连接件；6.防护罩；10.无级变速器；13.电动机。

图 5-32　进给滚筒的锥盘无级变速器

自由状态下低于被加工工件厚度 1~2mm。进给机构的升降运动由一个减速电机驱动，主要调节元件是一对丝杠螺母机构。进给机构安装于两个支撑缸筒上，缸筒和圆柱导轨相配合，丝杠轴穿过缸筒和柱体的螺母相配合，减速电机驱动两根丝杆轴作同步旋转而使进给机构升降。升降位置的控制，由缸筒上的触头触动限位行程开关，切断电机电源来完成。开关的位置可以沿标尺调节，这样既可以预选尺寸，也可以起到安全保护作用。

5.4.4.3　压紧机构

四面刨床的压紧机构由以下几部分组成：

(1)弹簧压紧的进给滚筒。

(2)气压压紧的进给滚筒。这种机构能对不同厚度工件施加稳定压力，其中还装有调整弹簧，高度可单独调整以满足某些加工的需要。

(3)压紧滚轮。在进给滚筒之间还有辅助压紧滚轮以保证足够的压紧力。

（4）侧向压紧滚轮。如图5-33所示，侧向压紧器1压向工件2，使工件沿着进料导尺5进入右垂直刀头4，加工后的表面靠向后导尺3，以保证加工精度。

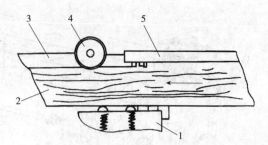

1.侧向压紧器；2.工件；3.后导尺；4.垂直刀头；5.进料导尺。

图5-33　侧向压紧滚轮

（5）压板装置。压板装在上水平刀轴之后，既起压紧作用又起导向作用。可采用弹簧或气压加压，有的机床也采用刚性压板。

（6）前压紧器。每个刀头都装有防护罩和吸尘口，上水平刀头及左垂直刀头的前面装有压紧块，起压紧和断屑作用，故又称断屑器。其采用弹簧或气压压紧。

5.4.4.4　工作台及导尺

四面刨工作台分前工作台（进料工作台）、后工作台及出料工作台。为了保证下水平刀轴的加工精度，前工作台多为加长工作台（图5-26中的10），长度可达2~2.5m，可作垂直调整。将第一水平刀轴和第二下水平刀轴之间的工作台做成槽形，则工作台既起支撑作用又起导向作用，如图5-34所示。预平刨刀轴上安装一组硬质合金镶齿刀片，分别嵌入工作台导板的槽口中，加工出带有沟槽的工件与后工作台的槽形导板相配合，使工件获得良好的导向，从而保证加工精度。在机床的出口处上水平刀头的后面安装有出料工作台，它一般无须调整。

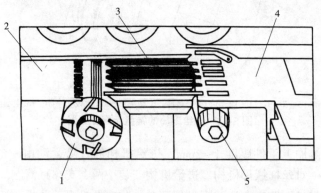

1.下刀轴；2.后槽形导板；3.中槽形工作台；4.前工作台；5.调整手轮。

图5-34　槽形工作台

工作台右侧装有导尺（靠山），作为工件侧面的导向，它可以在水平方向调整。出料台的右边装有后导尺，在侧向压紧器的作用下工件总是紧靠导尺，以便加工高精度的工件。

四面刨的工作台分为三段，安装于机床的床身。最前端的进料台和最后端的出料台为可调整工作台，中间一段为固定工作台。以下水平刀轴和旋转刀轴为界，进料工作台的调整量即为下水平刀轴的切削用量，一般为2~3mm。调整机构采用偏心轴或双轴杆刚性连接轴，通过手柄调节，由手柄上的刻度盘指示，锁紧螺栓锁紧。出料工作台安装在一个有导轨的托架上，由丝杠螺母机构调节，以保证通用旋转刀轴作下水平刀轴使用时，工作台面和刀轴切削刃相切，它高出固定工作台面的值为通用旋转刀轴的切削用量，一般在作平面加工时为 1~2mm，作成型面加工时，此值可以适当增加，最大可到 4~6mm。旋转刀轴做其他加工时，出料工作台面和固定工作台面保持相同高度，工作台面接近刀轴处用螺栓联接有梳形板，其作用为降低噪声的峰值。

　　导尺分为两段，它既是加工时的基准，同时又起到引导工件进给的作用。以右垂直刀为界分段，后段为固定靠尺，前段为可调靠尺，可调靠尺安装于一个连杆机构上，杆的一端经定轴与床身联接，杆的另一端经转轴和靠尺连接，由一个扇形刻度盘经手柄调节，转动手柄即可完成靠尺靠近刀轴和向前运动，或远离刀轴和向后运动，调节量由刻度盘指示。

第6章
钻削与钻床

家具零部件为接合需要有时要加工各种类型的孔槽，这些孔槽的加工是家具加工工艺中一个很重要的加工工序，孔槽加工的好坏直接影响接合强度和质量。本章主要研究孔槽加工的切削原理，钻头和榫槽切削刀具的类型、加工机械以及影响钻削加工质量的因素。

6.1　钻削与钻头

钻削是用旋转的钻头沿钻头轴线方向进给对工件进行切削的过程。加工不同直径的圆形通孔和盲孔要用不同类型的钻头来完成。

6.1.1　钻削原理

6.1.1.1　钻头组成

根据钻头各部位的功能，钻头的组成可以分为以下三大部分(图6-1)。

(1)尾部(包括钻柄、钻舌)。钻头的尾部除供装夹外，还用来传递钻孔时所需扭矩。钻柄有圆柱形和圆锥形之分。

(2)颈部(钻颈)。位于钻头的工作部分与尾部之间，磨钻头时颈部供砂轮退刀使用。

(3)工作部分。包括切削部分和导向部分，切削部分担负主要的切削工作，钻孔时导向部分起引导钻头的作用，同时还是钻头的备磨部分。导向部分的外缘有棱边称之为螺旋刃带，这是保证钻头在孔内方向的两条窄螺旋。钻头轴线方向和刃带展开线之间的夹角称为螺旋角 ω。

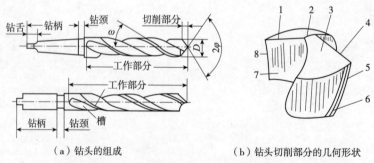

（a）钻头的组成　　　　　　（b）钻头切削部分的几何形状

1.主刃；2.横刃；3.后刀面；4.主刃；5、8.副刃；6.副后刀面；7.前刀面。

图6-1　钻头的组成和钻头切削部分的几何形状

钻头按工作部分的形状，可分为圆柱体钻头和螺旋体钻头。螺旋体钻头有螺旋槽可以更好容屑和排屑，这在钻深孔时尤其需要。本节着重讨论钻头的切削部分，它包括前刀面、后刀面、主刃、横刃、沉割刀和导向中心等。

前刀面：当工作部分为螺旋体时，即为螺旋槽表面，是切屑沿其流出的表面。

后刀面：位于切削部分的端部，它是与工件加工表面（孔底）相对的表面，其形状由刃磨方法决定，可以是螺旋面、锥面和一般的曲面。

主刃：钻头前刀面和后刀面的交线，担负主要的切削工作。横向钻头的主刃与螺旋轴线垂直，纵向钻头的主刃与螺旋轴线呈一定角度。

锋角：又叫钻头顶角（2φ），它是钻头两条切削刃之间的夹角。在钻孔时锋角对切削性能的影响很大，锋角变化时，前角、切屑形状等也引起变化。

横刃：钻头两后刀面的交线，位于钻头的前端，又叫钻心尖。横刃使钻头具有一定的强度，担负中心部分的钻削工作，也起导向和稳定中心的作用，但横刃太长钻削时轴向阻力过大。

沉割刀：钻头周边切削部分的切削刃，横向钻削时，用于在主刃切削木材前先割断木材纤维。沉割刀分为楔形和齿状两种。

导向中心：在钻头中心切削部分的锥形凸起，用于保证钻孔时的正确方向。

6.1.1.2　钻削方式

根据钻削进给方向与木材纤维方向夹角的不同，可以把钻削分为横向钻削和纵向钻削两种。

钻削进给方向与木材纤维方向垂直的钻削称之为横向钻削，如图 6-2（a）所示。不通过髓心的钻削为弦向钻削，通过髓心的钻削为径向钻削。横向钻削时要采用锋角 180°、具有沉割刀的钻头，此时沉割刀做端向切削把孔壁的纤维先切断，然后主刃纵横向切削孔内的木材，从而保证孔壁的质量。

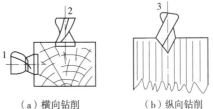

（a）横向钻削　　　　（b）纵向钻削
1. 弦向钻削；2. 径向钻削；3. 端横向钻削。

图 6-2　不同方向的钻削

钻削进给方向与木材纤维方向一致的钻削被称之为纵向钻削，如图 6-2（b）所示。用于纵向钻削的钻头，刃口相对钻头的轴线倾斜，锋角小于 180°，即锥形刃磨的钻头，这时刃口成端横向钻削而不是纯端向钻削。

中心钻头横纤维钻削时（图 6-3），钻头绕自身轴线旋转为主运动 V，与此同时钻头或工件沿钻头的轴线移动为进给运动 U。一般在钻床上主运动 V 和进给运动 U 都是由钻头完成的。

在图 6-3 中，钻头的周边突出的刃口为沉割刀，钻头端部的刃口 a 和刃口 b 称为主刃，正中突出的部分称之为导向中心。钻削木材工件时，沉割刀先接触木材沿孔壁四周将木材切开，然后再由主刃切削木材，其导向中心是为了保证正确

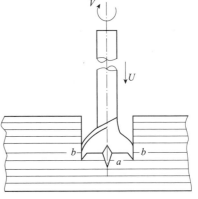

图 6-3　中心钻头横纤维钻削

的钻削方向。

钻削时 V 和 U 是同时进行的，因此，相对运动速度 V' 为这两种运动速度的向量和（$\vec{V'}=\vec{V}+\vec{U}$）。刃口各点的相对运动轨迹为螺距相同、升角不同的螺旋线，钻削时切屑形成如图6-4所示。

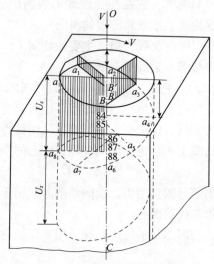

图6-4 钻削时切屑形成过程

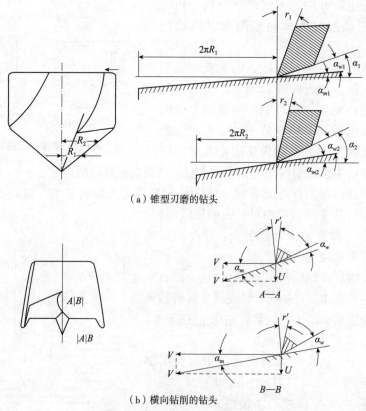

（a）锥型刃磨的钻头

（b）横向钻削的钻头

图6-5 钻削时钻头角度的变化

钻削时主刃的运动后角可按式(5-1)计算：

$$\alpha_m = \arctan\frac{U}{V} = \arctan\frac{U_n}{2\pi R} \tag{5-1}$$

显然，当半径 R 减小时，则 α_m 增加。因为工作后角 $\alpha_w = \alpha - \alpha_m$，所以，在 α 不变时 α_m 增加，α_w 便减小。这就是说，靠近钻头中心处刃口的 α_m 最大，α_w 最小，表示摩擦阻力增大，切削条件变坏。上述后角的变化在选择和刃磨钻头的角度值时必须考虑。

为了保证钻头靠近中心的刃口处在正常的切削条件，必须有足够大的后角。纵向钻削的钻头可采取锥形刃磨的方法，使后角从钻头周边向中心处逐渐增加(图 6-5 半径 R_2 处的后角 α_2 大于半径 R_1 处的后角 α_1)，便能达到上述目的。横向钻削时的钻头必须选择适当的钻头名义角度：后角 $\alpha = 15° \sim 20°$；前角 $\gamma = 40° \sim 50°$。

6.1.2　钻头类型及应用

钻头除了用于钻孔外，还可以用于钻去工件上的木节或切制圆形薄板等。钻头的结构决定于它的工作条件，即相对于纤维的钻削方向、钻孔直径、钻孔深度以及所要求的加工精度和生产效率。钻头的结构有多种。钻头的结构必须满足下列要求：①切削部分必须有合理的角度和尺寸；②钻削时切屑能自由地分离并能方便、及时排屑；③便于多次重复刃磨，重磨后切削部分的角度和主要尺寸不变；④最大的生产效率和最好的加工质量。

一般钻头要全部满足上述要求是极为困难的，就现有钻头而言，也只是部分地满足要求。不同结构的钻头，如图 6-6 所示。

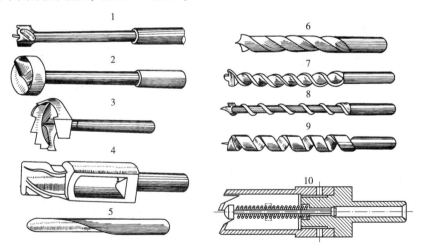

1. 圆柱头中心钻；2. 圆形沉割刀中心钻；3. 齿形沉割刀中心钻；4. 空心圆柱钻；5. 匙形钻
6. 麻花钻；7. 螺旋钻；8. 蜗旋钻；9. 螺旋起塞钻；10. 圆柱形锯子。

图 6-6　钻头的类型

6.1.2.1　圆柱头中心钻

钻头端部呈圆柱形，具有两条刃口，带有一条螺旋槽，如图 6-7 所示。此钻头主要供横纤维钻浅孔用，但是，它可以在较大的进给速度下钻削比平头简单中心钻较深的孔。

中心钻的尺寸参数：$D = 10 \sim 60mm$，$L = 120 \sim 210mm$，$h = (0.25 \sim 0.5)D$，$h_1 = U_{max}$。钻削时必须考虑 α_m 的影响，其角度值：$\alpha = 20° \sim 25°$，$\beta = 20° \sim 25°$，$\delta = 40° \sim 50°$。

强制进给时因 α_m 较大，必须采用较大的后角。为了使切屑形成良好，$\delta < 40° \sim 50°$。当钻削松木时 $\beta_{min} = 20° \sim 25°$，此时 $\alpha = 20° \sim 25°$。

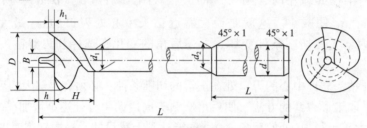

图 6-7　圆柱头中心钻

6.1.2.2　圆形沉割刀和齿形沉割刀中心钻

圆形沉割刀钻头[图 6-8(a)]具有两条主刃用以切削木材，沿切削圆具有两条圆形刃口(即圆形沉割刀)，用来先切开孔的侧表面，沉割刀凸出主刃水平面之上 0.5mm。齿形沉割刀钻头[图 6-8(b)]，其齿形沉割刀几乎沿钻头整个周边分布，钻头只有一条水平的主刃。

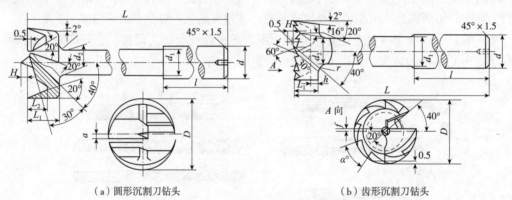

（a）圆形沉割刀钻头　　　　　（b）齿形沉割刀钻头

图 6-8　沉割刀钻头分类

上述两种钻头的直径 D 分别为 $10 \sim 50mm$ 和 $30 \sim 100mm$，$U < 1.0mm/r$；$V_{max} = 2m/s$。切削部分的角度值 α、β、γ 均等于 $30°$。为了避免钻头侧表面的摩擦，使钻头内凹 $2°$。

这两种钻头通常固定在刀轴上，钻柄为圆柱形，主要用于横纤维钻削不深的孔、钻木塞及钻削胶合的孔等。

6.1.2.3　圆柱形锯(空心圆柱形钻)

圆柱形锯(图 6-9)具有类似锯片的锯齿，锯齿分布在钻的周边，锯齿的前齿面和后齿面都斜磨，其角度参数一般为：斜磨角 $\phi = 45°$；后角 $\alpha = 30°$；楔角 $\beta = 60°$。它的中间部分是中心导向杆和弹簧，弹簧用来推出木片或木塞。

钻木塞的圆柱形锯 $D = 20 \sim 60mm$，此时外径与内径之差 $D - D_1 = 5mm$。根据机床夹具结构不同，钻柄一般为圆柱形或圆锥形。圆柱形锯的优点是生产率高、加工质量好和功率消耗小，多用来钻通孔和钻木塞等。

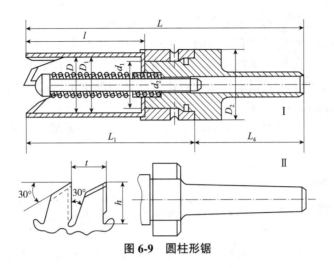

图 6-9　圆柱形锯

6.1.2.4　匙形钻

匙形钻分为匙形钻和麻花匙形钻两种，都可作顺纤维钻孔之用(图 6-10)。匙形钻头仅有一条刃口，钻头上开有一条排屑用的纵向槽，单刃钻头由于单向受力，在钻削过程中除了容易使其轴线偏离要求的方向之外，在钻削深孔和钻削用量较大时，切屑容易在槽内被压缩，以致在钻削过程中要多次提起钻头排除切屑。

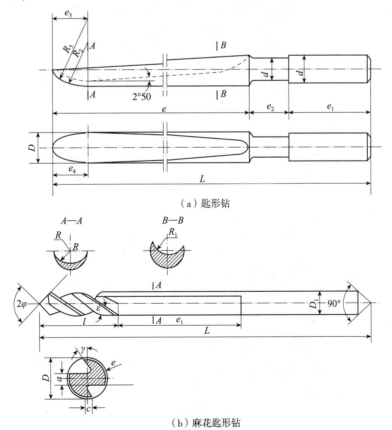

（a）匙形钻

（b）麻花匙形钻

图 6-10　顺纤维钻削用钻头

麻花匙形钻的结构比匙形钻更合理，钻头从端部起至距离端部 $l = (2 \sim 2.5)D$ 处止，具有螺旋槽，在螺旋槽后面又有纵向槽。这种结构能保证形成两条具有标准切削角度的刃口(锋角为 $60°$)，并保证能把切屑较好地排出孔外，它的刚性比麻花钻还大。据研究，在同一进给条件下，其扭矩和轴向力比麻花钻约减少 $1.3 \sim 2.0$ 倍，比排屑良好的匙形钻低 $2.5 \sim 3.0$ 倍。

匙形钻切削部分直径 $D = 6 \sim 50\text{mm}$，$U_n = 4 \sim 5\text{mm}$。麻花匙形钻螺旋角 $\omega = 40°$，锋角 $2\phi = 60°$。

6.1.2.5　螺旋钻

具有螺旋切削刃口的钻头叫螺旋钻，按其形状可分为螺旋钻、蜗旋钻和螺旋起塞钻三种。

螺旋钻是在圆柱杆上按螺旋线开出两条方向相反的半圆槽(图 6-11)，半圆槽在端部形成两条工作刃。螺旋钻容易排屑，可用于钻深孔。螺旋角 $\omega = 40° \sim 50°$；刃口部分 $\alpha = 15°$ 左右。端部有沉割刀的螺旋钻做横向钻削之用。

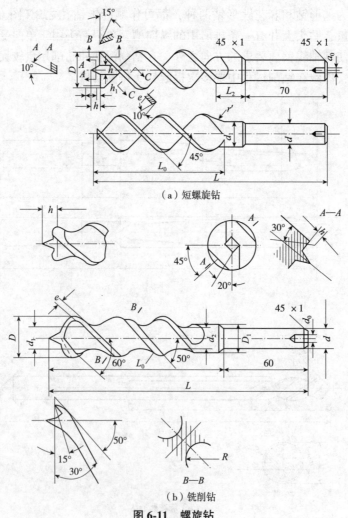

（a）短螺旋钻

（b）铣削钻

图 6-11　螺旋钻

螺旋钻还有长短之分，短螺旋钻[图 6-11(a)]主要用来钻削直径较大而深度不深的孔，D 为 20mm，L_0 为 100mm、110mm 和 120mm。长螺旋钻供钻削较深的通孔用，D 为 10～50mm，L_0 为 400～1100mm。

蜗旋钻是圆柱形杆体的钻头，围绕其杆体绕出一条螺旋棱带。棱带在端部构成一条工作刃口，在端部的另一条工作刃是很短仅一圈的螺旋棱带(图 6-12)。由于这种钻头的强度较大，并且螺旋槽和螺距大，因而它的容屑空间大，易排屑，适用于钻削深孔。机用空心方凿中的钻芯就是蜗旋钻。

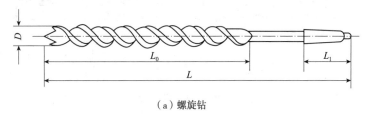

（a）螺旋钻

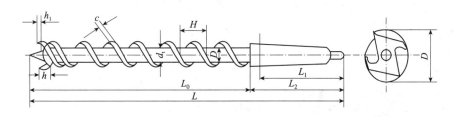

（b）蜗旋钻

图 6-12　长螺旋钻

螺旋起塞钻是把整个杆体绕成螺旋形状构成工作刃的钻头，它无钻心。这种钻头容纳切屑的空间特别大，排屑最好，适合于钻削深孔。但是，由于只有一条刃口，钻削加工时单面受力，钻头容易偏歪，此外，其强度也较弱。

上述长钻头(螺旋钻、蜗旋钻和螺旋起塞钻)都做成锥形钻柄，以便牢固地装入钻套，而短的螺旋钻或蜗旋钻，则多做成为圆柱形或锥形钻柄。

麻花钻(图 6-13)是螺旋钻的一种，与其他螺旋钻相比，麻花钻螺旋体的形状不同，它背部较宽，螺旋角 ω 较螺旋钻小，螺距也较小。木材切削用的麻花钻与金属切削用的标准麻花钻(标准麻花钻指刃磨锋角等于设计锋角，主刃为直线刃，前刀面为螺旋面的钻头)基本相同，主要参数有 2φ、ω、γ、α 等。它们的主要差别是切削部分的形状不同。根据钻削要求，在木工钻头中麻花钻的结构较合理，因其具有以下特点：

(1)麻花钻的螺旋带较大，可磨出一条刃口，并且经多次刃磨以后仍能保持切削部分的尺寸、形状和角度不变。

(2)顶端可磨成所需要的形状，如锥形、平面等。

(3)保证高的生产效率和钻削质量。

(4)可以横纤维钻削，也可以顺纤维钻削。横纤维钻削时锋角为 180°并具有沉割刀和导向中心；顺纤维钻削时则按锥形刃磨，锋角为 60°～80°。

麻花钻因为容屑比其他螺旋钻差，所以多用于钻削深度不深的孔，D 为 10～20mm；ω 为 20°～25°。当钻削较大直径的孔时，宜采用 ω 为 45°的钻头，使钻削力下降。当强

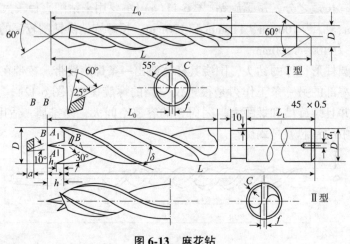

图 6-13　麻花钻

行进给时应考虑 α_m，这时应加大 α，使之达到 α 为 $25°\sim30°$。

6.1.2.6　扩孔钻

扩孔钻用作局部扩孔加工或成型深加工。扩孔钻有如下几种(图 6-14)：

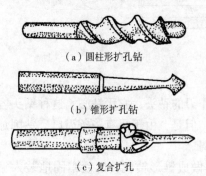

（a）圆柱形扩孔钻

（b）锥形扩孔钻

（c）复合扩孔

图 6-14　扩孔钻

（1）具有导向轴颈的圆柱形扩孔钻，用于在木制品上钻削埋放圆柱头螺栓用的圆柱孔。

（2）锥形扩孔钻，用于钻削埋放螺钉用的锥形孔，由于螺钉头的锥角为 $60°$，所以锥形扩孔钻的锥角也为 $60°$。锥形扩孔钻直径 D 有 10mm、20mm、30mm 等规格，钻柄为圆柱形以固定在夹具和卡盘中。

（3）具有钻头的复合扩孔钻，用作扩孔的同时加工成型面。

如图 6-15（b）和图 6-15（c）所示为锥形加深和扩孔用的复合扩孔钻，用它扩孔和锥形加深只需一道工序便可完成。

具有钻头的圆柱形扩孔钻，用于钻削圆孔的同时扩出阶梯形圆柱孔。圆柱形扩孔钻钻头的直径尺寸较多，其 α、γ 角和 h 值等与同一直径的麻花钻相同。复合扩孔钻安装时内外螺旋槽要对齐，以便于排屑。

如图 6-16 所示为圆柱形锯的复合锥形扩孔钻，用于木制零部件上制取锥形孔。为减少进给力和改善加工质量，在圆锥形扩孔钻扩孔时，刃口不沿母线而与其成一定角度配置，该角度决定于扩孔钻直径，在 $10°\sim16°$ 内变化。

6.1.2.7　硬质合金钻头

硬质合金钻头主要用于刨花板、纤维板和各种装饰贴面板上的钻孔加工，它有两种类型：硬质合金中心钻和硬质合金麻花钻。试验表明：硬质合金麻花钻与同类钻头比较，寿命高 $4\sim9$ 倍，进给速度大 $1\sim2$ 倍。

硬质合金中心钻[图 6-17（a）]在钻削薄木饰面木质刨花板时：D 为 30mm，U_z 为

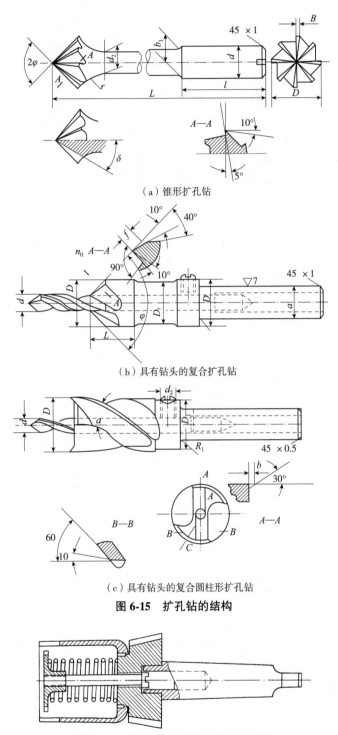

（a）锥形扩孔钻

（b）具有钻头的复合扩孔钻

（c）具有钻头的复合圆柱形扩孔钻

图 6-15　扩孔钻的结构

图 6-16　有圆柱形锯的复合锥形扩孔钻

0.6mm，n 为 3000r/min，钻削深度为 25mm，得出主刃的最佳角度参数为：γ 为 30°，α 为 15°~20°，δ 为 60°。试验表明，当 δ 恒定时，主刃在一定范围内增加，将引起切削力的轴向分力和扭矩减少；当 α 不变时，δ 从 60°增至 80°，轴向分力和扭矩将增加。硬质合金中心钻的导向中心最佳高度与钻头直径的关系见表 6-1。

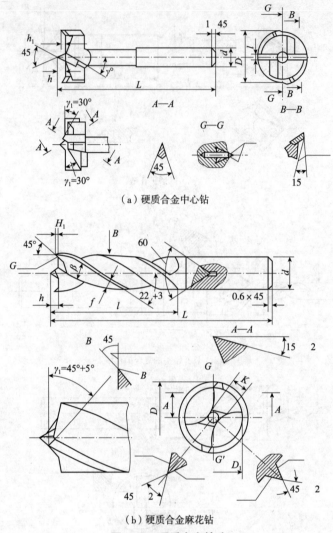

（a）硬质合金中心钻

（b）硬质合金麻花钻

图 6-17　硬质合金钻头

表 6-1　硬质合金中心钻的导向中心最佳高度与钻头直径的关系　　　　mm

钻头直径	15	20, 25, 30	35, 40
导向中心高度	3.6	4.3	4.6

6.2　钻床分类

家具部件上的孔按工艺要求可分为圆孔和槽孔（又分圆弧槽底的槽孔和平槽底槽孔），这些孔主要用于与相应零部件上的榫头结合。所以应具有一定的精度和表面质量的要求。常用的圆孔及长圆孔钻床有单轴圆孔钻床、多轴圆孔钻床、手动进给立式圆孔及圆长孔钻床、手动进给卧式圆孔及圆长孔钻床、手动去节补孔钻床和自动去节补孔钻床等。

在钻圆孔的机床中，手动(或脚踏)进给立式单轴钻床最普遍。在这种机床上，主轴向固定在工作台上的工件做进给移动，以实现钻削加工，但也有相反的情况，即钻轴不移动，工作台带动工件向钻头做进给移动。

工作台有不同的结构，分别为固定式、可倾斜式、可升降式、可水平移动式等。由于工作台运动的多种变化，扩大了钻床的功用，既可钻削圆孔，又可根据工艺需要，增加钻头与工件间纵向运动和水平运动，以便实现长圆孔钻削加工。工件相对于刀具的定位方法有：按照工件的划线定位，用规定行程挡块或用钻模定位。

主轴可用电机经带传动驱动或通过联轴节将主轴直接装在电机轴上直接驱动。

为了提高钻床主轴转速，可采用大变速比的升速机构由电机直接带动。常用的电机配 V 带传动的方案，可以保证结构紧凑、传动可靠。但主轴转速不能根据加工的不同情况及所选用的钻头直径随时进行变换。另外，移动电机的刀架较只移动主轴所需的操纵力大。为了平衡主轴，可采用重锤装置或弹簧装置。

在大批生产中，为了在工件上按所需的排列顺序，同时钻出几个孔，可采用多轴钻床，主轴数目多达 30 根以上，这种钻床通常是立式，也有卧式。对于立式钻床，工件固定在工作台上，钻头垂直进给，钻头的移动可用机械、液压或气压传动来实现。液压传动或气压传动能更好地调节进给速度，并可以进行自动化控制，提高生产率。

多轴钻床的主轴可根据工件上拟加工孔的数量、位置和结构尺寸要求，进行水平、倾斜以及组合布局的调整。其各钻轴间的回转运动依靠齿轮传动，并根据主轴数分组传动，每组都有单独的电机驱动。

多轴钻床的主轴大多数装在主轴箱内，主轴箱可相对工件垂直、水平移动或倾斜。

木工钻床的种类很多，通常可按轴数(单轴、双轴、多轴)、钻轴位置(立式、卧式、可倾斜式)、控制方式(手动、半自动、自动、数控等)、具体加工对象(通用型、专用型)以及钻孔深度等，从不同的角度进行分类。按照国际标准 ISO/DIS 7984—1986 的规定，木工钻床共分为以下三大类八个品种：

①钻床(也可以具有多轴钻削头)；

②多轴钻床，下分主轴中心距固定和中心距可调两个品种；

③专用钻床，主要品种有修补节疤钻床、圆榫孔钻床、深孔钻床、吸音板钻床以及其他专用钻床。

国家标准 GB/T 12448—2010 将木工钻床分为五组。详细分类见表 6-2。

表 6-2　木工钻床(MZ)分类

名称	组代号	系代号	机床名称	主参数	第二主参数
立式多轴钻床	4	1	立式多轴钻床	最大钻孔直径	轴数
		2	立式多轴可调钻床	最大钻孔直径	轴数
立式单轴钻床	5	1	立式单轴钻床	最大钻孔直径	
		9	台式木工钻床	最大钻孔直径	
卧式钻床	6	0	卧式单轴木工钻床	最大钻孔直径	
		4	卧式多轴木工钻床	最大钻孔直径	轴数

（续）

名称	组代号	系代号	机床名称	主参数	第二主参数
多轴排钻床	7	1	单排多轴木工钻床	排的最多轴数	
		2	双排多轴木工钻床	排的最多轴数	
		3	多排多轴木工钻床	排的最多轴数	轴数
专用钻床	8	0	节疤钻床	最大钻孔直径	
		1	单轴圆孔榫钻床	最大钻孔直径	

6.3　立式单轴木工钻床

立式单轴木工钻床主要用于工件的圆孔及长圆孔加工（图6-18）。机床主要由机身1、机头4和支架2、工作台3及升降机构、主轴操纵机构等零部件组成。

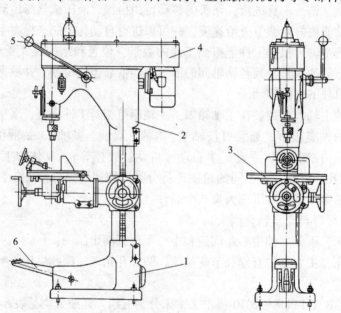

1. 机身；2. 支架；3. 工作台；4. 机头；5. 手柄；6. 踏板。

图6-18　立式单轴木工钻床外形图

6.3.1　结构与工作原理

立式单轴木工钻床的结构如图6-19所示。整体式的机座16由铸铁铸造，立柱19和控制主轴套筒升降的脚踏板28铰接在连接在顶部的圆孔和侧壁上。立柱19通过外圆与机座16的内孔表面精密配合，并由轴肩及螺钉18定位和紧固。立柱19的上部与机头壳体21相连。在机头壳体21上装有钻床主轴部件及主轴的传动部分，电机22垂直固定在壳体上，通过带传动4带动装在主轴上的带轮3。主轴2通过滚动轴承26和轴承端盖31装在主轴套筒1中，主轴套筒1的外部与控制它升降的杠杆机构铰接，操纵手柄9或脚踏板28可使主轴套筒1沿着机头壳体的孔壁垂直升降，从而实现刀具相对工件的垂直进给。主轴电机 22 相对主轴轴线的水平位置通过电机上的张紧装置作适当的调整，以保证更换传动带并使主轴具有足够的拉曳力。主轴的下端装有可装卸的三爪卡头 32，可方便地更换各种刀具。主轴套筒的升降距离由定程杆 10 控制。

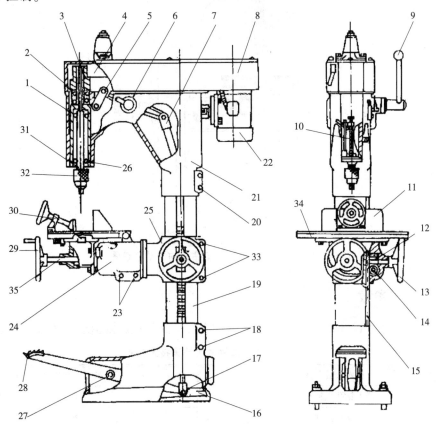

1. 主轴套筒；2. 主轴；3. 带轮；4. 带传动；5、6、7. 杠杆机构；8. 铁板防护罩；9. 操纵手柄；10. 定程杆；
11. 靠板；12. 蜗杆；13、29. 手轮；14. 蜗轮；15. 齿条；16. 机座；17. 转动轴；18、20、23、33. 螺钉；
19. 立柱；21. 壳体；22. 电动机；24. 筒形支架；25. 三通支架；26. 滚动轴承；27. 销轴；28. 脚踏板；
30. 螺旋夹紧器；31. 轴承端盖；32. 三爪卡头；34. 工作台；35. 轴。

图 6-19　立式单轴木工钻床结构图

工件用螺旋夹紧器 30 夹紧于工作台平面和靠板 11 侧平面上，工作台装在三通支架 25 上，松开螺钉 33，转动手轮 13 经蜗杆 12、蜗轮 14、齿轮、齿条 15，实现工作台 34 沿立柱 19 升降，调到要求的位置后，拧紧螺钉 33。转动手轮 29 经齿轮、齿条可以实现工作台 34 沿水平导轨移动，实现工件相对主轴（或刀具）的水平进给。为了加工与基准面成一角度的孔和槽，工作台必须进行角度调整。调整时，首先松开筒形支架 24 下部的两个螺钉 23，即可进行工作台的角度调整。工作台可以绕立柱 19 作 360°的调整，调整前须先松开三通支架上的螺钉 33。

为了工作安全，机床上装有铁板防护罩 8，在防护罩内装有使主轴迅速停车的制动器和主轴迅速复位的弹簧。

6.3.2　传动系统

立式单轴木工钻床的传动系统如图 6-20 所示。

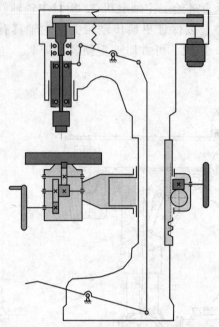

图 6-20　立式单轴木工钻床的传动系统图

6.3.3　技术参数

以 MZ515 型立式单轴木工钻床为例，介绍立式单轴木工钻床的技术参数，详见表 6-3。

表 6-3　立式单轴木工钻床技术参数

技术参数名称	技术参数值
最大钻孔直径/mm	50
最大钻孔深度/mm	120
最大铣槽深度/mm	60
最大铣槽长度/mm	200
主轴中心线到机床立柱表面的距离/mm	445
主轴转速/(r/min)	2900，4350
工作台面积/mm	600×400
工作台升降距离/mm	400
工作台可绕机床立柱回转的角度/°	360
电机功率/kW	1.5
外形尺寸(长×宽×高)/mm	1350×600×1900
自重/kg	4200

6.4　圆榫榫槽机

圆榫榫槽机主要用于加工槽底为圆弧的槽孔或圆孔(图 6-21)。这种机床的工作原理如图 6-22 所示。被加工工件由工作台上的气动夹紧装置夹紧，刀轴 2、刀轴 4 分别装在电机 3 的伸出轴端，整个切削刀架装在滑板 6 上，由连杆 7 与偏心轮 8 相连，偏心轮 8 的偏心量可根据榫孔长度来调节。工作时电机 10 带动偏心轮做圆周运动，进而通过连杆 7 带动滑板及刀轴作沿着槽孔长度方向的往复运动。刀轴以高速(约 8000r/min 以上)旋转。整个切削运动是刀轴的旋转和工作台的往复进给合成运动。进给速度可由阻尼油缸来调节。

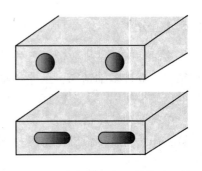

图 6-21　圆榫榫槽机加工的榫孔形状

工作台可以向左右倾斜 20°，以加工斜榫槽。

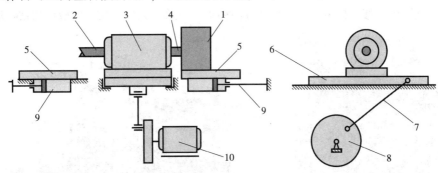

1.工件；2、4.刀轴；3、10.电动机；5.移动工作台；6.滑板；7.连杆；8.偏心轮；9.气缸。

图 6-22　圆榫榫槽机工作原理简图

图 6-23 为圆榫榫槽机的外形图。该机床主要由床身、左右工作台、刀轴及传动机构、润滑机构、气动系统和电气系统等组成。床身 1 为钢板焊接结构，左工作台 7 和右工作台 3 对称安装在床身 1 的两侧，工作时，分别由气缸推动，交替向刀轴 5 进给。即当一个工作台夹持工件进给切削时，另一个工作台则退回到末端，处于卸料和上料工位。工件在工作台上靠气缸压紧。

6.5　多轴钻床

以各种人造板为基材制造家具的机械设备主要有锯切裁板、封边、钻孔、铣型和加工中心等。钻孔机械是三大类板式家具加工机械之一，钻孔也是板式家具制造的关键工艺环节之一，直接关系到家具的装配精度和外观质量。

目前大部分的钻孔机械是垂直钻排和水平钻排相结合的多排钻，使用前需根据板件的钻孔位置计算出水平钻排和各垂直钻排的位置以及需要安装钻头的钻夹位置和钻头尺寸，通过移动水平钻排和多个垂直钻排的位置，各钻排定位且钻头装好后将需钻孔的板件水平放置定位，可以实现一次动作完成全部孔位加工，加工效率高，适合批量生产。

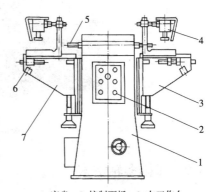

1.床身；2.控制面板；3.右工作台；
4.压紧气缸；5.刀轴；6.进给机构；7.左工作台。

图 6-23　圆榫榫槽机外形图

6.5.1 分类

多轴钻床按钻排数量进行分类可分为单排多
轴钻床、双排多轴钻床、三排多轴钻床和多排多轴钻床。单排多轴钻床、双排多轴钻床
目前已较少使用，大多数家具生产企业使用三排至九排的多排多轴钻床。

单排多轴钻床（图 6-24）只有一组水平钻排，人工将板材放置在定位基准面，上方
气缸、压块组成压板机构将板材固定，一次加工单个侧面的水平孔。加工尺寸范围不
大，效率较低。

三排多轴钻床（图 6-25）有一组水平钻排和两组下垂直钻排，同时具有单侧垂直钻孔
和单侧水平钻孔的功能，一次可完成两个面的孔位加工。人工上料，主机架采用龙门架结
构，下垂直钻排和移动托架均可沿板宽方向移动，可适应大幅面尺寸的板件的钻孔加工。

图 6-24　单排多轴钻床

图 6-25　三排多轴钻床

多排多轴钻床（图 6-26）有两组水平钻排和若干组垂直钻排，根据生产需求可选择
下垂直钻排和上垂直钻排的数量，一次可完成三个或四个面的孔位加工；有自动送料、
定位、夹紧功能，加工效率更高。

图 6-26　多排多轴钻床

6.5.2 多排多轴钻床

6.5.2.1 用途和功能

多排多轴钻床在使用前须根据板件上的钻孔位置计算并调节各钻排位置，以及需要

在对应的钻夹位置安装合适尺寸的钻头。使用前的调试工作，决定了多排多轴钻床比较适合于尺寸相同、成批量板件的生产。

如图 6-27 所示是一款多排多轴钻床，该机械主要由主机架、送料机构、定位机构、夹紧机构、上垂直钻排机构、下垂直钻排机构、左侧水平钻排机构、右侧水平钻排机构、侧压板机构、上压板机构等组成。

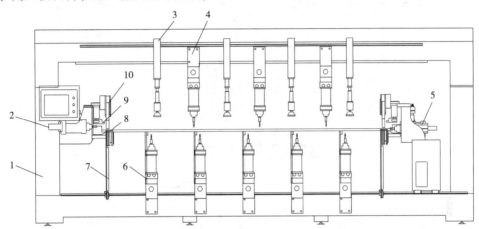

1. 主机架；2. 左侧水平钻排机构；3. 上压板机构；4. 上垂直钻排机构；5. 右侧水平钻排机构；
6. 下垂直钻排机构；7. 送料机构；8. 夹紧机构；9. 侧压板机构；10. 定位机构。

图 6-27　多排多轴钻床

6. 5. 2. 2　结构部件

（1）主机架

如图 6-28 所示，多排多轴钻孔机床身部分由底座、左支撑座、右支撑座、上座、移动支撑座等组成。底座和上座是有连接垂直钻排的导轨滑块，加工时根据钻孔位置调节垂直钻排在主机架 X 方向的位置。移动支撑座与在底座的导轨滑块连接，可使右侧水平钻排对不同宽度尺寸的板材进行加工。上压板机构与导轨滑块连接可根据板宽尺寸调节至相应的位置。

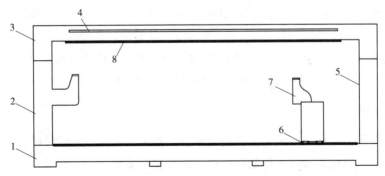

1. 底座；2. 左支撑座；3. 上座；4. 上压板导轨滑块；5. 右支撑座；
6. 下座导轨滑块；7. 移动支撑座；8. 上座导轨滑块。

图 6-28　主机架

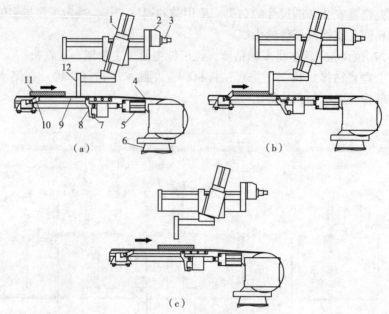

1.挡块升降气缸；2.数显表；3.调节螺杆；4.输送带；5.夹板气缸；6.输送电机；
7.顶块；8.摆动块；9.输送带支撑槽；10.夹紧块；11.板件；12.挡块。

图6-29 送料、定位、夹紧系统

(2)送料、定位、夹紧系统

如图6-29所示是一种多排多轴钻床的送料、定位、夹紧系统结构简图。图6-29(a)中工件进料前须根据板件加工信息调节挡块12的位置，挡块12作为板件定位的Y方向基准。旋转调节螺杆3将挡块12调节至合适的位置，调节量可通过数显表2直接读取。进料时，输送电机6驱动输送带4在输送带支撑槽9内运动，带动板件11往进料方向输送。板件进入加工区域触发进料感应开关，挡块升降气缸1动作，带动挡块12沿床身Z向下降，为板件提供定位基准面。图6-29(b)中板件接触挡块12时触发到位感应开关，夹板气缸5带动顶块7回缩，摆动块8逆时针旋转输送带支撑槽9、输送带4下降，板件11跟随下降至工作台上。夹板气缸6的回缩动作同时带动夹紧块10往挡块12方向运动，夹紧板件11，完成板件的进料、定位和夹紧动作。如图6-29(c)所示，板件完成加工后，夹板气缸6伸出，带动夹紧块远离板件11。同时带动顶块7伸出，推动摆动块8顺时针选择，带动输送带支撑槽9和输送带4上升。挡块升降气缸1缩回，带动挡块12斜向远离板件11。输送电机5正转启动，带动输送带4运动完成板件出料动作。

(3)压板机构

板件在多排钻孔机上完成定位夹紧动作后，侧压板机构和上压板机构需要将板件压紧在工作台上，防止钻孔时出现偏移和抖动影响加工质量。

图6-30是一种侧压板的结构简图。当板件完成送料、定位夹紧动作后，侧压板气缸1伸出，带动扭转臂5转动，扭转臂5连接滚轮2和联动杆3组成联动装置，同时导向块6为两侧气缸作导向和支撑，保证了两侧压板气缸1能同步且平稳地运动，带动压杆4把待加工板件压紧在工作台上。

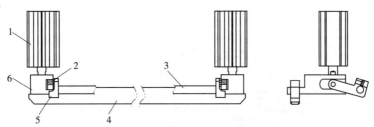

1. 侧压板气缸；2. 滚轮；3. 联动杆；4. 压杆；5. 扭转臂；6. 导向块。

图 6-30 侧压板机构简图

图 6-31 是一种上压板的结构简图。通过横向可调手柄 1 调节上压板垫块 4 在铝材 5 上的位置，以适应不同宽度尺寸的板材，通过可调手柄 2 调节上压板垫块 4 在 Z 方向的位置以适应不同厚度的板材。当板件完成送料、定位夹紧动作后，上压板气缸 3 伸出，带动上压板垫块沿 Z 方向运动，把待加工板件压紧在工作台上。

（4）垂直钻孔机构

图 6-32 是一种垂直钻孔机构的结构简图。上垂直钻孔机构通过上座导轨滑块 1 与上座 2 连接并在其上移动，下垂直钻孔机构通过下座导轨滑块 16 与下座 17 连接并在其上移动。根据板件信息计算出各垂直钻排的位置，移动上、下垂直钻孔机构至床身 X 方向的合适位置，各垂直钻排相对基准面的当前位置可由电子磁栅自接读出。通过横移调节手柄 6 和 13 调节钻

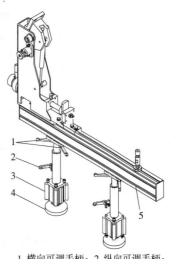

1. 横向可调手柄；2. 纵向可调手柄；
3. 上压板气缸；4. 上压板垫块；5. 铝材。

图 6-31 上压板机结构简图

排沿床身 Y 方向运动，移动距离可由数显表 7 和 12 直接读出。通过深度调节手柄 5 和 15 调节钻孔深度，钻孔深度数值可由数显表 4 和 14 直接读出。在上垂直钻排 9 和下垂直钻排 10 合适的钻夹位置上安装所需要的钻头尺寸，上垂直钻排电机 8 和下垂直钻排电机 11 启动，带动上垂直钻排 9 和下垂直钻排 10 所有钻杆同时旋转。上垂直钻排气缸 3 和下垂直钻排气缸 18 动作，带动钻头沿 Z 方向运动，完成钻孔加工。

（5）水平钻孔机构

图 6-33 是一种水平钻孔机构的结构简图。左侧水平钻排固定连接主机架上，加工板件左侧水平孔。右侧水平钻排固定连接在移动支撑座 10 上，通过底座导轨滑块 11 沿主机架 X 方向移动以适应不同板宽，相对于基准面的当前位置可由电子磁栅直接读出。通过 Z 方向调节手柄 3 和 5 调节钻排沿床身 Z 方向运动，当前位置可由数显表 4 和 6 直接读出。通过深度调节手柄 2 和 9 调节钻孔深度，钻孔深度数值可由数显表或刻度盘直接读出。在右水平孔钻排 12 和左水平孔钻排 13 合适的钻夹位置上安装所需要的钻头尺寸，右水平孔钻排电机 7 和左水平孔钻排电机 15 启动带动右水平钻排 12 和左水平钻排 13 所有钻杆同时旋转。右水平排气缸 8 和左水平排气缸 14 动作，带动钻头沿 X 方向运动，完成钻孔加工。

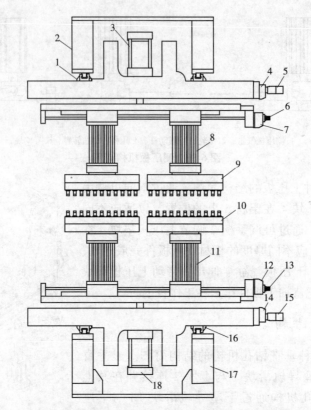

1. 上座导轨滑块；2. 上座；3. 上垂直钻排气缸；4. 数显表；5. 深度调节手柄；6. 横移调节手柄；7. 数显表；
8. 上垂直钻排电机；9. 上垂直钻排；10. 下垂直钻排；11. 下垂直钻排电机；12. 数显表；13. 深度调节手柄；
14. 数显表；15. 横移调节手柄；16. 下座导轨滑块；17. 下座；18. 下垂直钻排气缸。

图 6-32　垂直钻孔机构结构简图

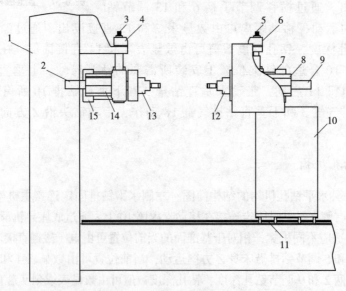

1. 左支撑座；2. 深度调节手柄；3. Z方向调节手柄；4. 数显表；5. Z方向调节手柄；6. 数显表；
7. 右水平钻排电机；8. 右水平钻排气缸；9. 深度调节手柄；10. 移动支撑座；11. 底座导轨滑块；
12. 右水平钻排；13. 左水平钻排；14. 左水平钻排气缸；15. 左水平钻排电机。

图 6-33　水平钻孔机构的结构简图

6.5.2.3　技术参数

多排多轴钻床主要技术参数见表 6-4~表 6-6。

表 6-4　国产多排多轴钻床主要技术参数

技术参数名称	技术参数值
加工长度/mm	300~935
加工宽度/mm	300~3360
加工厚度/mm	10~70
钻头转速/(r/min)	2800
钻排电机功率/kW	1.5

表 6-5　意大利 BIESSE 多排多轴钻床主要技术参数

技术参数名称	技术参数值
加工长度/mm	≤672
加工宽度/mm	215~3200
加工厚度/mm	9~65
钻头转速/(r/min)	4000
钻排电机功率/kW	1.7

表 6-6　德国 HOMAG 多排多轴钻床主要技术参数

技术参数名称	技术参数值
加工长度/mm	100~1000
加工宽度/mm	250~3000
加工厚度/mm	12~60

第7章
开榫机

在木制品生产中，零部件结合方式以榫结合较为普遍。榫结合是将榫头嵌入榫槽内的结合，制造榫头的过程称为开榫，所用加工机械为开榫机。开榫是实木加工的核心技术，也是实木家具和板式家具区分的明显特征，可以说开榫机是实木家具机械最独特的设备。

榫结合的种类很多，在家具结构和生产中，榫头的基本类型可分为：直角框榫、直角箱榫、燕尾榫、圆榫和椭圆榫等(图 7-1)。直角框榫和椭圆榫主要用于框架构件的结合。直角箱榫和燕尾榫主要用于箱体构件及抽屉等构件的结合。圆榫多用于家具板件的结合。

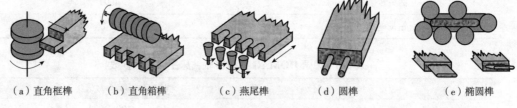

(a)直角框榫　　　(b)直角箱榫　　　(c)燕尾榫　　　(d)圆榫　　　(e)椭圆榫

图 7-1　榫头的基本类型

开榫机按榫头种类，可分为框榫开榫机，包括单面开榫机和双面开榫机；箱榫开榫机，包括直角箱榫开榫机和燕尾榫开榫机；椭圆或圆榫开榫机，包括单工作台开榫机和双工作台开榫机。

开榫机按机械化程度，可分为手工进料开榫机和机械进料开榫机。

7.1　单面框榫开榫机

单面框榫开榫机以加工框榫为主，通常采用手工进料，少数配有机械进给，如输送带进给、油(气)缸往复进给等。单面框榫开榫机还可以进行板件尺寸校准和截头等加工。

图 7-2 为横向铣削榫头的单面开榫机工作原理图。在工件的一边装有六个刀头，如图 7-2(a)所示。圆锯片 2 在工件长度方向齐头。两个水平刀头 3 加工榫头，然后两个垂直刀头 4 加工榫肩，最后槽铣刀 5 加工榫槽。相当多的榫头为直角榫头无须加工出榫肩，这样就只需要四个刀头，如图 7-2(b)所示，以及圆锯片 2、端向开榫刀头 6 和槽铣刀 5。

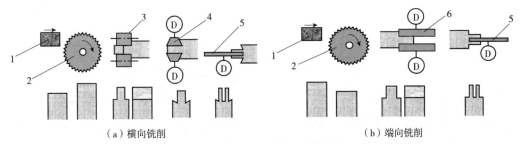

（a）横向铣削　　　　　　　　　　　　（b）端向铣削

1. 工件；2. 圆锯片；3. 水平刀头；4. 垂直刀头；5. 槽铣刀；6. 端向开榫刀头。

图 7-2　横向铣削榫头开榫机工作原理图

7.1.1　手工进料单面开榫机

手工进料单面开榫机可根据具体情况任选进给速度，能加工直角榫、直角斜肩榫以及斜榫。所以该机得到广泛应用，特别适用于中小型家具企业进行单件、中小批量的生产，但操作工人的劳动强度相对较高。

7.1.1.1　基本结构

手工进料单面开榫机结构简单，操作维修方便，由床身、切削机构、小车托架、进给小车及操作机构等组成（图 7-3）。

①床身。在机床床身上安装所有的切削刀架、进给小车和调节操纵等机构，要求有足够的强度、刚度及抗振性。

②切削机构。切削机构由截头圆锯 4、上水平刀架 8、下水平刀架 7，上垂直刀架 14，下垂直刀架 23 和中槽刀架 12 六个刀架组成。上水平刀头 6、下水平刀头 5 和上垂直刀头、下垂直刀头 11 分别装在复式刀架上，它们均安装在床身的立柱 9 上。上水平刀头、下水平刀架和上垂直刀架、下垂直刀架的升降，由立柱中的丝杠和刀架上的螺母完成。

③进给小车托架。机床床身右侧固定有进给小车托架 22，它主要由导轨支座 21，滑座 18，四只滚轮 19 及镶条式导轨 20 构成，每一个滚轮内装有两对单列向心球轴承，而下滑座上装有带密封的单列向心球轴承，以便进给小车及滑座沿着导轨的水平移动灵活轻便。小车与滑座之间支撑丝杠 17，可使小车倾斜一定角度（0°~30°），以便加工有角度的榫头或斜截头。进给小车工作台 16 固定在进给小车上。在工作台上装有偏心垂直压紧器 2 和定位装置 3 以保证有效地夹紧。在工作台上固定有靠板，它与进给小车运动方向垂直，以保证加工过程中工件的正确定位。

7.1.1.2　传动系统

单面开榫机的传动系统如图 7-4 所示。机床共有六个刀头，截头圆锯 19、上水平刀头 11、下水平刀头 18、上下垂直刀头及中槽铣刀 12，均由单独电机驱动。机床的启动与停机是通过电气控制板上的按钮来操作的。

7.1.1.3　技术参数

国产手动单面开榫机的技术参数见表 7-1。

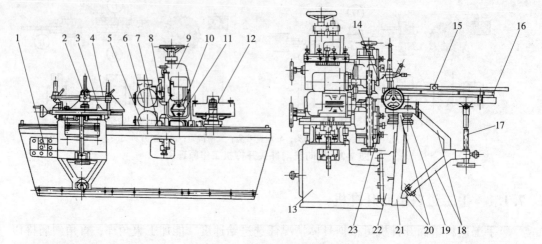

1. 电气控制板；2. 偏心垂直压紧器；3、15. 定位装置；4. 截头圆锯；5、6. 水平刀头；7、8. 水平刀架；9. 立柱；
10、11. 垂直刀头；12. 中槽刀架；13. 床身；14、23. 垂直刀架；16. 进给小车工作台；17. 支撑丝杠；18. 滑座；
19. 滚轮；20. 镶条式导轨；21. 导轨支座；22. 进给小车托架。

图 7-3　手工进料单面开榫机

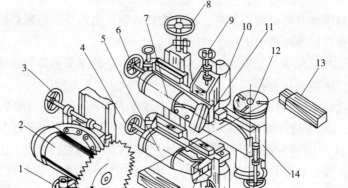

1、3、4、6、8、9、15、17. 调整手轮；2、5、7、10、14、16. 电动机；11、18. 水平刀头；
12. 中槽铣刀；13. 工件；19. 截头圆锯片。

图 7-4　单面开榫机的传动系统图

表 7-1　国产手动单面开榫机的技术参数

技术参数	MX2116B	MX2116A	MX2116B	SM006	SM007	MX2112A
最大榫头长度/mm	160	160	160	100	125	160
被加工榫头宽度/mm	6~100	6~90	8~100	8~100	80	100
被加工最大宽度/mm	350	350	430	400	300	350
刀头数/个	6	4	6	4	6	6
工作台高度/mm	820	750	—	—	830	830
工作台行程/mm	1900	2240	—	—	1900	1900

（续）

技术参数		MX2116B	MX2116A	MX2116B	SM006	SM007	MX2112A
截头圆锯/ mm	锯片直径	400	300	355	355	350	350
	水平行程	160	160	—	—	150	150
	垂直行程	125	125	125	—	125	125
水平切削头/ mm	切削直径	170	173	200	170	170	
	水平行程	50	50	—	—	50	
	垂直行程	100	100	—	—	100	
垂直切削头/ mm	切削直径	170	—	170	—	170	
	水平行程	40	—	—	—	40	
	垂直行程	40	—	—	—	40	
中槽铣刀/ mm	切削直径	350	350	350	350	310	350
	水平行程	170	160	—	—	125	
	垂直行程	120	120	—	—	100	
电机/ (kW, r/min)	截头圆锯	2.2, 2870	2.2, 2870	2.2, 2870	2.2, 2870	2.2, 2860	
	水平刀头	1.5, 2870	1.5, 2870	2.2, 2870	2.2, 2870	1.5, 2860	
	垂直刀头	0.8, 2810	—	0.8, 2820	—	0.8, 2810	
	中槽铣刀	3, 2900	2.2, 2870	3, 2900	4, 2900	3, 2860	
外形尺寸(长×宽×高)/ mm		—	—	—	—	2460×2140×1450	
自重/kg		—	—	—	—	1475	1495

7.1.1.4　调整

（1）截头圆锯的调整

截头圆锯相对于铣刀的位置决定了榫头的长度尺寸。圆锯的调整包括水平与垂直方向的调整，分别由调整手轮 3 和调整手轮 1 通过丝杠螺母机构完成（图 7-4）。

（2）上水平刀头、下水平刀头的调整

榫头加工应采用基孔制原则，即以与其相应的榫眼尺寸为依据来调整加工榫头刀具的各参数。水平刀头的调整包括：两刀头同时上下移动，两刀头水平移动及上、下两刀头之间距离（榫头厚度）的调整。图 7-5 为上水平刀头、下水平刀头调整的结构图。转动手轮 1，通过丝杠 3、丝杠 4 使上水平刀架 2、下水平刀架 5 同时上升或下降。如将手轮取下装入另一根丝杠或把手轮提至

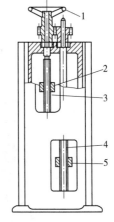

1.手轮；2、5.螺母（刀架）；3、4.丝杠。

**图 7-5　上水平刀头、下水平刀头
调整的结构图**

键以上转90°，则齿轮下部的半圆槽和键啮合，又可调整每一水平刀架的移动。水平刀头前后水平位置的调整是通过手轮经丝杠螺母机构使溜板沿燕尾形导轨移动实现的。两刀架水平方向的调整，必须使两刀头的齐头切削刃在一个垂直面内。中槽铣刀的升降和水平位置的调整也是通过丝杠螺母机构来实现的。

（3）工作台的调整

工作台的调整包括加工斜榫、直榫斜肩时的调整和滚轮与导轨磨损间隙的调整。在加工斜榫调整时，工作台在垂直面内作倾斜转动(图7-6)。转动手轮3，通过装在进给小车下滑座4内的丝杠螺母机构2带动工作台1作倾斜运动。加工直榫斜肩的调整，可通过水平旋转工作台上的靠板来实现(图7-7)。松开固定螺钉4，靠板3和工件1在工作台2上可绕小轴5转动，根据所需角度进行调整。

机床使用一段时间后，滚轮与导轨之间就有一定的磨损，它们之间的间隙增大，从而影响进给小车的运动精度，此时就要作间隙调整(图7-8)。松开螺母1，转动偏心轴3，使滚轮5与导轨4之间的间隙得到补偿。由于偏心轴的调整，使上滑座2的位置发生移动，同时下滑座也要产生位移，因为上滑座、下滑座刚性连接。这样下滑座也要进行调整。松开螺母3转动偏心轴2使下滑座4与导轨1之间的位置得到调整(图7-9)。

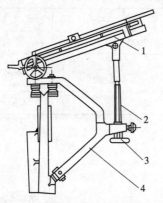

1. 工作台；2. 丝杠螺母机构；3. 手轮；4. 下滑座。

图7-6 加工斜榫工作台的调整

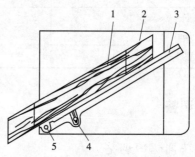

1. 工件；2. 工作台；3. 靠板；4. 紧固螺钉；5. 小轴。

图7-7 加工直榫斜肩时靠板的调整

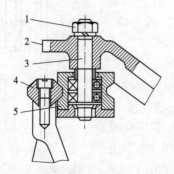

1. 螺母；2. 上滑座；3. 偏心轴；4. 导轨；5. 滚轮。

图7-8 滚轮与导轨之间间隙调整

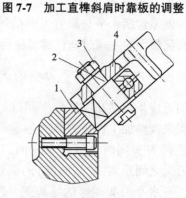

1. 导轨；2. 偏心轴；3. 螺母；4. 下滑座。

图7-9 下滑座间隙调整

7.1.2　机械进料单面开榫机

机械进料单面开榫机切削机构与手工进料单面开榫机相同，采用进给小车机械进给提高机床的机械化程度并减轻了操作工人劳动强度，改善了工作条件。

7.1.2.1　工作原理

图 7-10 为机械进给框榫开榫机的工作原理示意图。如图 7-10(a)所示，钢丝绳 2 在绳轮 4 上缠绕，钢丝绳的两端紧固在进给小车的两端，由电机 3 通过减速器带动绳轮 4 作正反向转动，从而带动钢丝绳连同小车作往返进给运动。如图 7-10(b)所示也是采用钢丝绳带动进给小车，只是带动绳轮的是作往返运动的液压缸 6，液压缸活塞杆与齿条 5 相连，通过齿条作往复运动带动与绳轮同轴的齿轮作正反旋转运动，从而实现进给小车的进料运动。图 7-10(c)为链条挡块进给，链条 8 由链轮 10 带动沿导轨 7 运动，装在链条上的挡块 9 推动工件 1 作进给运动。图 7-10(d)表示工作台固定不动，刀架 11 带动刀头作水平往复运动，实现对工件 1 的自动进给。图 7-10(e)表示刀架 11 带动刀头沿垂直导轨作上下运动，从而实现对工件 1 的自动进给。

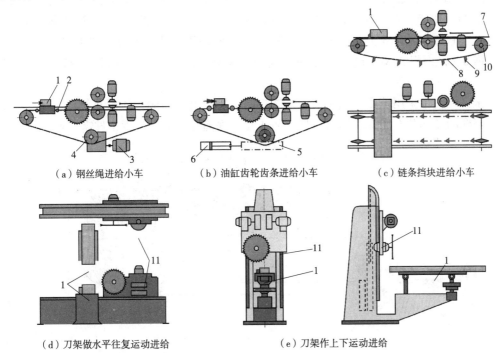

（a）钢丝绳进给小车　　　　（b）油缸齿轮齿条进给小车　　　　（c）链条挡块进给小车

（d）刀架做水平往复运动进给　　　　（e）刀架作上下运动进给

1. 工件；2. 钢丝绳；3. 电动机；4. 绳轮；5. 齿条；6. 液压缸；7. 导轨；8. 链条；9. 挡块；10. 链轮；11. 刀架。

图 7-10　机械进给框榫开榫机工作原理图

图 7-11 为液压进给单面框榫开榫机的原理图。床身 1 为柱形，在床身上装有刀架，刀架安装在电机轴上，第一个刀架为安装在电机上的圆锯刀架 7，用于工件的截头。第二个和第三个刀架为开榫铣刀组 8，垂直布置。第四个为中槽铣刀 9，用于加工榫槽。床身上侧面装有圆导轨 10、推车 4 下面装有辊子沿导轨 10 移动。

进给小车用作固定基准，安放工件。在推车上装有导尺 5、挡块 3、端面挡块 2 和液压夹紧装置 6。推车工作台可以借助丝杠倾斜安装，倾斜角度可达 20°。

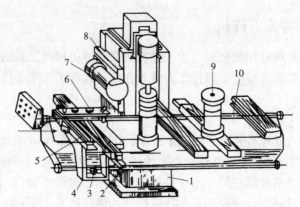

1. 床身；2. 端面挡块；3. 挡块；4. 推车；5. 导尺；6. 液压压紧装置；7. 圆锯刀架；
8. 开榫铣刀组；9. 中槽铣刀；10. 导轨。

图 7-11   液压进给单面框榫开榫机的原理图

7.1.2.2   传动系统

图 7-12 为机械进料单面开榫机的传动系统图。增速机构采用液压缸，液压缸 1 带动齿条 11 和齿轮 12 运动，由轴 I 通过齿轮传动传至轴 II，带动链轮 2 和链条 3 运动。进给小车固定在链条 3 上，当链条运动时，进给小车随之沿着导轨 9 和 10 顺次通过截头圆锯 6、铣刀组 5 及中槽刀头 4 而完成进给运动。进给速度采用液压控制，可无级调速。

压紧装置也采用液压控制。液压缸 7 控制上压紧器，而侧向压紧靠液压缸 8，液压缸活塞杆的端部装有压板以压紧工件，防止在工件离开刀具时出现工件末端劈裂。

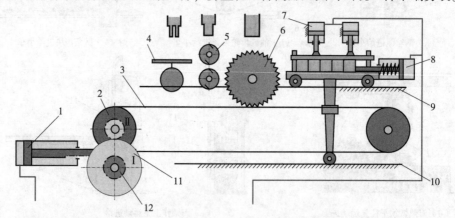

1、7、8. 液压缸；2. 链轮；3. 链条；4. 中槽刀头；5. 铣刀组；6. 截头圆锯；9、10. 导轨；11. 齿条；12. 齿轮。

图 7-12   机械进料单面开榫机的传动系统图

7.2   双面开榫机

双面开榫机是两面同时加工榫头的机床。一般为通过式，采用输送带进给，大大提高了生产效率。

7.2.1　工作原理

图 7-13 为链条挡块进给的双面框榫开榫机的示意图。机床的框式床身上装有两组组件：左边组件与床身刚性联结不能移动，而右边的组件可以根据工件的长度在导轨上移动进行调整。每个组件都装有四个刀架，在某些机床上装有 12 个刀架甚至更多。

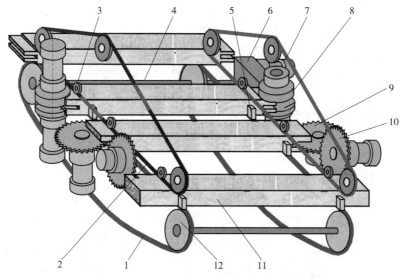

1. 链条；2. 橡胶V带；3. 压紧辊轮；4. 传动轴；5. 挡块；6. 蜗杆减速器；7. 电动机；8. 铣刀组；9. 中槽刀头；10. 截头圆锯；11. 工件；12. 链轮。

图 7-13　双面框榫开榫机的示意图

双面框榫开榫机的切削机构与单面框榫开榫机相拟，一般每面为四个或六个刀架。进给机构为两条平行的输送链条。电机通过蜗杆减速器 6 及传动轴 4 带动链轮 12 转动，链轮带动链条 1 作进给运动，工件 11 放在链条上，由装在链条上的挡块 5 推送，顺序通过截头圆锯 10，中槽刀头 9 和铣刀组 8 加工出榫头。在链条的上方，工件的上部装有两条被动橡胶带 2，它们在压紧滚轮 3 的作用下压紧工件。在某些双面框榫开榫机上压紧装置为主动。

7.2.2　传动系统

图 7-14 中双面框榫开榫机的进给机构为输送带进给。工件安放在输送带 1 上，在固定立柱 9 和移动立柱 24 之间通过。刀架立柱上装有截头圆锯刀架 8，由电机 M_1、电机 M_2 驱动。电机 M_3 和电机 M_4 带动中槽刀架 7。铣刀组 6 由电机 M_5 和电机 M_7 驱动。每个刀架都有三个运动方向，利用相应的手柄进行调整（角度调整手柄 12，水平调整手柄 11 和垂直调整手柄 10）。进给输送带由两条链条组成，它们沿着导轨 4 移动，在链条上装有挡块 5 以推送工件。进给链的传动由可控硅直流电机 M_9 驱动，可进行无级调速。电机通过离合器 19 和蜗杆传动 18，链传动 20 传至输送带的链轮轴 17，从而带动输送带实现进给运动。

压紧装置为两根橡胶 V 带 3，在其上有压紧辊轮 2 压紧工件。橡胶 V 带通过带轮 15 带动，带轮 15 的转动由传动轴 17 通过齿轮传动 13 和伸缩轴万向节 14 传递。

左刀架立柱 9 为固定的，右刀架立柱 24 可根据工件的长度进行调整。调整运动通

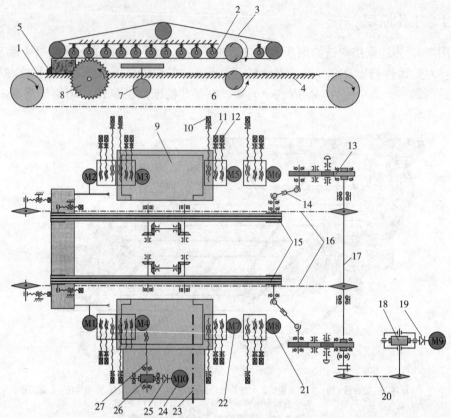

1. 输送带；2. 压紧辊轮；3. 橡胶V带；4. 导轨；5. 挡块；6. 铣刀组；7. 中槽刀架；8. 截头圆锯刀架；9. 固定立柱；
10、11、12. 调整手轮；13. 齿轮传动；14. 万向节；15. 带轮；16. 传动链；17. 传动轴；18、26. 蜗杆减速器；
19、25. 离合器；20. 链传动；21、22. 电动机；23. 导轨；24. 移动立柱；27. 丝杠。

图 7-14　双面框榫开榫机的传动系统图

过电机 M_{10}、离合器 25、蜗杆减速器 26 及丝杠 27 实现，蜗杆传动在丝杠螺母机构中又充作螺母。整个刀架立柱沿导轨 23 移动。

7.2.3　双面开榫机

典型双面开榫机可进行截头、裁边、铣平面、开榫、开槽、铣削斜榫、倒棱和成型边加工等多种作业。加工对象为实木或人造板等。

图 7-15 为双面开榫机上所能完成的加工工艺示意图。图中(a)使用划线锯片和截头粉碎组合锯片进行板材边缘修整；(b)使用自动划线锯片和截头粉碎组合锯片进行板材镶条的修整；(c)使用仿型划线锯进行弯曲板材的边缘修整；(d)使用垂直刀头进行边缘修整和定尺寸加工；(e)使用进料履带里面的锯片完成截断；(f)使用进料履带里面的刀具完成开槽加工；(g)使用修整锯片进行截断；(h)使用修整和截头粉碎组合锯片进行截头；(i)指榫加工；(j)斜榫加工；(k)斜榫槽加工；(l)使用组合刀头的榫头加工；(m)双榫加工；(n)使用前后排列的铣刀头完成的铣削加工，可避免木材撕裂；(o)燕尾榫槽加工；(p)燕尾榫边缘加工；(q)成型边的加工。

如图 7-16 所示，双面开榫机由床身、立柱、锯片刀架组、铣刀组、进给机构、压紧机构和操纵台等组成。

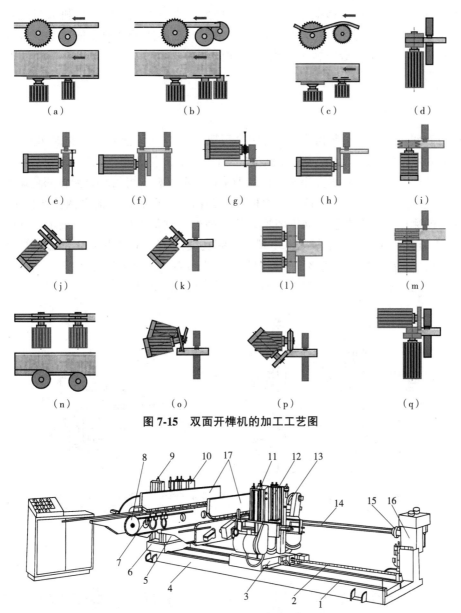

图 7-15　双面开榫机的加工工艺图

1.导轨；2.丝杠；3、6.立柱底座；4.床身；5.固定立柱；7.张紧装置；8.链轮；9、11.前立柱；10、12.后立柱；13.按钮；14.传动轴；15.联轴器；16.变速装置；17.带压紧装置。

图 7-16　典型双面开榫机

(1) 床身

机床的床身 4 由钢板焊接而成，上面装有两根导轨 1，导轨上面装有固定立柱 5 和可移动的立柱部分。

(2) 立柱

固定立柱由前立柱 9，后立柱 10 和固定立柱底座 6 组成。移动立柱部分与固定立柱部分结构基本相同，仅个别的刀轴布局略有差别，它由前立柱 11，后立柱 12 和可移动立柱底座 3 组成。移动立柱可根据工件尺寸进行移动调整,电机通过蜗杆减速装置减速,蜗轮上装有螺母与丝杠 2 配合,由于丝杠不能转动也不能移动,故蜗轮转动时带动移动立柱底座沿导轨 1 作水平方向的调整运动。按钮 13 用于精确调整移动立柱的位置。

(3)锯切刀架

锯切刀架包括划线圆锯和截头粉碎组合刀架。图 7-17 为前立柱上的锯切刀架结构。复合刀架固定于转动圆盘 10,圆盘装在水平溜板 6 上,并借调整丝杠 13 绕水平溜板转动 360°。水平溜板装在垂直溜板 8 上,借助手柄转动丝杠 5 可沿垂直溜板的燕尾导轨在水平方向上调整刀架的位置,调整量由标尺 7 标出。垂直溜板 8 借手柄及丝杠 15 沿在立柱 9 上的燕尾导轨作垂直运动以调整刀架的高度,调整量由标尺 14 表示。截头粉碎圆锯片 11 直接装在电机 4 的轴上,电机 4 上装在支架 12,在支架伸出部分安装有划线锯 1 的电机 2,借丝杠 3 可调整划线锯刀架的水平位置。立柱安装在底座 17 上,而底座安装在机床的床身上。加工出的锯末和碎料由排屑器 16 排出。

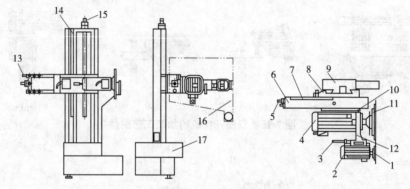

1. 划线锯;2、4. 电动机;3、5、13、15. 丝杠;6. 水平溜板;7、14. 标尺;8. 垂直溜板;
9. 立柱;10. 转动圆盘;11. 截头粉碎圆锯片;12. 支架;16. 排屑器;17. 底座。

图 7-17 前立柱上的锯切刀架

(4)铣削刀架

柱上的铣刀复合刀架结构示意图。后立柱前、后各装有一个铣刀复合刀架。图 7-18 为开榫机后立柱上的铣刀复合刀架结构示意图。

前复合铣刀架固定在转动圆盘 17 上,转动圆盘装在水平溜板 20 上,它相对水平溜板可旋转 360°,用丝杠 8 来调节。水平溜板装在沿立柱 3 上的燕尾导轨移动的垂直溜板 19 上,借丝杠 5 的手柄可调节刀架的高度。水平溜板可借助丝杠手柄 18 沿燕尾导轨相对垂直溜板作水平调整运动。刀架的水平和垂直方向的调整量可在相应的标尺上表示出。开榫铣刀直接装在电机 9 的轴上,除此之外,电机 9 还通过带传动带动安装在附加轴 10 上的铣刀,以适应某些开槽及修整加工。铣刀轴 10 的升降靠气缸 6 控制,行程靠丝杠 7 上的螺母调节气缸的行程实现。气缸的动作由微动开关 15 和微动开关 16 控制,微动开关的位置可根据需要调节。

铣刀的复合刀架结构与前刀架基本相同,只是没有安装附加铣刀。如图 7-18 中 21 为后面刀架的水平溜板调整丝杠手柄,19 为后刀架垂直溜板,22 为后刀架转动圆盘,

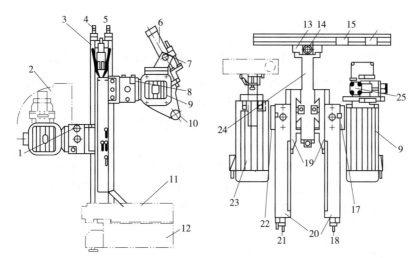

1、8.调整丝杆；2.吸尘口；3.立柱；4、5、7.丝杠；6.气缸；9、23、25.电动机；10.附加轴；
11.底座；12.床身；13.支架；14.压紧器升降调节丝杆；15、16.微动开关；
17、22.转动圆盘；18、21.手柄；19.垂直溜板；20.水平溜板；24.支架。

图 7-18　开榫机后立柱上的铣刀复合刀架结构示意图

23 为后刀架的电机，它们的功能与前面刀架的功能相同。

立柱 3 安装在立柱底座 11 上，而底座安装在床身 12 上。

（5）进给机构

双面开榫机的进给机构为履带进给机构。由电机通过变速装置 16，联轴器 15 传至传动轴 14。传动轴带动两对链轮 8 从而带动履带做进给运动。变速机构由无级变速器和蜗杆减速器组成，因此进给速度为无级调速，调速范围为 3～8m/min 或 5～35m/min，可通过手柄调节。

进给履带板由链条带动，支承在导向圆导轨和支承平面导轨上，履带的从动轮上设有弹簧张紧装置 7 以保持履带恒定的张力，履带上装有弹性挡块，以推送工件。两履带上的弹性挡块必须调整至同一平面内，以保证加工精度。平时挡块在弹簧的作用下处于上面的位置，当工件表面积较大时，工件可将挡块压入履带平面内。履带板和链条采用耐磨金属材料制成，故具有较长的使用寿命并能保证相应的精度。

后立柱的内侧悬伸两个支梁，下支梁用以安装进给履带支架。上支承梁安装压紧器支架。

（6）压紧机构

双面开榫机压紧机构为两条无端的皮带压紧装置 17，通过传动轴 14 及齿轮传动传至压紧皮带的带轮，从而带动皮带运动。V 带内周表面安装有多个带弹簧的小辊轮，使皮带对工件产生一定的压力，以保证工件在加工时不产生跳动和移动。

与调整旋钮 5 同轴的齿轮 21 空套于轴上（图 7-19），通过调整旋钮 5 调节摩擦离合器的摩擦力，以达到调节压紧皮带的运动速度。当放松离合器时，压紧皮带无驱动力。为了确保移动立柱部分的履带和压紧皮带随立柱一起移动，故链轮、齿轮和传动轴 18 间采用滑键结构。

（7）导尺

在机床固定部分，进给履带外侧装有导尺以保证工件精确地安放在履带上（图7-20）。工件放置在支承导板9上，端面靠向导尺7由履带8带动进给进行加工。导尺7通过两根连杆6与钢板5组成四杆机构。拉簧10使导尺总是靠紧偏心轴4，并使导尺7有一定的侧向弹性量，移动量的大小由另一偏心销来控制。钢板5通过螺钉安装于溜板3上，溜板3带动导尺7沿导轨1作水平移动，移动量可由标尺2示出，可通过手轮12带动丝杠控制。导尺的高度位置调节可通过两个螺钉11实现。

移动立柱10的调整是通过电机6，蜗杆减速器8、丝杠7带动立柱10在导轨11上作水平调整运动，运动速度可通过手柄9实现调整。

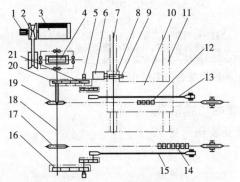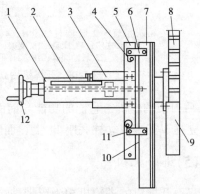

1. 手轮；2. 无级变速器；3、6. 电动机；4、8. 蜗杆传动；
5. 调整旋钮；7. 丝杠；9. 手柄；10. 移动立柱；11. 导轨；
12、14. 履带；13、15. 压紧皮带；16、20. 齿轮组；
17、19. 链轮；18. 传动轴；21. 齿轮。

图7-19　双面开榫机传动系统图

1. 导轨；2. 标尺；3. 溜板；4. 偏心轴；5. 钢板；
6. 连杆；7. 导尺；8. 履带；9. 支承导板；
10. 拉簧；11. 螺钉；12. 手轮

图7-20　侧向导尺结构图

7.3　地板开榫开槽机

实木地板加工过程中需要进行开榫开槽。榫有纵向榫与横向榫之分，有凸榫与榫槽之分，有直角榫、燕尾榫和锯齿榫之分。实木地板四面榫属于纵横向直角榫，有两个凸榫、两个榫槽。

实木地板四面榫的加工靠单个铣头多次加工很麻烦。如果采用两个铣头同时加工，可一次性完成装夹，提高效率。综合比较采用两个立式主轴，工件平放，盘铣刀加工的方案比较好。盘铣刀能很好完成多面直榫，两个盘铣刀组合可方便加工凸榫部分。为防止铣头碰撞工件，可采用大直径铣刀，也增加了走刀的行程。进给采用四轴方案比较好，与三轴相比轨迹简单、效率高。

QMX3820D是青城机械公司制造的集锯切、铣榫于一体的履带进给的双端齐边开榫机为例，介绍地板开榫开槽生产机械的特点及技术参数。

（1）机身其床身采用优质铸件整体浇注而成，经特殊处理和五面体龙门加工中心精密加工，其性能稳定，刚性好，精度佳。

（2）送料采用高精度同步履带，其性能稳定、运行平稳，定位准确稳定可靠，噪声低。

（3）主轴采用特殊材料，经特殊处理、精密加工和装配，铣刀主轴转速达7000r/min，具有运行平稳，加工质量佳的优点。

（4）送料系统配置硬齿面减速机和进口变频器，实现变频调速送料，送料速度达5~20m/min。

（5）对定宽直线导轨和移动丝杆，配置固定式防护罩，解决以前因木屑粉尘卡死导轨的问题，保证定宽精准。

（6）配置料斗机构，实现木地板人工上料和自动送料加工，可大大提高加工效率，减轻工人强度。

（7）配置定宽直线导轨固定护罩4个水平等高块调节孔，方便用户进行机床水平校对和安装。

（8）可选购配置，根据用户需要取掉铣轴部件，对木制品进行双端锯切齐边定长作业，其加工效率高、质量好。

表7-2列出了QMX3820D双端齐边开榫机（地板专用）的技术参数。

表 7-2　QMX3820D 双端齐边开榫机的技术参数

序号	参数名称		QMX3820D
1	加工宽度/mm		300~2000
2	加工厚度/mm		10~70
3	送料挡块间距/mm		240
4	铣刀轴转速/(r/min)		7000
5	齐边锯转速/(r/min)		3000
6	铣刀轴径/mm		$\phi 30$
7	装刀直径/mm	下锯	$(\phi 200 \sim \phi 300) \times 25.4$(孔)
		上锯	$(\phi 250 \sim \phi 300) \times 25.4$(孔)
		铣刀	$(\phi 108 \sim \phi 180) \times 30$(孔)
8	电机功率/kW		20.95
		下锯功率	3×2
		上锯功率	3×2
		铣刀功率	3×2
		送料电功率	2.2
		调宽电机功率	0.75
9	吸尘口直径/mm		$6 \times \phi 100$
10	机床外形尺寸/cm		410×250×146
11	机床重量/kg		3250

7.4　直角箱榫开榫机

箱榫开榫机按榫头类型，可分为直角箱榫开榫机和燕尾榫箱榫开榫机；按进给方式，可分为手工进料和机械进料开榫机；按主轴数目，可分为单轴和多轴开榫机。

直角箱榫开榫机用于加工直角箱榫的板件，若装上指接铣刀亦可作短料纵向接长开榫之用。

7.4.1 基本结构

如图 7-21 所示，直角箱榫开榫机一般为立式加工，原理为循环-通过式。开榫铣刀头做旋转运动，工作台做垂直进给运动，从而完成开榫工序。

床身 1 上装有组合铣刀头，由电机 2 通过带传动带动铣刀。在床身支柱 12 上安装工作台 9，工件 8 放在工作台上并靠向端头挡板 4 和侧向挡板 7，工作台的升降进给运动是靠液压缸 11 实现的。压紧机构为液压缸 10，安装在立柱 5 和横梁 6 上，压紧液压缸的位置在水平方向和垂直方向上均可调整。

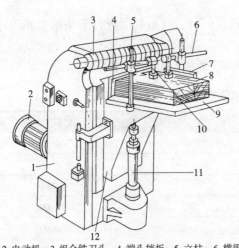

1. 床身；2. 电动机；3. 组合铣刀头；4. 端头挡板；5. 立柱；6. 横梁；7. 侧向挡板；8. 工件；9. 工作台；10、11. 液压缸；12. 床身支柱。

图 7-21 直角箱榫开榫机工作原理图

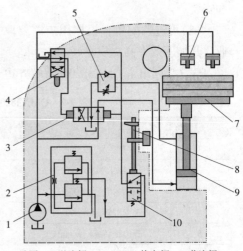

1. 油泵；2. 溢流阀；3、4、10. 换向阀；5. 节流阀；6. 液压压紧器；7. 工作台；8. 拉杆；9. 液压缸。

图 7-22 单面直角箱榫开榫机液压传动系统图

7.4.2 传动系统

液压升降工作台单面直角箱榫开榫机的液压传动系统，如图 7-22 所示，压力油由油泵 1 进入溢流阀 2、换向阀 3 和换向阀 4，换向阀 3 控制压力油的方向使其流入液压缸 9 的活塞腔和活塞杆腔，从而控制活塞运动方向，活塞杆带动工作台 7 作升降进给运动。当液压缸处于下面位置时，工作台的拉杆 8 压向换向阀 10，压力油通过溢流阀 2 流回油箱，而系统中没有压力。当把阀 4 的手柄转到"工作位置"时，停止溢流阀卸荷，系统中的压力升高，液压压紧器 6 压紧工件，而工作台上升。当固定在拉杆 8 上的挡块改变换向阀 4 手柄位置时，则工作台下降。工作台的进给速度由节流阀 5 调节。

7.4.3 单面直角箱榫开榫机

7.4.3.1 基本结构

机械进料单面直角箱榫开榫机由床身 16、主轴 7、工作台 15、压紧器 3、对刀板 13 及电气 10 等部分组成（图 7-23）。

（1）主轴部件。组合铣刀 2 安装在主轴 7 上，由电机通过联轴器直接带动作旋转运动。在刀轴的另一端装在附加支承轴承，靠锥面连接与主轴一起转动，起辅助支承作用。手轮 6 调整锥面摩擦盘的压紧力，5 为锁紧器，当铣刀需要刃磨时，转动手轮 6，摩擦盘脱开。将右侧的轴承外套与手轮等拆下，再将刀具与垫片从机床右边的孔中拔出，非常方便。改变刀具尺寸或形状，则可加工出不同制品的榫头。

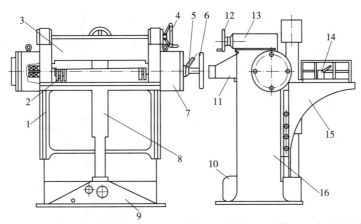

1. 导轨；2. 组合铣刀；3. 压紧器；4、6、12. 手轮；5. 锁紧器；7. 主轴；8. 丝杠螺母机构；
9. 蜗轮蜗杆减速器；10. 电气；11. 排屑口；13. 对刀板；14. 侧向压紧器；15. 工作台；16. 床身。

图 7-23　机械进料单面直角箱榫开榫机

（2）进给部件（工作台）。工作的进给为机械传动，依靠工作台升降实现。由电机通过蜗杆减速器 9 带动丝杠螺母机构 8 使工作台沿导轨 1 升降。工作台升降过程中，电气设计上均有限位控制，以保证安全生产。

（3）压紧装置。上压紧器靠压紧器 3 压紧，转动手轮 4 通过锥齿轮可调节压紧器位置与压力。侧面还设有侧向压紧器 14 使工件靠向靠板。

（4）对刀板。为了保证工件有很高的加工精度，机床设有方便的对刀机构——对刀板 13。转动手轮 12 使铣刀刃口对准对刀板，以保证装刀精度。

加工出的木屑由排屑口 11 吸入吸尘装置统一处理。

7.4.3.2　传动系统

机械进给单面直角箱榫开榫机传动系统，如图 7-24 所示。电机通过蜗杆传动 1 和丝杠螺母机构 2 带动工作台 3 作升降进给运动。转动手轮 15，通过二对锥齿轮 5 及丝杠螺母机构 4 调整压紧器 16 的位置与压力。电机 6 通过联轴器 7 带动刀轴 8 作

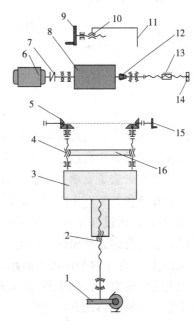

1. 蜗杆传动；2、4、10、13. 丝杠螺母机构；3. 工作台；
5. 锥齿轮传动；6. 电动机；7. 联轴器；8. 刀轴；
9、14、15. 手轮；11. 对刀板；12. 摩擦离合器；16. 压紧器。

图 7-24　机械进给单面直角箱榫开榫机传动系统

旋转运动，主轴右侧又装有附加支承轴承，靠摩擦离合器 12 与主轴相联。转动手轮 14 通过丝杠螺母机构 13 正向可压紧摩擦，反转则可脱开以便换装铣刀。

7.4.3.3　技术参数

机械进给单面箱榫开榫机的技术参数见表 7-3。

表 7-3　单面箱榫开榫机的技术参数

技术参数	MX296	CL-132 手动	CLA-132 电动
工作最大宽度/mm	600	450	450
最大棒头长度/mm	40	38	38
加工件最大厚度/mm	120	120	120
开榫工作速度/(s/次)	30	5~75	5~750
工作台尺寸/mm	850×500	—	—
电机功率/kW	5.5	3.7	3.7
升降电机/kW	—	—	0.75
电机转速/(r/min)	2900	3450	3450
外形尺寸(长×宽×高)/mm	1575×1060×1160	1380×1300×750	1530×1250×850
自重/kg	950	650	670

7.4.4　双面直角箱榫开榫机

图 7-25 为链条进给的双面直角箱榫开榫机的示意图。

机床由固定立柱 22 和移动立柱 23 组成。每个立柱上各装有一个锯片 11 和一个铣刀刀架 3，共四个刀头；锯片由电机 17 直接带动作旋转运动，为通过式加工。而铣刀架上安装有铣刀组 5，为工位式加工。机床进给机构由两组链条组成：外进给链 18 和内进给链 19。在链条上各装有可隐挡块 10 和可隐挡块 12，工作时，工件 7 由料箱 8 落到底部的托板 9 上，当外链条上的挡块沿导轨 13 移动时，导轨将可隐挡块 10 抬起，推动工件作进给运动，通过圆锯片，完成截头工序。锯切完毕，导轨 13 的长度也到此为止，可隐挡块失去了支承，在自重的作用下，绕自身的小轴转动翻倒而隐入链条内，工件则停止在链条的工件 2 位置。此时刀架由驱动轴 1 带动链轮 14 并经螺旋齿轮副 16 使凸轮 20 旋转，通过杠杆 21 上的从动轮使杠杆绕绞点摆动，带动铣刀刀架 3 沿导轨 4 垂直升降，实现进给运动和回程运动，完成箱榫加工。开榫完毕后，内进给链条 19 上的可隐藏挡块 12 在导轨的作用下抬起，将加工完的工件推出机床。

根据工件的宽度，靠手轮 24 通过丝杠 26 可使移动立柱 23 沿导轨 25 作横向移动，可在水平方向调整移动立柱的位置。

为了保证加工精度，防止加工时工件跳动，在切削部位上方装有皮带压紧器 6，皮带为环形带，安装在两个带轮上。链条上挡块的位置、链条速度和刀架升降周期三者之间必须互相协调，并且工件停留的位置也要准确。

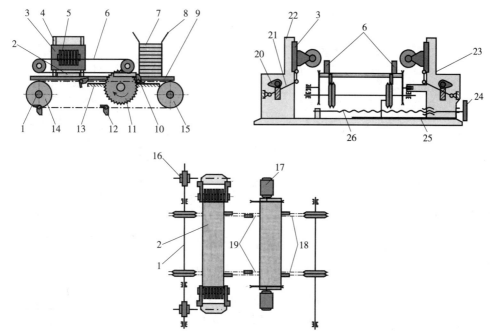

1.驱动轴；2、7.工件；3.铣刀刀架；4、13、25.导轨；5.铣刀组；6.皮带压紧器；8.料箱；9.托板；
10、12.可隐挡块；11.锯片；14、15.链轮；16.螺旋蜗轮蜗杆副；17.电动机；18.外进给链；
19.内进给链；20.凸轮；21.杠杆；22.固定立柱；23.移动立柱；24.手轮；26.丝杠。

图 7-25　链条进给双面直角箱榫开榫机示意图

7.5　圆弧与椭圆榫开榫机

7.5.1　圆弧榫开榫机

自动圆弧榫开榫机是一种机电气联合动作的仿型机床，可以加工椭圆榫和圆榫。在直的或角度变化的板材上加工 1~3 个角度不同的榫头而不需要任何模具。其配合的榫眼为圆榫眼或扁圆榫眼，避免由于应力集中而造成强度降低。

此类机床的生产率高，加工精度高，适合批量生产的家具厂、木器厂及建筑材料厂等加工榫头之用。

7.5.1.1　基本结构

自动圆弧榫开榫机(图 7-26)由床身 1、切削机构 10、工作台 6、压紧机构 9 和电气部分等组成。圆弧榫开榫机的切削刀头为一组合刀头 10，包括圆锯片及铣刀头。刀头除做旋转运动外，也要根据内锥盘和外锥盘的形状做仿型运动。

机床上有两个工作台 6，可在导轨 3 上做水平移动，以改换相对于刀轴的位置，一个工作台加工时，另一个工作台装卸料，两工作台可分别调整，转动调整螺钉 4 可沿导轨 5 移动。在工作台上有靠尺 12 和限位挡块 11 以确定工件的位置。工作台的垂直调整可通过转动手轮 15 使溜板 17 在导轨上做升降运动。转动手轮 19 借助丝杠螺母机构可使工作台做倾斜运动，在 0°~20°之间调整，以加工斜角榫。

如图 7-27 所示，工件的压紧装置为压紧气缸，压紧气缸依靠两个气动阀 13 参与机

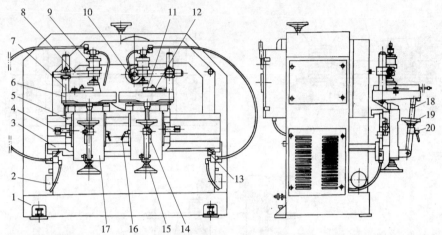

1. 床身；2. 电动机；3、5. 导轨；4. 调整螺钉；6. 工作台；7、8、9. 压紧机构；10. 组合刀头；11. 限位挡块；
12. 靠尺；13. 气动阀；14、16、20. 锁紧手柄；15、19. 手轮；17. 溜板；18. 丝杠。

图 7-26　自动圆弧榫开榫机

床的仿型切削循环运动。当接通右工作台的气路时压缩空气通过换向阀进入压紧气缸的上腔，压紧块压向工件。当工作台左移碰到左边的气动换向阀的滚轮 3 使气路关闭，在压紧气缸 2 内的弹簧作用下，将气缸上腔的压缩空气通过快速排气阀 1 排出，压紧气缸松开，操作者卸下加工好的工件，装好待加工工件。当工作台向右移动时，左边的滚轮换向阀回位，气路接通左边的压紧气缸压紧工件，如此循环工作。

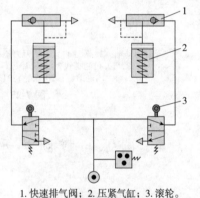

1. 快速排气阀；2. 压紧气缸；3. 滚轮。

图 7-27　自动圆弧榫开榫机
气动系统图

7.5.1.2　传动系统

图 7-28 为机床的传动系统和工作原理图。电机 2 通过带传动 27 带动主轴 14 高速旋转，皮带张紧由双向丝杆 26 调节。主轴加工榫头作仿型运动时，电机 2 能随摆杆 1 作相应的摆动，电机 3 通过带传动 4、蜗杆减速器 5 和带传动 6 带动转子 12 转动。转子通过连杆 15，弹簧机构 13 和安装在主轴另一端的仿型锥 10 沿内仿型锥盘 7 使主轴实现加工圆弧榫头的仿型运动。

电机 16 通过带传动 17，蜗杆减速器 20、偏心销盘 19、连杆 21 带动工作台 24 沿导轨 25 作水平移动。工作台有左右两个，如图 7-28 所示为右工作台上的工作加工状态，而左工作台上完成装卸料作业。工作台换位和铣刀作仿型运动由电气控制协调，当转子 12 转过一周完成一个榫头仿型加工后，电信号发出指令让偏心销盘自动转 180°，使左工作台到加工位置，右工作台到达装卸料位置，如此循环动作。

7.5.1.3　机床的调整

（1）加工尺寸，如图 7-29（a）所示。

（2）榫头的倾斜角度的调整，榫头倾斜角范围为 0°～90°，即可以从水平位置转到垂直位置，通过图 7-28 的手柄 9 转动内仿型锥盘实现。

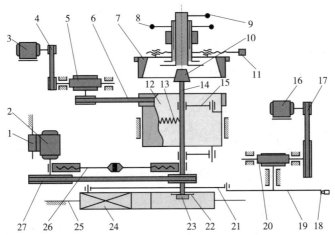

1. 摆杆；2、3、16. 电动机；4、6、17、27. 带传动；5、20. 蜗杆减速器；7. 内仿型锥盘；8. 手轮；9. 手柄；
10. 仿型锥；11、26. 双向丝杠；12. 转子；13. 弹簧；14. 主轴；15、21. 连杆；18. 开关；19. 偏心销盘；
22. 锯片；23. 铣刀；24. 工作台；25. 工作台导轨。

图 7-28　机床的传动系统和工作原理图

（3）榫头厚度尺寸的调整，转动手轮 8，调整内仿型锥盘 7 和仿型锥 10 的轴向相对位置来实现，靠近时榫厚度尺寸小，离开时榫厚度尺寸大。

（4）榫头长度尺寸的调整，借转动双向丝杠 11 调节两半圆形的内仿型锥盘 7 来实现。

（5）榫头高度的调整，通过调整外刀体实现的。

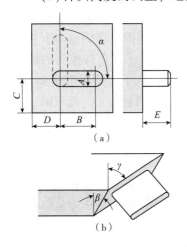

图 7-29　加工尺寸和榫头的调整

（6）榫头定位尺寸的调整，通过对两个工作台及夹紧装置的调整进行的，刀头两侧各有一个小的圆形法兰盘，其上的定心销作为基准，这个销子是每次调整的起始点，定位后进行加工的工件以该定心销为基准被加工成精密的榫头。确定尺寸 C，先松开图 7-26 的锁紧手柄 14，再转动手轮 15，溜板 17 垂直移动工作台 6，在工作台的一侧有标尺表示移动距离。调整好后再锁紧锁紧手柄。尺寸 D 的调整，先松开工作台上靠近靠尺 12 的螺钉，移动导尺靠板完成粗定工作位置的调整，调整完毕拧紧螺钉，转动水平移动丝杆，可以得到精确定位，这里没有锁紧装置，其调整位置可在工作台水平移动一侧的标尺上读出。

（7）榫头倾斜面的调整，如图 7-29（b）所示，调整水平轴线倾斜角 β，松开控制工作台倾斜杆的锁紧手柄 20（图 7-26），然后转动丝杆 18 的手轮 19，从丝杆上的标尺读出所要求的角度，然后拧紧锁紧。调整垂直轴线倾斜角 γ，松开靠板固定在工作台上的两个紧固螺钉，将其转动到所需角度，再固定螺钉。

（8）机床工作速度的调整，通过转动机床后面的两个大六角螺栓可进行工作台移动速度和铣刀头的铣形运转速度调整。

7.5.2　椭圆榫开榫机

椭圆榫开榫机实际上是将矩形截面的框接榫的两端加工成半圆形。圆弧榫开榫机(图 7-30)加工的各种榫头形状的半圆榫即为圆榫。

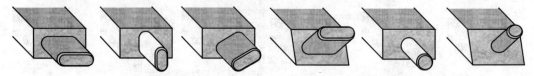

图 7-30　圆弧榫开榫机加工的各种榫头形状

椭圆榫开榫机的加工方法如下：

(1)用靠模样板加工，如图 7-31(a)所示，铣刀由曲柄—连杆机构带动，按可离合的靠模样板运动，对榫圆弧部分加工。靠模板的离合，根据榫的尺寸调整，当榫的尺寸很大时，可以采用配换靠模板。

(2)刀头在端部作圆弧运动加工椭圆榫的半圆部分，如图 7-31(b)所示，工件固定在工作台上运动，在此间完成各个加工阶段。在第Ⅰ阶段，工件由右向左运动，此时，铣刀轴不移动，铣刀加工榫的上表面。第Ⅱ阶段，铣刀轴作圆弧运动，从上位到下位，这时，铣刀加工榫的右边圆弧。在第Ⅲ阶段，工件作返向运动(向右)，而铣刀轴不动，此时，加工榫的下表面。在第Ⅳ阶段，工件不动，铣刀由下而上作圆弧运动，完成榫头左面的圆榫加工。

(3)工件以等速进给，做连续直线运动，而铣刀按具有一定的规律变化的速度移动，榫头由两个铣刀完成加工。上铣刀加工上半个榫头，在 90°范围内修圆，而下铣刀加工下半部榫头，如图 7-31(c)所示，上铣刀的中心位置 c_1、c_2、c_3、c_4 与榫头的位置 a_1、a_2、a_3、a_4 相适应。这样，在榫头由 a_1 到 a_4 的过程中，就完成了圆弧运动 a_1 到 a_4。榫头继续进给，而铣刀中心的位置 c_4 不动的情况下，榫头的上表面被加工。铣刀的运动是靠凸轮来实现的，凸轮与进给机构刚性连接。

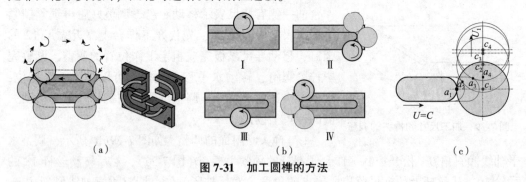

图 7-31　加工圆榫的方法

7.6　数控开榫机

数控开榫机是数控木工机床的一种，数控开榫机可以用数字和符号构成的数字信息，来自动控制机床的运转，可根据加工指令信息进行自动控制，大大减少人工的投入。数控开榫机设备分为很多种，包括单头数控开榫机、双端开榫机、燕尾榫开榫机等，广泛应用于各种实木家具等木制品的生产加工。

相比于传统的开榫机，数控开榫机具有很多优势，例如：

(1)数控开榫机是自动化设备，加工速度快，加工精度高。加工后的榫头精度误差可以达到 0.05～0.1mm，比常规设备加工有很大的提高。

(2)可实现方榫、圆榫的加工，也可以将不同角度、不同尺寸的榫头，加工调节方便，适合对异形、复杂榫卯进行加工。

(3)设备操作简单方便，只需要按照要求输入加工尺寸数字就可以完成加工。数控开榫机具有参数保存和调取功能，使用便捷。

(4)安全性能高，加工过程中工人不接触刀具，操作更加安全。

目前市场上的数控开榫机种类繁多，样式也千变万化，针对不同的榫卯结构也有不同开榫机。

7.6.1　组成结构

数控开榫机主要由床身、主轴和变频器以及进给机构组成，下面分别展开介绍。

7.6.1.1　床身

床身是机床主体的重要组成部分，数控开桦机的精度以及精度的持久性主要靠机床主体来保证，机床主体的静特性和动特性对数控开桦机的精度有很大的影响，如机床主体的刚性、主轴的回转精度、工作台及床身等运动部件的平滑性，运动的直线度，运动与主轴中心线的平行度、垂直度，还有热变形的影响等。

7.6.1.2　主轴和变频器

工件在铣削时，由于工件材质的不同，所用铣刀的直径不同，要求机床的主轴应在一定的转速范围内实现变速，并能承受一定的力矩。为了能够在满足以上条件下进行加工，数控开榫机采用高速主轴，并利用变频器实现变速。

7.6.1.3　进给机构

目前，开榫机的进给机构采用精密的滚珠丝杠，使丝杠的旋转运动变为床身的直线运动。可以对滚珠丝杆进行预紧，消除丝杆传递时的背隙，精度高。导轨的滑动面采用具有低磨擦和具有较高振动衰减特性的材料。

7.6.2　数控开榫机 MDK224G

数控开榫机 MDK224G 采用电脑控制三种运动机构，可以让开榫更简单、精准、快捷。

7.6.2.1　主要特点

(1)横置主轴，更适合加工端面，可以加工 2m 以上的长料。

(2)自带工控电脑的一体式电控箱，省去接线和安装调试软件的烦琐步骤。

(3)参数式榫卯设计界面，只要输入工件宽度、厚度、榫宽等参数，使用简单。

（4）加工过程无须接触工件，节省力气又相当安全。

（5）加工精准，可以实现 0.02mm 的细微调节。

7.6.2.2　技术参数

表 7-4 列出部分国产数控开榫机的技术参数。

表 7-4　国产数控开榫机的主要技术参数

规格参数	MDK224G	MDK224E	MDK224C
最大加工长度/mm	2200(榫间距)	2200	2000
最小加工长度/mm	180(榫间距)	180	180
最大加工厚度/mm	80	80	80
最大加工宽度/mm	200	200 (水平摆角45°加工宽度：110)	200
最大榫长/mm	40	40	40
垂直摆角/°	+45~-12	+45~-12	+45~-12
水平摆角/°	+45~-12	+45~-12	+45~-23
主轴1转速/(r/min)	9000~12 000	9000~12 000	9000~12 000
主轴2转速/(r/min)	6000~12 000	—	倒角：12 000 钻孔：6000
主轴1电机功率	5.5kW×2	5.5kW×2	5.5kW×2
主轴2电机功率	3kW×2	—	2.2kW×2
安装总功率/kW	31.55	22.55	24.45
额定电流/A	63	45.1	49
吸尘口	ϕ100mm×2	ϕ100mm×4	ϕ100mm×4
外形尺寸/mm	4930×2300×1800	4930×2300×1800	4500×2200×1750
机械重量/kg	3000	2960	2530

第8章
磨削与磨削机械

磨削是木材切削及家具加工中非常重要的工序之一。磨削通过去除工件表层的一层材料，来消除前道工序在木制品表面留下的波纹、毛刺、沟痕等缺陷，使零部件表面获得必要的表面粗糙度，同时还可以达到一定的厚度尺寸要求和厚度均匀性，为后续的油漆、胶合、贴面、装配、组坯等工序建立良好的基面。木质材料磨削中所用刀具为砂带、砂纸或砂轮等，其中砂带和砂纸应用最为广泛。

由于砂纸和砂带所用基材和胶黏剂具有一定弹性，磨粒在磨具上的排布无序且不等高（单个磨粒的去除量不同），以及木质材料的非均一性和弹性特征，以至于磨削去除量和表面粗糙度不能精确控制，因此，木质材料磨削可认为是一种"模糊"的切削加工工艺。

磨削加工在木材加工工业中常用于以下几方面：①工件定厚尺寸校准磨削。主要用在刨花板、中密度纤维板、硅酸钙板等人造板的定厚尺寸校准。②工件表面精光磨削。用于降低工件表面经定厚粗磨或铣、刨加工后形成的较大表面粗糙度，获得更光洁的表面。③表面装饰加工。在某些装饰板的背面进行"拉毛"加工，获得所要求的表面粗糙度，以满足胶合工艺的要求。④工件油漆膜的精磨。对漆膜进行精磨、抛光，获取镜面柔光的效果。

相较于锯、铣等木材切削加工形式，磨削具有以下显著优势：①磨削时绝大多数磨粒呈负前角切削，木材表面不易产生超前劈裂等加工缺陷；②砂带磨削具有"弹性磨削"的特点，易实现自适应加工；③磨具成本显著低于锯片、铣刀等，且更换方便；④磨削过程相对安全，噪声污染小，粉尘易收集；⑤切削刃短，磨削时多个磨粒共同参与切削，切削加工表面质量好。加之大功率砂光机、高精度宽带砂光机、异形砂光机发展迅速，为大幅面人造板、胶合成材、拼板和异形曲面的定厚尺寸校准及表面精加工提供了理想设备，因此，磨削的应用前景非常广阔。

8.1 磨削种类

木质材料磨削所用的磨具绝大多数是砂布、砂纸和砂轮。按磨具形状不同，磨削可分为以下几种。

8.1.1 盘式磨削

盘式磨削利用表面贴有砂纸（布）的旋转圆盘磨削工件。盘式磨削分为立式、卧式和可移动式三种（图7-1）。

（a）立式   （b）卧式   （c）可移动式

图 8-1　盘式磨削示意图

　　盘式磨削可用于零部件表面的平面磨削或角磨箱子、框架等。这种方式结构简单，但因磨盘不同直径上各点的圆周速度不同，所以零部件表面会受到不均匀的磨削，砂纸（布）也会产生不同程度的磨损。磨盘除绕本身轴线旋转外，还可平面移动，以磨削较大的平面，如图 8-1 中的可移动式磨削。

8.1.2　带式磨削

　　由一条封闭无端的砂带，绕在带轮上对工件进行磨削。按砂带的宽度，分为窄带磨削和宽带磨削。窄砂带可用于平面磨削、曲面磨削和成型面磨削，如图 8-2（a）~（d）所示；宽砂带则用于大平面磨削，如图 8-2（e）所示。带式磨削因砂带长，散热条件好，故不仅能精磨，亦能粗磨。通常，粗磨时采用接触辊式磨削方式，允许磨削层厚度较大；精磨时采用压垫式磨削方式，允许磨削层厚度较小。

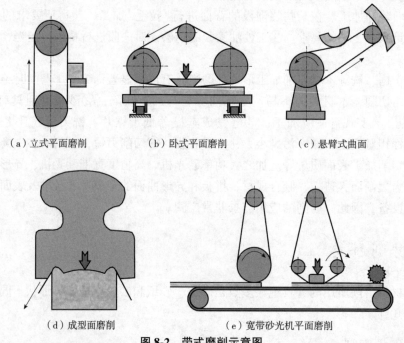

（a）立式平面磨削   （b）卧式平面磨削   （c）悬臂式曲面

（d）成型面磨削   （e）宽带砂光机平面磨削

图 8-2　带式磨削示意图

8.1.3　辊式磨削

辊式磨削分为单辊式磨削和多辊式磨削两种。单辊磨削用于平面加工和曲面加工，如图 8-3(a)；多辊磨削用于磨削拼板、框架以及人造板等较大幅面工件，如图 8-3(b)。磨削时，磨削辊除了做旋转运动外，还需做轴向振动，以提高加工质量。

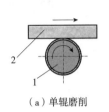 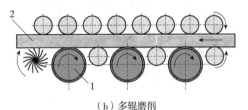

（a）单辊磨削　　　　　　　　　　　（b）多辊磨削

1. 磨削辊；2. 工件。

图 8-3　辊式磨削示意图

8.1.4　刷式磨削

刷式磨削适合于磨削具有复杂型面的成型零部件。磨刷上的毛束装成几列(图 8-4)。当磨刷头旋转时，零部件靠紧磨刷头。由于毛束是弹性体，故能产生一定的压力，使砂带紧贴在工件上，从而磨削复杂的成型表面。

一种刷式磨削是切成条状的砂带绕在磨刷头的内筒上，通过外筒的槽伸出。随着砂带的磨损，可从磨刷头内拉出砂带，截去磨损的部分。

另一种刷式磨削是将砂带条粘在一薄圆环上，在做旋转运动的滚筒上叠压若干个这样的薄圆环，在滚筒做旋转运动的同时，滚筒还要在轴向上做振动，砂带条即可对木质材料工件的表面进行磨削。此种形式的磨削适合于平面成型板件的磨削加工。

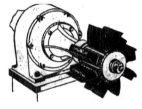

图 8-4　刷式磨削示意图

8.1.5　轮式磨削

轮式磨削在木材加工中的应用发展较晚。砂轮可用于木制品零部件表面的精磨，亦可用于将毛坯加工成规定的形状和尺寸。砂轮的特点是使用寿命长，使用成本低，制造简单，更换比砂带方便。但因砂轮散热条件差，易发热而使木材烧灼。

此外，木材加工工业中应用的磨削加工方式还有滚辗磨削和喷砂磨削。滚辗磨削主要用于木质小零部件的精磨加工，如螺钉旋具手柄、短小的圆榫、雪糕棒等。此法是将磨料(浮石)、木质零部件一起放入一个可转动的大圆筒内(圆筒转速为 20~30r/min)，靠圆筒的转动和同时产生的纵向振动，使零部件得到充分的辗磨，如图 8-5 所示。

喷砂磨削用于砂磨压花的刨花板表面和实木雕刻工件的表面。喷砂利用高压空气把磨粒喷到工件表面，如图 8-6 所示。其磨削效率和质量受空气压力、喷嘴形状、喷射角度和磨粒种类等因素的影响。

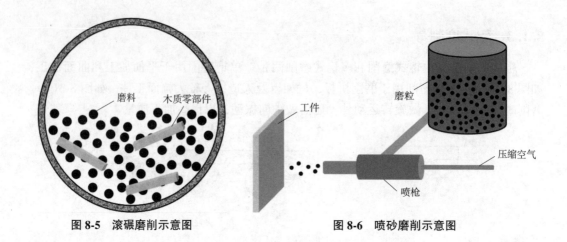

图 8-5   滚碾磨削示意图   图 8-6   喷砂磨削示意图

8.2   带式砂光机

　　木制品加工工艺中，砂光的功能和作用有以下两个方面：一是进行精确的几何尺寸加工。即对人造板和各种实木板材进行定厚尺寸加工，使基材厚度尺寸误差减小到最低限度。二是对木制品零部件的装饰表面进行修整加工，以获得平整光洁的装饰面和最佳装饰效果。前者一般采用定厚磨削加工方式，后者一般采用定量磨削加工方式。

　　按照木制品生产工艺的特点和要求，以及成品的使用要求，确定加工工艺中使用何种磨削加工方式。定厚磨削加工方式一般用于基材的准备工段，是对原材料厚度尺寸误差进行精确有效的校正。定量磨削加工方式主要是对已经装饰加工的表面进行精加工，以提高其表面质量。从加工的效果上看，定厚磨削的加工用量较大，磨削层较厚，加工后表面粗糙度较大，但其获得的厚度尺寸精确。定量磨削的加工用量很小，磨削层较薄，加工后被加工工件表面粗糙度较小，但板材的厚度尺寸不能被精确校准。

　　定量磨削加工方式由于所用的压垫结构形式不同，其适用的范围以及所能达到的加工精度亦不同。整体压垫适用于厚度尺寸误差较小的工件加工，分段压垫适用于厚度尺寸误差较大的工件加工。无论是整体压垫、分段压垫还是气囊式压垫，其工作原理都是由压垫对砂带施加一定的压力，在此压力的控制下，砂带在预定的范围内对工件进行磨削加工。在整个磨削过程中，磨削用量相等或接近相等，达到等磨削量磨削。定量磨削压垫对砂带的作用面积大、单位压力小，在去掉工件表面加工缺陷和不平度的同时，磨料在工件表面留下的磨削痕迹小，因此被加工表面光洁平整。另外，数控智能化分段压垫通过控制压力的变化，还可以消除工件前后和棱边区在磨削加工时产生的包边、倒棱现象。常见的砂光机生产线如图 8-7 所示。

图 8-7   砂光机生产线

8.2.1　窄带砂光机

带式砂光机的磨削机构是无端的砂带套装在 2~4 个带轮上，其中一个为主动轮，其余为张紧轮、导向轮等。窄带式砂光机砂光大幅面板材表面时，在进给板材的同时须同时移动压带器(图 8-8)，其进给速度受到压带器移动速度的限制，故生产率较低，仅适用于对工件的表面精磨。

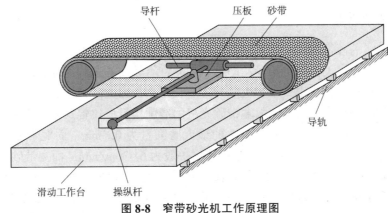

图 8-8　窄带砂光机工作原理图

8.2.2　宽带砂光机

宽带砂光机是木质材料加工中使用最为广泛的一种磨削机械，常用于大幅面工件的定厚加工和表面抛光。

8.2.2.1　技术参数

技术参数是选择宽带砂光机的依据，是制订磨削加工工艺、确定工艺参数的基础。一般情况下选用宽带砂光机时，应主要依据宽带砂光机以下几个技术参数及结构形式：

(1)加工工件的最大宽度：是宽带砂光机的主参数，也是决定砂光机生产能力的主参数。

(2)工件的厚度尺寸范围：包括加工工件的最大厚度尺寸和最小厚度尺寸。

(3)砂带的长度和宽度尺寸。

(4)接触辊直径和接触辊硬度。

(5)压垫的宽度尺寸和材料硬度。

(6)砂带的磨削速度和配备的电机功率。

(7)砂架的结构形式和组合形式。

(8)进料速度和调速方式。

(9)工作台的结构形式和升降方式。

8.2.2.2　分类

宽带砂光架按砂架结构形式可以分为接触辊式和压垫式。按接触辊的硬度又可以分为软辊和硬辊。压垫式按压垫不同的结构形式又可以分为整体压垫式、气囊压垫式和分段压垫式。

宽带砂光机按砂架布置形式的不同，可以分为单面上砂架、单面下砂架和上下双面对砂式等形式。

宽带砂光机按砂光机上砂架数量的不同，可以分为单砂架、双砂架和多砂架等形式。

宽带砂光机按砂架相对工件的磨削的方向，可以分为纵向磨削式和纵横磨削式两种形式。

8.2.2.3　结构原理

宽带砂光机的砂带宽度大于工件的宽度，一般砂带宽度为 630~2250mm，因此对板材的平面砂磨，只需工件做进给运动即可，且允许有较高的进给速度，故生产率高。此外，宽带砂光机的砂带比辊式砂光机的砂带要长得多，因此砂带易于冷却，且砂带上磨粒之间的空隙不易被磨屑堵塞，故宽带砂光机的磨削用量可比辊式砂光机大；辊式砂光机磨削板材时，一般情况下，磨削每次的最大磨削量为 0.5mm，而宽带砂光机每次最大磨削量可达 1.27mm。辊式砂光机进料速度一般为 6~30m/min，而宽带砂光机为 18~60m/min。宽带砂光机砂带的使用寿命长，砂带更换较方便、省时。由于上述种种优点，在平面磨削中，宽带砂光机几乎替代了其他结构形式的砂光机，在现代木材工业和家具生产中，用于板件大幅面的磨削加工，尤其是家具工业中用于对刨花板、中密度纤维板基材的表面磨削。

(1) 砂架结构种类

①接触辊式砂架(图 8-9)：砂带张紧于上下两个辊筒上，其中一个辊筒压紧工件进行磨削。由于靠辊筒压紧工件接触面小，单位压力大，故多用于粗磨或定厚砂磨。接触辊为钢制，表面常有螺旋槽沟或人字形槽沟，以利于散热及疏通砂带内表面粉尘，有的接触辊表面包覆一层一定硬度的橡胶，粗磨时橡胶硬度选 70~90 邵尔；精磨选 30~50 邵尔。

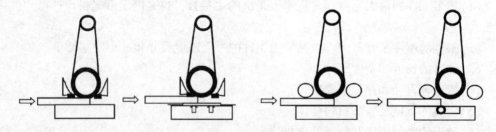

图 8-9　四种接触辊式砂架的工作原理图

②砂光垫式砂架(图 8-10)：工作时砂光垫(压板)紧贴砂带压紧工件进行磨削。这类砂架接触面积大、单位压力小，故多用于精磨或半精磨。砂光垫通常有标准弹性式、气体悬浮式和分段电子控制式三种。标准弹性式最简单，它由铝合金做基体，外覆一层橡胶或毛毡，最外包一层石墨布。后两种形式砂光垫更能适应工件厚度的大误差，但成本高，技术复杂。

分段压垫式砂架的结构原理如图 8-11 所示，其压垫工作原理如图 8-12 所示。

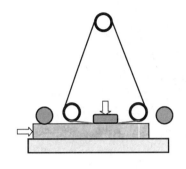

图 8-10　砂光垫式砂架的工作原理图

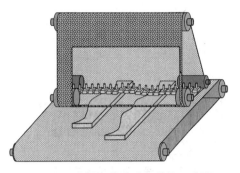

图 8-11　分段压垫式砂架结构示意图

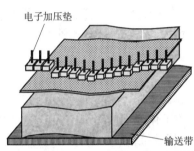

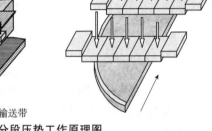

图 8-12　分段压垫工作原理图

③组合式砂架（图 8-13）：它是接触辊式砂架和压垫式砂架的组合，同时具有两种砂架的功能或配合使用的功能，经调整可实现三种工作状态：砂光垫和导向辊不与工件接触，只靠接触辊压紧工件磨削；使接触辊和砂光垫同时压紧工件磨削，接触辊起粗磨作用，砂光垫起精磨作用；只让砂光垫压紧工件磨削。组合式砂架较灵活，适合单砂架砂光机，也可与其他砂架组成多砂架砂光机。

④压带式砂架（图 8-14）：砂带由三个辊筒张紧成三角形，内装有两个或三个辊张紧的毡带，压垫压在毡带内侧，通过压带来压紧砂带。砂带和毡带以相同的速度、同方向运行，砂带与毡带之间无相对滑动，故可采用高的磨削速度，减少压垫与砂带之间的摩擦生热。此外，这种砂架磨削区域的接触面积要比压垫式砂架大，所以它适用于对板件表面进行超精加工。压带式砂架的结构原理如图 8-15 所示。

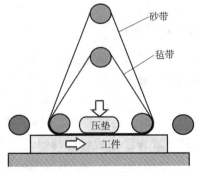

图 8-13　组合式砂架的工作原理图

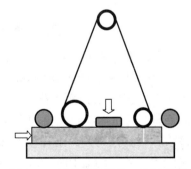

图 8-14　压带式砂架的工作原理图

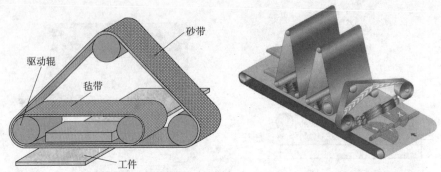

图 8-15　压带式砂架结构原理图　　　　图 8-16　横向砂架的工作原理图

⑤横向砂架(图 8-16)：将砂光垫式砂架转动 90°布置，砂带运动方向与工件进给方向垂直，即可构成横向砂架。这类砂架多与其他砂架配合使用，如 DMC 公司生产一种漆膜砂光机。这种砂光机通过四个砂架上不同粒度砂带的过渡和重复砂磨，可获镜面磨光效果。

(2) 工作原理和组合形式

图 8-17 为宽带砂光机两种不同压带机构的工作原理简图。图 8-17(a)为利用接触辊压紧砂带于工件表面而对工件进行砂光的接触辊式磨削，一般用于粗砂，作板件定厚尺寸的精确校准。这种结构砂架的加工特点是磨削接触面积小、磨削压力大，适宜于较大的磨削深度。图 8-17(b)为利用压垫将砂带压紧在工件表面而对工件进行表面修整砂光的压垫式磨削，一般用于精砂，提高板件表面质量。这种压垫式砂架的特点是磨削接触面积大、磨削压力小、磨削深度不大。

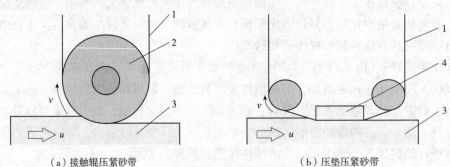

(a) 接触辊压紧砂带　　　　　　　　(b) 压垫压紧砂带

1. 砂带；2. 接触辊；3. 工件；4. 压垫。

图 8-17　宽带砂光机工作原理图

按加工对象的要求不同，可用接触辊式砂架和压垫式砂架组合成各种不同类型的砂光机(图 8-18)。其中，图 8-18(a)是由接触辊式砂架和压垫式砂架组合而成的双砂架宽带砂光机。工艺加工方面，第一个砂架主要用于定厚尺寸校准，第二个砂架主要用于表面修整。图 8-18(b)是由两个压垫式砂架组合而成的双砂架宽带砂光机，它适用于板件表面修整性精砂，适用于对涂过腻子或底漆的板材进行砂光。图 8-18(c)是由三个接触辊式砂架组合而成的三砂架宽带砂光机。三个砂架接触辊的硬度及其使用砂带的粒度号各不相同。第一个砂架用于大磨削用量的磨削，起定厚尺寸精确校准作用，采用钢制辊筒或表面包覆硬度为 70~90 邵尔的硬橡胶，粒度号为 24~120 号的砂带。第二个砂架用于半粗磨，采用包覆橡胶的接触辊，其硬度约为 55 邵尔，砂带粒度号可选用 60~150 号。第三个砂架用于精磨，其辊筒表面包覆橡胶的硬度为 35~55 邵尔，砂带粒度号可选用 150~240 号，对于精砂底漆还可选用更细的砂带。接触辊式砂架精砂效果不如压垫式砂架，因此，图 8-18(d) 所示的形式比图 8-18(c) 所示的形式应用得更普遍，它是由两个接触辊式砂架和一个压垫式砂架组成三砂架宽带砂光机；图 8-18(e) 是由一个接触辊式砂架和两个压垫式砂架组成的三砂架宽带砂光机，这种组合型砂光机加工的板件表面粗糙度比使用图 8-18(d) 所示的砂光机加工的板件表面粗糙度低，但磨削量比图 8-18(d) 所示的砂光机小；图 8-18(f) 是由三个压垫式砂架组成的三砂架宽带砂光机，特别适用于磨削量不大，而表面质量要求特别高的精砂。

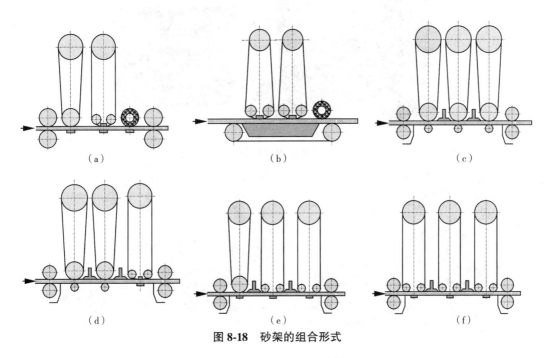

图 8-18　砂架的组合形式

8.2.3　单面宽带砂光机

8.2.3.1　分类与结构

根据用途、工况条件的不同，单面宽带砂光机也有很多结构上的差别。单面宽带砂光机按单机拥有砂架数量的不同，可分为单砂架、双砂架和多砂架宽带砂光机，常用的为双砂架(图 8-19)和三砂架(图 8-20)两种机型。

单面宽带砂光机的送料进给方式有两种，分别是通过式送料和往复式送料。往复式送料进给方式(图 8-21)，主要用于金属材料的平面度或等厚度精度要求较高的磨削加工。木制品磨削加工常用的进给方式是通过式，即待磨板件从机器的进料端口送入，经过砂架实现表面磨削，从出料端口走出后即完成了磨削加工。通过式送料方式也有辊式输送(图 8-22)和带式输送(图 8-19、图 8-20)两种。

图 8-19 履带进料双砂架宽带砂光机

图 8-20 履带进料三砂架宽带砂光机

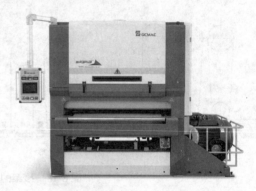

图 8-21 往复式送料进给的宽带砂光机　　　图 8-22 辊筒进料宽带砂光机

根据结构功能的区分，单面宽带砂光机还有上砂式（图 8-23）和下砂式（图 8-24）两种。待磨板件通过机器后，获得的加工表面是上面的机型即上砂式结构，如果获得的加工表面在下面，则机型就是下砂式结构。

根据加工不同厚度工件时，机器厚度开档量调整方式的不同，单面上砂式宽带砂光机又可分为机体砂架升降式（图 8-23）和工作台升降式两种不同的结构。

宽带砂光机的基本结构组成如图 8-25 所示，图 8-25（a）为宽带砂光机外观照片，图 8-25（b）为宽带砂光机的结构示意图。宽带砂光机由下列主要部分组成：对工件上表面进行磨削加工的砂架 1、砂架 2 与规尺 10、规尺 11、规尺 12，砂架分别由电机 6 和电机 7 带动。砂架 3 由张紧辊 4 张紧，其张紧力可通过改变压缩空气压力调节。工作时砂带由接触辊 1 和压垫 5 压到工件表面上对工件进行砂光。工件在工作台 8 上，由进料主驱动辊 15 带动循环运行的进料输送带 9 实现进给运动。当工作台调好高度或处于浮动状态时，工件被压辊与规尺 10、规尺 11、规尺 12 压紧，按照接触辊与工作台间的开档距离来限定加工余量的大小。工作台支撑在四个升降支柱上，利用电机 13 或手轮来调节工作台的高度，被磨掉的粉屑经集尘罩 14 被外接除尘管送走。

图 8-23　机体升降上砂式
双砂架宽带砂光机

图 8-24　下砂式双砂架宽带砂光机

（a）外观图

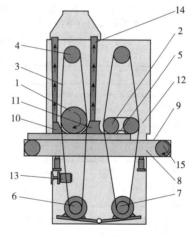

（b）结构图

1、2.砂架；3.砂带；4.张紧辊；5.压垫；6、7、13.电动机；8.工作台；9.进料运输带；10、11、12.规尺；14.除尘管；15.进料驱动辊。

图 8-25　宽带砂光机示意图

8.2.3.2　砂　架

砂架是用于安装砂带并带动砂带运行实现磨削加工的主要功能系统，实现不同功能和用途的磨削时，所需砂架的结构组成也有所不同。宽带砂光机常用的砂架结构有三种，分别是接触辊式砂架、压垫式砂架及接触辊加压垫组合的砂架，还有一种窄带式横向砂架，可与以上三种砂架形式不同的组合，制作成特殊功能用途的砂光机。

（1）接触辊式砂架

接触辊式砂架，多用于定厚重磨削加工，是定厚砂光机型的结构特点之一。接触辊式砂架如图 8-26、图 8-27 所示。

接触辊砂架有一种基本结构形式和两种接触辊安装支撑方式，因接触辊直径尺寸、表面材料硬度及表面螺旋槽结构上有差别，其功能和用途不同，同时砂带所需张紧力和

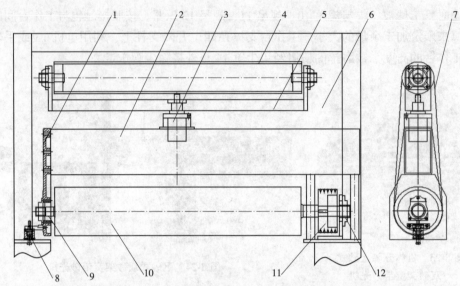

1. 托板；2. 主梁；3. 张紧气缸；4. 张紧辊；5. 张紧梁；6. 砂带对中装置；7. 砂带
8. 锁紧支撑；9. 轴承；10. 轴承式接触辊；11. 三角带轮；12. 轴承。

图 8-26　接触辊式砂架结构（轴头支撑式）

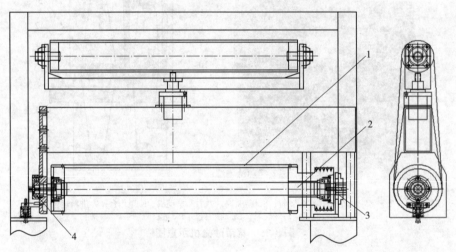

1. 芯轴接触辊；2. 偏心芯轴；3. 支撑座；4. 蜗轴可调支撑座。

图 8-27　接触辊式砂架结构（芯轴支撑式）

驱动力也不同。

　　接触辊的表面硬度和螺旋槽结构，基本决定了接触辊磨削过程中的切削状态。钢辊或 80 邵尔以上硬度橡胶表面包覆辊，由于接触辊表面硬度高，砂带在工件表面接触磨削时，磨削区砂带和工件表面发生了较小的弹性接触变形，辊面自身几乎无变形。在磨削去除量一定时，磨削区的磨削接触面积就相对小，如图 8-28 所示。此时，如果通过改变接触辊表面结构，使接触区实际有效接触面积较空间几何接触面减小，磨削区接触辊与工件表面间的实际接触压力就会增大，磨料在接触区切入工件表面的深度也就会增加，根据磨削原理，此时磨料颗粒在经历的四个切削过程中，形成有效切削的"耕犁"和"切削"过程所占比例最高，也就是磨削切除效率最高，这正是定厚磨削加工所需的效果。

接触辊的表面一般采用多头螺旋式开槽结构，接触辊表面螺旋槽结构的作用：一是可以减少磨削接触区封闭式切削的排屑时间，从而降低磨削热的产生；二是起排风卸压作用，防止砂带与接触辊间切入部位在接触辊与砂带之间产生高压气垫，而降低接触辊与砂带之间摩擦力；三是螺旋槽在排风的同时可以为接触辊表面和砂带背面起到强制散热作用。

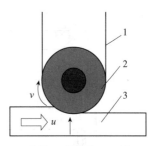

1. 砂带；2. 接触辊；3. 工件。

图 8-28　钢接触辊磨削
示意图

软胶面接触辊由于表面硬度低，接触辊通过砂带与工件表面接触磨削时，即使接触压力较小，但在磨削接触区，胶面也会发生变形，使实际磨削接触面积变大，如图 8-28 所示。这种情况下，整个磨削区的压力就会变小，经过磨削区的每个磨料颗粒能够切入工件表面的深度也就减小了，也就是说磨料颗粒在接触区经历的四个切削过程中，形成有效切削部分，即"耕犁"和"切削"的比例会随着接触辊胶面硬度的降低而减小，而滑擦和挤压作用会随着接触辊胶面硬度的降低而增加。

磨削加工过程复杂，磨料在磨削区经历挤压、滑擦、耕犁、切削的四个过程所占比例与接触辊表面硬度、辊面螺旋槽的槽面积比、砂带速度、砂带目数、磨料形状、接触辊直径及磨削正压力有关。

对接触辊来说，表面硬度高，直径较小，磨削速度快，辊面螺旋槽垅槽面积比小，都代表磨削机构具有良好的切削性能，是重磨削、大去除量砂光机接触辊应该具备的特点。反之，表面胶层厚且软，直径较大，磨削速度较慢，辊面螺旋槽垅槽面积比较大，则代表接触辊抛光性能良好，但切削性能差。

砂带目数小，磨料颗粒大，代表磨削时可压入工件表面的深度也大，所以有效切削能也大。磨料颗粒细长锋利，采用静电植砂时，易形成砂带工作运行方向的小前角，代表着砂带上的磨料易于压入工件表面形成有效切削。图 8-28 竖直箭头所指区域为磨削接触区。

（2）压垫式砂架

压垫式砂架（图 8-29）呈等腰三角形结构，其中起接触磨削作用的常见砂光压垫有以下三种：

①普通弹性压垫

图 8-30(a)是最常见的普通弹性压垫，主要用于平面板件的精砂光，根据弹性层配置的硬度及厚度不同，可适用砂带的粒度范围一般在 180 ~ 400 目。垫体也称压枕，常用的材料有普通碳素结构钢、铸铁、铸铝合金和铝合金型材。铸铁材料的重量较大，拆装不方便，常用于磨削宽度 900mm 以下的砂光机。铝合金型材因为是冷拔或挤出成型，内应力较大，一般也只用于磨削宽度 900mm 以下的砂光机。碳钢焊接结构或冷拔型材结构经热时效定型处理，可以使其几何精度稳定；材料和制造成本相对低，所以应用较为普遍。可时效处理的铸铝合金垫体，时效处理后几何精度稳定，且强重比高，多用于负荷较大的重型砂光机。

压垫体由于工作载荷大，持续工作时间长，温升较高，且不均匀，易出现变形，而影响工作精度和抛光表面质量，工作精度要求较高或工作载荷较大的砂光机，压垫体有时做成内部可通冷却水的结构，工作时接通外部循环的冷却水，可有效对垫体降温。压垫体工作面上贴有海绵、橡胶和工业毛毡的复合弹性层，现在也有用耐温高分子弹性材

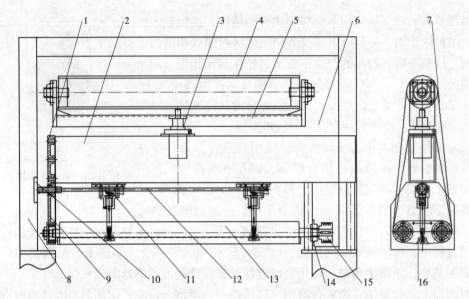

1. 托板；2. 主梁；3. 张紧气缸；4. 张紧辊；5. 张紧梁；6. 砂带对中装置；7. 砂带；8. 锁紧支撑；9. 轴承；10. 手轮
11. 可调支座；12. 调节杆；13. 支撑辊；14. 轴承；15. 三角带轮；16. 压垫及安装导向装置。

图 8-29　压垫式砂架

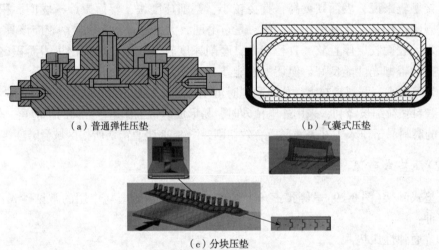

（a）普通弹性压垫　　　　　　　　　　　　　（b）气囊式压垫

（c）分块压垫

图 8-30　压垫结构种类

料作为弹性层的，弹性层外包覆或黏贴有石墨布。

砂架工作时，石墨布与砂带背面滑动摩擦接触工作，石墨有良好的润滑作用。普通弹性压垫，主要用于平面度要求较高的板面精砂光。应用此种压垫的砂架常与橡胶面硬度 40~70 邵尔的定厚接触辊式砂架组合成双砂架或三砂架砂光机，用于二次加工前后的板材精砂光。

②气囊式压垫

气囊式压垫的弹性体是个带状气囊，如图 8-30（b）所示，充气鼓起后有较大的弹性，其软硬程度决定于充气压力。压垫体呈槽型，由于气囊弹性体有较大的弹性缓冲能力，所以对垫体工作面的直线度精度要求不高，一般直线度精度要求不大于 0.3mm/1000mm，因此采用截面形状符合要求的型材即可，根据被加工工件表面的状况和加工要求，气囊与石墨布之间可加毛毡隔垫层，也可加在长度方向呈柔性，在宽度方向呈刚性的过渡件，如布基联排铝合金板、尼龙排条等，这样可以有效防止砂光过程中，被磨削工件产生啃头、打尾和包边现象。

③分块压垫

分块压垫是一种具有定位、定量及压力可调的智能型压垫，如图 8-30(c) 所示。工作原理是传感器对行进中的进给板件沿宽度方向分段，沿纵向连续检测厚度，每个检测单元对应一个下压单元的工作端，下压单元压砂带的分段小压垫是一个左右两端指状相扣的压板，沿砂光机工作台的宽度方向，所有下压板都是指状相扣相邻排列。

分块压垫由 PLC 控制，表面形状或表面结构复杂的工件，可按图纸编程控制压垫自动下压幅度。只有厚度差的工件，依据传感器在线测量采集的数据，PLC 指令执行单元的自动调整控制下压量来完成磨削加工。智能化程序较高的分块压垫还具有自动仿真功能。分块压垫可补偿工件厚度差在 2.0mm 以内、平滑过渡表面的精砂光，加工表面的失真度取决于分段宽度，测量传感器精度及执行单元的动作精度，目前磨削宽度为 1300mm 的分块压垫砂光机，分块压垫分段执行单元有 32~40 个。

(3)组合式砂架

接触辊与压垫组合式砂架呈不对称三角形结构，组合式砂架兼具有压垫式砂架和接触式砂架两种砂光功能，可分别实现压垫单独工作、接触辊单独工作、接触辊和压垫同时工作的三种工作方式。有接触辊固定，压垫升降来实现三种工作状态调整，也有接触辊和压垫均有升降调节功能，后者多用于两个砂架以上的机器，这种砂架可适合砂带目数范围更宽，40~320 目的砂带都可以用，组合式砂架是多功能砂架，主要应用于一机多用，单机独立使用的砂光机上。

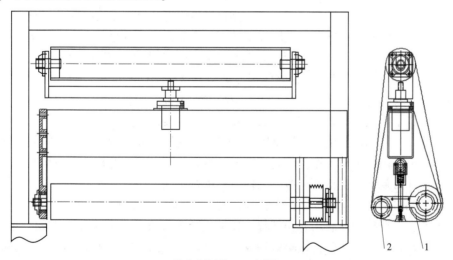

1.轴头式接触辊；2.支撑辊。

图 8-31　接触辊与压垫组合式砂架

单面宽带砂光机组合式砂架如图 8-31 所示，其砂架结构如图 8-26 所示，该砂架是以主梁 2 为核心的部件，主梁与机体都是通过悬臂梁方式连接的，接触辊支撑辊一端通过托板 1 安装在梁的悬臂端，另一端安装在梁坐或机体上。张紧辊 4 安装在张紧梁 5 上，张紧梁中部安装在张紧气缸 3 的活塞杆端部，张紧气缸座安装在主梁 2 中部。砂带摆动对中装置 6 的支座端也安装在主梁上，也可在主梁的悬臂端。

8.2.3.3　摆带装置

图 8-32 是一种摆带装置的结构，摆带动作由感应单元 1 控制执行单元 2(包括伺服电机 6 和直线驱动器 7)带动挡板组件 8 运动，挡板组件与张紧辊连接。摆带装置的具体结构形式较多，原理就是通过改变张紧辊与接触辊或支撑辊轴线的空间交角形成砂带运行的左右螺旋角，使砂带的运行沿张紧辊呈左右螺旋式交替旋绕，从而实现砂带的动态对中运行。

摆带动作的控制原理是传感器监测砂带任意一个边左右行走的极限位置，然后将信号发送给控制单元，进而执行机构动作。对于气缸驱动的摆带装置而言，传感器信号发送至控制气缸动作的换向阀，换向阀动作，气缸就有动作输出。常见的传感器有光电继电器、射流气压放大器等。

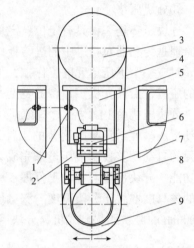

1.感应单元；2.执行单元；3.砂辊；4.砂带；5.悬臂；6.伺服电机；7.直线驱动器；8.挡板组件；9.张摆辊。

图 8-32　摆带装置

8.2.3.4　工作台系统

单面宽带砂光机工作台的主要作用一是为砂架磨削的切向力提供相抵的反向力，以实现磨削过程的送料进给，二是承受砂架磨削的正压力，为砂架磨削过程提供基准。

工作台作为宽带砂光机的加工基准，其自身平面度或模拟基准平面的平整度及抗载荷刚度，都可以影响到砂光机的定厚加工精度。常见砂光机的送料方式有输送带拖料式和对夹排辊推进式，如图 8-18 所示。输送带拖动进料工作台常用三种不同结构方式。

如图 8-33(a)所示，工作台是整体焊接结构，这种结构刚度大，通过机加工后，工作台面可获得较高的平面精度，为输送拖带与被加工板件的背面建立模拟基准提供了可靠保证，缺点是要经过时效处理等方法去除材料及焊接内应力，来保证工作台面稳定的平面度，同时拖带的自身精度、平整度、等厚性及受压抗变形刚度都会影响到砂光机的定厚加工。由于输送带与工作台面间长期滑动接触摩擦，产生磨损后会破坏工作台面的平面度，重新修复平面度精度须拆下工作台再进行机加工。

如图 8-33(b)所示，工作台不是整体结构，只有砂架下面对应的部位是实体台，也称反冲工作台。反冲台前后均有托带辊，托带辊的上母线与反冲工作面在同一平面上，这样同一工作台上的反冲台托带辊就构成了一个模拟平面，砂光机工作时，输送带的下表面以此模拟平面为依托，上表面与被磨削板件的背面接触进料，共同建起了动态的模拟加工基准。

由于砂架前后的压料辊一般与工作上的托带辊上下对应，工作时可对工件形成有效的夹紧力，虽然压辊和托辊均为从动辊，但托带带着被磨削工件夹在其上下之间，借助夹紧力，输送带与工件下表面可形成足够的进料摩擦力。这种送料工作台，输送带与工作台间的滑动摩擦消耗动力相对小，但工作台输送带与被磨削板背面建立起来的模拟动

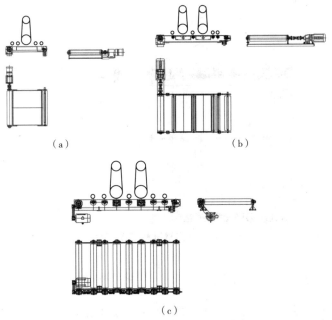

（a）　　　　　　　　　　（b）

（c）

图 8-33　单面宽带砂光机工作台

态加工基准的精度和可靠度不如整体工作台，这种工作台适合在重磨削、定厚加工的重型宽带式砂光机上使用。

图 8-33(c)所示的工作台与图 8-33(b)的相似，但砂架下面磨削区对应的是反冲辊而不是反冲台。这种结构的输送带进料摩擦阻力更小，但反冲辊较反冲台的抗弯刚度小，适合于定厚磨削去除量不大、加工精度要求不高，但要求工作效率高、进料速度快的重型宽带砂光机。

输送托带式工作台均采用环形输送带，输送带套装在工作台上，驱动输送带的进料主动辊和张紧输送带的进料从动辊均支撑连接在工作台的侧支板上，进料主动辊在出料端，进料驱动电机通过减速机降速后与之连接，进料从动辊在进料端，一般为芯轴结构，芯轴两端的轴头支撑在支板的滑槽内，可实现输送带的张紧调节，同时一端还与气动对中装置连接，实现输送带在工作过程中的动态对中。这种驱动辊在后，张紧辊在前的工作方式，是为了让输送带受拉的紧面输送工件。

图 8-34 的夹排辊夹持工件滚动推进进料的工作台结构与图 8-33(c)的托带式进料工作台接近，最大区别是没有输送带。工作台上与上压辊对应的排辊直径相同均为有动力的驱动辊，由同一个动力源提供动力驱动力，砂架接触区对应的反冲辊直径较驱动排辊直径大，一般无动力，是从动辊，仅用于快速进料，磨削薄板工件时，反冲辊带动力，动力来源于排辊的同一动力源，与排辊工作速度一致。

排辊外面一般包有厚度 10~15mm，硬度 60~80 邵尔的橡胶或聚氨酯胶层，以增大进料摩擦驱动力，由于胶层具有弹性，所以这种进料方式的模拟基准精度和可靠度都较低。如果考虑辊面摩擦不均匀的因素，基准的精度会更低，排辊进料的优点是变滑动摩擦为滚动摩擦，进料传动效率较高；适合厚度误差较小，同时磨削去除量也较小的板材的普通快速砂光，主要用于半定厚及表面抛光的重型砂光机。

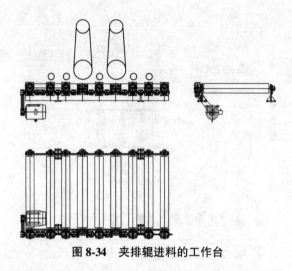

图 8-34　夹排辊进料的工作台

8.2.3.5　加工厚度开档量调整系统

砂光机磨削加工板材时，砂架接触磨削区相对于工作台模拟工作基准面的最小距离，也就是工件经过此砂架磨削加工后所获得的理论厚度值。砂光机在出板方向的最后一个砂架的磨削区与工作台模拟工作基准面间的最小距离称作砂光机的厚度开档量。厚度开档量是仅次于砂光机最大工作宽度的第二主参数，其调节误差直接影响着砂光机的定厚加工精度。单面宽带砂光机常见的厚度开档量调节方式有两种，一是工作台升降调节，二是砂架升降调节。

单面宽带砂光机用于厚度开档量调节的基本机构是同一动力源传动的一组丝杆螺母付，常采用四套相同的丝杆螺母付推动工作台升降，丝杆螺母付有丝杆螺母开式传动和丝杆螺母带导向约束的闭式传动的两种升降结构。

图 8-35(a)是丝杆螺母闭式传动升降的厚度开档量调节系统结构简图。工作台 1 通过四个拐铁 2 与四套丝杆螺母闭式传动的升降支柱 3 上的导向螺母栓结固定，工作时，电机 5 直联减速机作为动力源，驱动链条 4 带动四个升降支柱上的链轮同步旋转。

如图 8-35(b)所示，升降支柱，链轮 5 驱动丝杆 3 旋转时，导柱螺母 2 就会沿着导套 1 的内孔上下滑动，动力源正反转驱动链轮旋转，就可实现四个导柱螺母沿各自固定在机体上的四个导套实现同步升降运动。每个升降支柱兼有升降传动和约束水平二维自由度的功能，同时闭式传动可以起到良好的防护作用，可效防止润滑区污染。

图 8-35(b)为升降支柱的结构图，导套 1 与螺母导柱 2 采用较小间隙的滑动配合，为了保证配合间隙的稳定，导套 1 与螺母导柱 2 一般采用同种材料，通常均为普通铸铁式球墨铸铁。为了防止配合面咬合失效，通常在螺母导柱的配合表面镀工业铬进行强化隔离，表面镀铬还可以降低粗糙度，从而减轻滑动配合面间的摩擦力。丝杆 3 是硬齿面精磨三角螺纹或梯形螺纹，精密级。轴承 4 的结构数量与负载有关，一般普通工作台升降的上砂机常采用单套双向角接触轴承，普通工作台升降的单砂架或双砂架砂光机通常以图 8-35(a)所示的链条传动方式实现同步升降传动。较重的机型升降支柱一般采用蜗杆副驱动升降丝杆，蜗杆副之间采用受扭杆连接传动，如图 8-36 所示。

机体砂架升降的砂光机一般采用图 8-36 所示的升降调节结构，这类升降调节结构

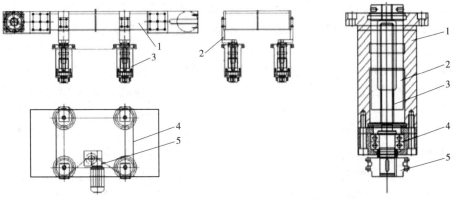

（a）闭式传动升降的厚度开档量调节系统结构　　　　　　（b）升降支柱结构

（a）1.工作台；2.拐铁；3.升降支柱；4.驱动链条；5.电机。
（b）1.导套；2.螺母导柱；3.驱动丝杆；4.轴承；5.链轮。

图 8-35　工作台升降机构

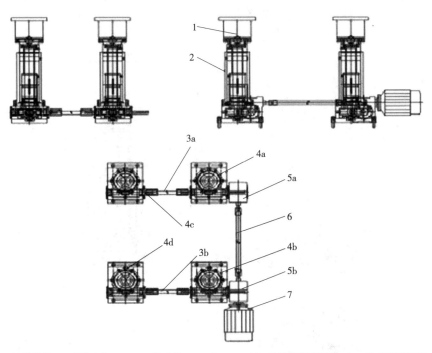

1.连接机体；2.升降支柱；3a、3b.传动轴；4a、4b、4c、4d.升降蜗轮减速机；5a、5b.蜗轮减速机；
6.横向传动轴；7.电机。

图 8-36　蜗杆杆副丝杆升降驱动机构

一般也被双面宽带砂光机普遍采用，图 8-36 过渡连接件用于 1 连接机体安装面与重型升降支柱 2，电机 7 通过直联蜗轮减速机 5b，经横向传动轴 6 串联带动蜗轮减速机 5a，5a 与 5b 同速比、同侧隙，由同一电机串联驱动，所以蜗轮轴具有相同的输出转速，四个重型升降支柱 2 分别装在 4a~4d 的四个升降蜗轮减速机上，4a 与 4c 的蜗杆轴经传动轴 3a 串联，4b 与 4d 的蜗杆轴经传动轴 3b 串联，4a~4d 的四个蜗轮减速机同速比等侧隙，电机 7 经减速机 5a、5b 驱动 4a~4d 同步正反转旋转，使四个升降支柱实现同步升降。为了防止各传动轴与蜗杆连接产生过定位安装应力，每个传动轴两端都通过柔性联轴器与蜗杆连接。重型升降支柱结构如图 8-37 所示，用手的扭力正反向旋合双螺母 1

相对丝杠 3 调整至无间隙，定位锁紧双螺母。双螺母与导柱 4 紧密配合且是防转安装，丝杆 3 的传动端串联安装轴承 9、蜗轮 11 和轴承 12、轴承 13，减速机合箱安装后，上压盖压紧角接触轴承 9，轴承 9 通过外传内与推力轴承 13 形成轴向预紧，这样可完全消除导柱的轴向间隙。升降支柱工作时，机体上的载荷就通过四个导柱丝杆的传递，最终作用在推力轴承下的减速机下端盖 14 上。图 8-37 中减速机下端盖 14 安装在砂光机的机体底座上(图 8-29)，而过渡连接件 6 安装在可升降的机体安装面上，为了保证合机安装时四个重型升降支柱能与四个过渡连接件 6 吻合对位，四个连接件与重型升降支柱连接处均采用球面配合对位的方法来限制水平方向的两个自由度。球碗 7 的深轴球窝与连接件 5 中心处的浅球窝对夹上定位钢球 6 就实现了对位安装。此时方可紧固连接件 5 与升降机体安装面的固定螺钉。球碗 7 与连接件 5 在定位夹持钢球后，球碗端面与连接件 5 相对的端面是不接触的，中间有 3mm 左右的间隙，压盘 8 托在球碗下端面的外缘通过螺钉与连接件 5 紧固后，由于球碗和连接件靠近的端面间存在间隙，使这些紧固的螺钉旋紧后整体受拉，这种全长度的受拉螺钉，可以弹性补偿导柱 4 工作时垂直度延伸误差，使四个支柱可自如同步升降。

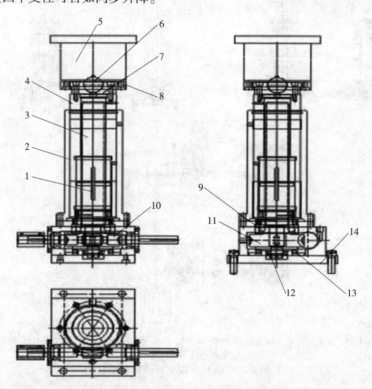

1. 正反向旋合双螺母；2. 支柱；3. 丝杠；4. 导柱；5. 连接件；6. 过渡连接件；7. 球碗；8. 压盘；9. 轴承；10、11. 蜗轮；12、13. 轴承；14. 减速机下端盖。

图 8-37　重型宽带砂光机工作台升降支柱

8.2.4　双面宽带砂光机

双面宽带砂光机由单面宽带砂光机演化而来，是随着刨花板、中密度纤维板生产线工艺的不断成熟和产能增加而出现的。双面宽带砂光机有多种不同的结构功能，主要是为了满足不同的砂光工艺和产能需求。常见的机型为双面双砂架和双面四砂架，四砂架以上的机型，因结构过于庞大，不便于安装运输，其功能已被双砂架和四砂架砂光机组合使用的方式取代。双面宽带砂光机在上、下砂架布置结构上，还可以分为砂架对顶和砂架错位两种方式，常见的结构形式有接触辊对顶双砂架、辊垫组合对顶双砂架、压垫对顶双砂架、接触辊对顶四砂架、接触辊与辊垫组合对顶四砂架、压垫对顶四砂架、上下砂架错位接触辊双砂架、上下砂架错位接触辊四砂架、上下砂架错位接触辊与压垫四砂架等。常见机型的结构如图 8-38 ~ 图 8-46 所示。

图 8-38　接触辊对顶双砂架　图 8-39　辊垫组合对顶双砂架　图 8-40　压垫对顶双砂架

图 8-41　接触辊对顶四砂架　图 8-42　接触辊与辊垫组合　图 8-43　压垫对顶四砂架
　　　　　　　　　　　　　　　　对顶四砂架

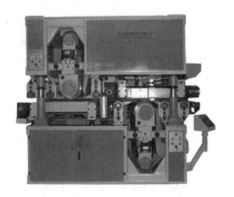

图 8-44　上下砂架错位接触辊双砂架　　图 8-45　上下砂架错位接触辊四砂架

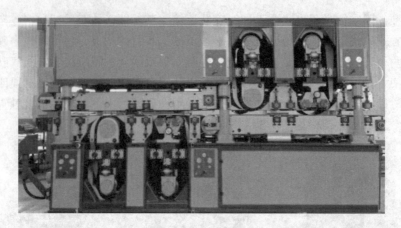

图 8-46　上下砂架错位接触辊与压垫四砂架

对顶双面宽带砂光机的特点是上、下砂架工作时，磨削接触区互为基准，即加工基准不在板面上，对接触辊砂架而言，上、下接触辊正最小距离的动态母线，就是工件上下面的砂光基准，同理，压垫式砂架的加工基准是上、下对顶压垫的磨削接触面。

对顶双面宽带砂光机前后进出料的对夹辊有两种支撑结构，一种是下进料主动辊固定安装，上压紧辊弹性浮动，磨削区进料端的进料主动辊组与工件下表面接触母线可形成进料辅助模拟基准，因为磨削去除量不是恒定值，并且进料主动辊表面包有增大摩擦力的弹性胶层，受压后会有变形，所以进料端板材的中心面与磨削区板材的中心面很难保证在同一平面上，这就造成了辅助基准与加工基准不重合，因此磨出的板材等厚好，但平整度不一定高。

另一种对夹辊的支撑结构是上、下辊均为弹性支撑，工作时辊子均可随板面形貌浮动，如果坯板有单面凹凸误差时，同样会导致中心面的浮动不共面，所以这种辅助模拟基准同样会导致成品板等厚精度好，磨削量可自动上下等分，但平整度同样有不可控的问题。

对刨花板和中、高密度纤维板来说，坯板自身平整度较高，砂光的目的主要是去除表面预固化层，提高等厚精度，用砂架对顶式双面宽带砂光机实现双面定厚及精砂，在去除预固化层、提高等厚精度的同时，至少可以保证板材原有的平整度，完全可以满足其功能要求。

上下砂架错位布置的双面宽带砂光机，如图 8-44～图 8-46 所示，工作时先以坯板的上表面与工作台接触形成动态的平面模拟粗基准，经下砂架磨削板材的下表面，随着工件进给，已经磨削过的下板面，进给到下工作台，并与下工作台面建立起了动态的模拟精基准，经过上砂架磨削板材的上表面，只要将下加工的模拟基准面与出板方向下砂架磨削接触区调整在一个水平高度上，即可保证工件从毛坯板到砂光板在砂光机内运行的全过程中，中心面始终在同一平面内，不产生局部漂移。这种从粗基准向精基准转化的平面加工方式，可以使被磨板材获得比较高的等厚精度的同时，也获得较高的表面平整度。对磨削加工胶合板而言，平整度要求明显优于等厚精度。

双面宽带砂光机主要应用于人造板热压成型后的表面磨削加工，由于人造板是规模化生产，板材的磨削去除量大，日产量也高，对双面宽带砂光机最基本的要求是重载、大功率。

8.3 异形砂光机

异形砂光机是通过在圆周上均匀排列的，带有一定支撑力的分段砂条磨削凹凸不平表面的砂光机。对平面砂光机无法磨削到的带造型、凸起线条与凹陷部位进行磨削加工。一般通过多道工序将工件不同角度与位置，带有棱角、接缝、毛刺、底漆等表面打磨圆滑，为下道工序做好准备。

随着市场对门窗、扶手等外观质量要求的不断提高和加工企业对提升生产效率的期望，纯手工打磨已不能满足市场需求，主要应用于小型家具生产企业，不能适应大批量的生产需求。自动异形砂光机采用机械化、自动化、连续化砂光技术，配合多工位联合砂光机床，并可排入加工自动线，是目前国内外广泛采用的异形砂光设备。

8.3.1 分类

按照操作方式及砂光工艺，异形砂光机大致可分为以下两种：

（1）半自动异形砂光机

半自动异形砂光机一般磨削特殊尺寸与外形的工件，如超大、超小、细长、弯曲、卷曲、圆形等。砂光时一般刷辊或刷盘旋转但不移动，由人工手持工件靠近刷辊或刷盘调整角度进行打磨，如图 8-47 所示。

（2）全自动异形砂光机

全自动异形砂光机一般磨削平板、边框及条类工件，适用于外形相对规整，相同厚度工件较多，易于实现批量化、自动化的异形砂光。此类砂光机主要特点是带自动送料、压料与磨削装置，如图 8-48 所示。为了适用不同加工需求，针对不同加工面有专用的全自动异形砂光机，如图 8-49 所示。

8.3.2 机床结构组成和工作原理

8.3.2.1 机床床身

异形砂光机床身部分主要由机体框架、外围钣金、配电柜、控制箱、集尘管道、升降系统等组成，如图 8-53 所示。

图 8-47 半自动异形砂光机

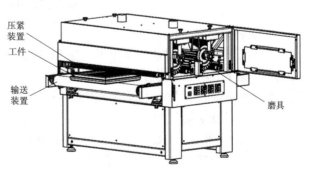

压紧装置
工件
输送装置
磨具

图 8-48 全自动异形砂光机

（a）顶面异形砂光机　　　　（b）侧面异形砂光机　　　　（c）底面异形砂光机

图 8-49　专用全自动异形砂光机

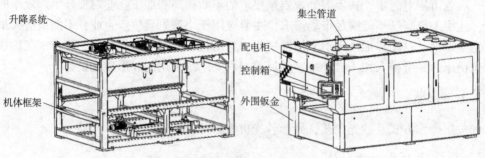

图 8-50　异形砂光机机床床身示意图

8.3.2.2　磨削机构

大型异形砂光机一般组合使用横刷辊、刷盘、纵刷辊等多道工序，达到一次通过多角度全面磨削的效果，如图 8-51 所示。

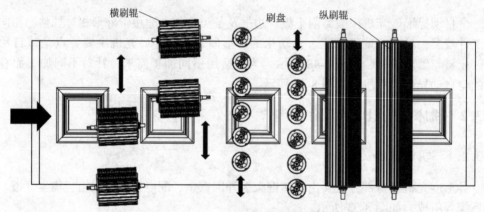

图 8-51　多工序砂光机构示意图

①横刷辊磨削机构

如图 8-52 所示，横刷辊 1 由前两组和后两组共 4 根刷辊组成，前后两组按序号 2 方向反向旋转，并按序号 3 方向作相对循环串动。工件 5，按序号 4 方向通过前后两组横刷辊，横刷辊主要处理工件横向表面的磨削。

②异形刷盘磨削机构

如图 8-53 所示，刷盘 1 由前一组和后一组共 12 个刷盘组成，前后两组按序号 2 方向反向旋转，并按序号 3 方向作相对循环串动。工件 5，按序号 4 方向通过前后两组刷盘，刷盘主要处理工件夹角接缝等部位的表面磨削。

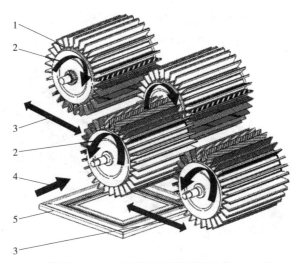

1.横刷辊；2、3、4.进给方向和刷辊旋转方向；5.工件。

图 8-52　横刷辊磨削示意图

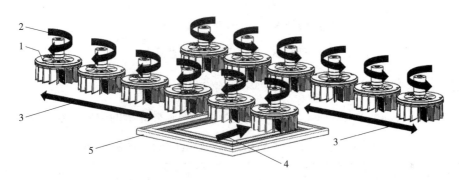

1.刷盘；2、3、4.进给方向和刷盘旋转方向；5.工件。

图 8-53　刷盘磨削示意图

③异形纵刷辊磨削机构

如图 8-54 所示，纵刷辊 1 由前后两组刷辊组成，前后两组按序号 2 方向反向旋转，工件 4，按序号 3 方向通过前后两组纵刷辊，纵刷辊主要处理工件纵向表面的磨削。

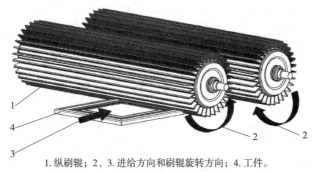

1.纵刷辊；2、3.进给方向和刷辊旋转方向；4.工件。

图 8-54　纵刷辊磨削示意图

8.3.2.3　输送压料机构

如图 8-55 所示，输送床机构 1，主要作用为托料与送料。压辊机构 2 由多组靠近磨削机构 3 的压辊组成，主要作用为工件 5 在通过磨削机构 3 时，起到压紧固定作用。防止工件 4 被磨削机构 3 磨削时移动而损坏设备。

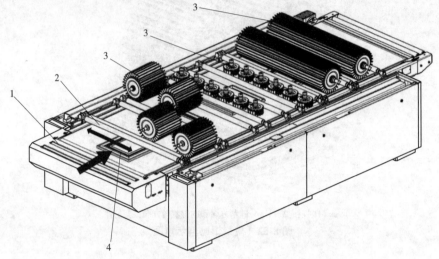

1.进料机构；2.压料机构；3.磨削机构；4.工件。

图 8-55　输送压料机构示意图

8.3.3　技术参数

以青岛威特动力 FHDR1300 异形砂光机为例，异形砂光机的主要技术参数见表8-1。

表 8-1　青岛威特动力 FHDR1300 异形砂光机主要技术参数

参　数	第一组砂架(横刷辊)	第二组砂架(刷盘)	第三组砂架(刷辊)
最大加工宽度/mm		1300	
开真空吸附最小加工尺寸/mm	200×200 或 0.06m²	200×200 或 0.06m²	200×200 或 0.06m²
不开真空吸附最短加工长度/mm	460	260	380
加工厚度/mm		3~120	
输送速度/(m/min)		3~17	
总功率/kW		20	
风机功率/kW		2×3.7	
砂架电机功率/kW	4×0.4	2×1.5	2×1.5
毛刷电机功率/kW		0.55	
输送电机功率/kW		1.5	
压辊升降电机功率/kW		0.37	
砂架升降电机功率/kW	0.37	0.37	0.37
砂架串动电机功率/kW	0.75	0.55	—
砂架刷辊/刷盘直径/mm	306、336、356	180	306、336、356
砂架刷辊/刷盘转速/(r/min)	60~280	60~280	60~280

（续）

参　数	第一组砂架(横刷辊)	第二组砂架(刷盘)	第三组砂架(刷辊)
砂布条长度尺寸/mm	30、45、55	30、45、55	30、45、55
工作气压/MPa	0.6		
压缩空气消耗量/(m³/h)	0.037		
吸尘量/(m³/h)	15 000		
外形尺寸(长×宽×高)/mm	2230×4650×2135		
总重量/kg	5800		

第9章
封边机

封边机是用刨切单板、浸渍纸层压条或塑料薄膜(PVC)等封边材料将板式家具部件边缘封贴起来的加工设备。封边材料也可以用薄板条、染色薄木(单板)、塑料条、浸渍纸封边条以及金属封边条等。

随着木材综合利用水平的提高和家具市场需求量的不断增加,板件封边技术也在不断地改进。封边设备也有了很大发展。封边机分为周期式封边机和连续通过式封边机。前者结构简单,投资少,手工操作多,生产率低,主要适用于中、小型家具生产企业,封边部件的装卸和封边后的修整作业均采用手工操作;后者采用机械化、自动化、连续化封边技术和多工位联合机床,并可排入部件加工自动线,是目前国内外广泛采用的封边设备。

20世纪50年代中期出现的连续封边机是用电加热方式加速封边。到20世纪60年代,由于热熔胶的应用,出现了热熔胶封边机,之后又出现了冷胶活化的封边工艺和设备,2000年以后,出现了等离子体加热封边机、激光无缝封边工艺和设备。

封边机在木工机械中是一种技术更新发展较快的机种。家具生产中采用的封边技术和封边机结构多种多样,机械化自动化程度也大不相同。总的说有如下特点和发展趋势。

(1)较完善的封边机一般由系列化、标准化设计的基本部件和被封边的形状、加工工艺要求设计的结构规格化、定型化的任选部件组合而成,适应性强、更换方便。

(2)前后齐头机构、上下铣边和铣棱机构有较高的切削速度,以便提高加工质量。采用升速带传动或齿轮传动,主轴转速在9000r/min左右。普遍采用频率为200~300Hz的变频机,主轴转速达12 000~18 000r/min。

(3)封边机自动化程度有越来越高的趋势。一般大批量生产时,封边机用手工调整还是可行的。但当产品多变时,由于调整部位多、调整量大、各部分调整时间又无法重叠,会大大降低封边机工作时间和效率。因此尽可能减少调整时间,对降低调整工作劳动强度有重要意义。有些厂家(如德国HOMGA、IMA公司)研制出了可以对各种调整工作全部进行计算机控制的系统。此类系统能根据板料的尺寸改变,封边形状的变化,材料加工方向改变,封边条类型、尺寸、颜色改变和加工工艺的改变自动进行调整;各部分调整的时间可以重叠,大大提高了封边机效率;并且由于不需要各种行程开关和继电器,不存在控制部件的磨损失效问题,可以大大提高机床寿命。这种全自动控制系统还配有各部件工作状态的自动显示,便于对机床工作进行观察和排查故障。

(4)在完成封边和修整加工的前提下,简化机构和减少操作人员。IMA公司研制了一种封边机,由一人操作,工件进行往返进给,所有修整加工均由两个万能铣刀机构完成。机器结构非常紧凑,还大大减少装机功率,减少调整时间和降低了机器成本。

9.1　分类

9.1.1　按封边工艺分类

9.1.1.1　传统封边工艺

传统封边工艺大致可分为以下三种：

（1）冷—热法

冷—热法是封边时，在基材或封边条上涂胶后贴在一起，用加热元件在封边条外侧加热，使胶液固化的工艺方法。其加热方法可以是电阻加热或高频加热。高频封边机加工制成的封边部件物理性能很好，胶层薄，胶缝小，可以在封边后立即进行后续加工。但高频封边对基材加工技术要求高，并且只适用于热固性胶黏剂。

（2）加热—冷却法

加热—冷却方法主要使用热熔胶。它是一种无溶剂型、常温固化的胶黏剂，在常温下呈固体状态，加热到 120~160℃ 时可熔化成液体，涂在胶合表面上，胶合之后冷却数秒就可恢复到固体状态，使胶合表面牢固地胶接在一起，并可以进行后续工序加工。

目前，使用热熔胶封边的连续化、通过式的封边机在国内外应用较为普遍。这类封边机常用的热熔胶是乙烯—醋酸乙烯共聚酯（EVA）。热熔胶的熔融温度为 120~160℃。

（3）冷胶活化法

这是一种使用改性聚醋酸乙烯酯胶合封边方法。胶黏剂可以预先涂在封边条或板件边缘上，封边时，在高温下使胶层"活化"，然后加压胶合。这种封边法胶缝较小，便于后续加工。封边后的板件能适应 -4~200℃ 的温度变化，耐寒耐热性能好。封边速度可高达 40~50m/min。机床结构较为简单。

9.1.1.2　激光封边工艺

EVA 与 PUR 都是常用的封边胶黏剂，属于胶体，存在表面吸附力，熔融后将封边带与人造板板件胶合在一起，因此对胶黏剂温度、施胶量、涂胶均匀度、颜色等参数要求高，对生产工艺过程而言，封边带不能迅速自动切换，封边机胶锅、刮刀污染较大，不好清理。

（1）无缝激光封边工艺

定制板式家具加工过程中，不同规格尺寸的板件和封边带更换频繁，热熔胶封边的家具防水性能不好，层胶易老化，封边带和板材间的接缝清晰可见，并会吸附环境中的灰尘发黑。为克服热熔胶封边的不足，家具工业中研发了一种无缝激光封边工艺技术和设备。

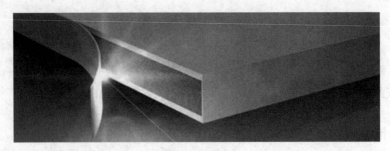

图 9-1　激光封边

　　激光加热封边是在封边机上，通过激光发生器发射安全的激光将封边带内侧涂覆的聚合物功能层瞬间激活，使封边带与板材压贴胶合在一起（图 9-1）。封边过程中激光集中能量激活熔融封边带含有激光吸收剂的功能层，反应时间迅速，所以封边过程及所用材料环保无污染。

　　(2)封边带的特殊功能层

　　特殊功能层是指封边带内侧涂覆的厚度 0.2mm 的激光功能层，生产时给它配上了与封边带一样的颜色，封边后功能层几乎消失，外观上看不到缝隙。

　　激光功能层属于一种含有激光吸收剂，以聚丙烯(PP)为主要成分的聚合物。根据颜色不同，激活功能层的能量值也不同，封边带颜色由浅而深，所需的激活能量值逐渐减小，根据输入的能量，发射的激光熔融功能层时，胶黏剂与板材"胶钉"嵌入接合，从而外观只看到封边带与板材接合，而 0.2mm 功能层厚度几乎消失，这就是无缝封边的原理(图 9-2)。

图 9-2　激光封边的效果

　　(3)激光封边工艺特点

　　特殊功能层与封边带的接合强度很高，就像一个聚合物整体，所以激光封边可以理解为只有一个"接合面"，从而大大提升胶层持久性、剥离强度和防水等功能。

　　激光封边的产品质量稳定，合格率高；封边时只须在封边机操作台上输入或扫描封边带的型号，即可自动、精确调整设备参数；封边板件的耐热性和耐光性好，产品使用寿命长；封边加工省去了涂胶、工件加热、刮胶单元，压辊和修边刀不再粘胶，降低了使用成本和人工成本。

　　(4)激光封边设备

　　激光封边需要能够发射稳定的激光束的重型封边机，简称激光封边机(图 9-3)，分为直线封边机与 CNC 曲线封边机两种，具备传统封边的功能。此外需要使用带有激光激活功能层的封边带。功能层含有激光吸收剂，在激光束的照射下，高熔点的功能层被熔融，胶黏剂瞬间"胶钉"嵌入板材。

激光头是激光封边机核心部件，激光封边工艺取决于精准控制的激光头发射的激光，瞬间熔融高熔点的功能层。二极管激光发射器使用寿命长，只有防护罩、防冻液等耗材需要半年到一年更换，所以封边成本不高。

图 9-3　激光封边机

激光封边机与热熔胶封边机除了激活封边带方式的不同外，激光封边机还配置多个高精度的工作站，可以对封边刮边、抛光等。

激光封边使用 ABS、PP、PMMA（亚克力封边带）。为满足板件生产多品种、多规格的要求，有些封边机被设计成具有自动更换封边条的机构。这种封边机上装有特制的料仓，有不同颜色的封边条，根据要求可以用专门控制机构进行更换。

9.1.2　其他分类方法

根据可封贴工件边缘的形状，封边机可分为直线平面封边机、直线曲面封边机（导型封边机）、手动曲线平面封边机、包覆式封边机、组合型封边机等。

根据工件（板件）一次通过、封边机对板件封边的状况，封边机又可分为单面封边机和双面封边机。

9.2　双面直线平面封边机

先进的板件封边设备都是按多工位、通过式原则构成的自动联合设备。在这种机床上集中了多种加工工序，板件顺序通过即可完成一系列的封边和板件边部修整工序；如封边材料的胶贴，封边材料在板件两端多余部分的锯切、板件厚度方向上封边材料的铣削、棱角加工和封边材料表面的砂光等。

图 9-4 是一种双面直线平面封边机的结构示意图。板件 8 由双链挡块 10 进给，经定位基准后由上压紧机构 7 压紧。真空吸盘或推送器等专门装置，从封边条料仓 9 中将最外边的一块封边条随板料同时推出，并经过涂胶装置 6 涂胶，然后使之和板件边缘挤压叠合。根据被加工板材、封边材料和胶黏剂品种可以进行涂胶量的调整。热压辊 11 对封边材料加热加压，使之和板件牢固结合。之后板件在进给过程中完成以下工序：锯架 4 和锯架 5 对板件封边条进行前后齐头，由上水平铣刀 3 和下水平铣刀 12 对板件厚度方向多余的封边条铣削，倒棱机构 1、2 对封边条进行上下棱角加工，砂架 13 对封边条表面进行磨削加工。有些封边机可以用卷状封边带对板件边缘进行封边。

有些机床除基本加工功能外，还设计了用户自选功能部分。其基本功能部分由板件和封边材料进给、封边条预切断、涂胶、压合、前后锯切齐头、上下铣边等机构，这些机构可以自动完成封边的基本工序。在该机床的后部有一个长度为 550mm 的空间（图 9-5）。在这个位置上可以配置布轮抛光、精细修边、带式砂光、刮光和多用铣刀等选配部件（图 9-6）。用户可以根据产品类型及加工工艺要求任选一种。

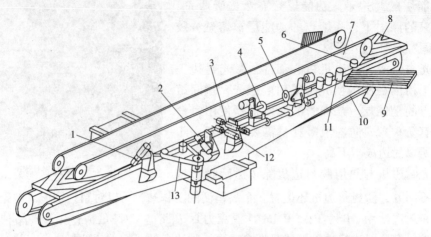

1、2. 倒棱机构；3、12. 水平铣刀；4、5. 锯架；6. 涂胶装置；7. 上压紧机构；
8. 板件；9. 料仓；10. 双链挡块；11. 热压辊；13. 砂架。

图 9-4　双面直线平面封边机结构示意图

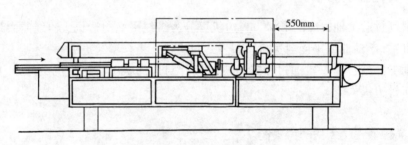

图 9-5　封边机基本功能布局图

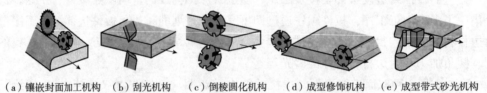

（a）镶嵌封面加工机构　（b）刮光机构　（c）倒棱圆化机构　（d）成型修饰机构　（e）成型带式砂光机构

图 9-6　封边机选配部件示意图

9.2.1　机床床身机构

封边机床床身部分由床身导轨、固定支架、活动支架、履带链板、传动装置、压紧机构、工件靠板及电气控制装置等组成。活动支架可以沿床身导轨根据板件的宽度进行调整。调整运动用机械传动或手动实现。链式输送机构沿链条导向装置运动，链式履带板由抗摩擦尼龙制成。压紧机构由 V 带和齿形塑料辊轮制成。

9.2.2　封边条送进、涂胶、剪切和压合机构

涂胶系统主要由胶罐、胶辊、胶量调节装置、加热装置等组成。在采用热熔胶工艺的封边机上，胶罐采用电加热使胶熔化，其温度由电子遥控温度计控制。当达到所需温度时，机器方可运转。电机经链传动使胶辊转动。热熔胶可沿胶辊上升并均布于表面。

胶辊后面装有加热管可防止胶辊上的胶液冷却，影响胶合效果，并设有相应的手柄调节涂胶量。

如图 9-7 所示，剪切装置主要由封边材料送进、宽度限制和剪切等装置组成。送进封边条主要由针辊 3 和辅助进料压紧器 5 实现。针辊使封边条 4 和工件 2 同步进给。针辊和压紧器的靠拢和分开由气缸实现。剪切器上的切刀 6 由气缸的活塞杆带动作往复运动。当使用定长封边条时，则无须切断。压合系统主要由一只主压力辊 7 和数只辅助压力辊 1 组成。其作用主要是把工件涂胶的边缘和封边条压紧胶合。主压力辊直径较辅助压辊直径大，一般由驱动履带的电机通过链传动使之回转，其加压和放松由专用气缸实现，气缸由微动开关控制动作。主压力辊的位置通过手轮调节。辅助压辊一般无动力驱动，其压力分别由气缸控制。

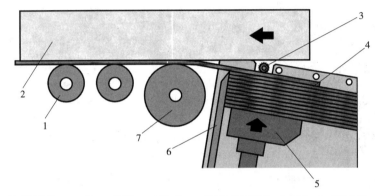

1. 辅助压力辊；2. 工件；3. 针辊；4. 封边条；5. 辅助进料压紧器；6. 切刀；7. 主压力辊。

图 9-7　封边条剪切和压合系统

9.2.3　封边条锯切机构

封边条长度方向两端多余量锯切机构的结构有多种。在通过式连续直线封边机上一般都采用随动式刀架。如图 9-8(a) 所示，当工件按 u 向运动并顶上支辊 9 时，基板 3 和锯架 4 一起沿导轨 2 和工件同步运动，同时，锯架 4 借导辊 6 和导轨 5 沿箭头 $P. X$ 作横向移动，锯片 12 将封边条端部多余部分 11 锯掉。在横向移动行程终了时导辊 6 从导轨 5 滚出，锯架 4 在气缸 13 作用下按 $X. X$ 方向相对基板 3 运动，回到初始位置。当撞辊 8 和撞块 7 相撞时，上支辊 9 离开工件，基板 3 和锯架 4 在气缸 1 作用下，按 uX 方向复位。

封边条后端锯切机构和前端结构基本相似，只是由气缸推动锯切机构使靠辊靠向工件的后头完成跟随和锯掉封边条后余头作业。

图 9-8(b) 是另一种封边条前后端余量锯切机构。锯架 4a 和锯架 4b 工作时，沿纵向圆导轨 2 和工件作同步运动，并且在气缸 14a 和气缸 14b 作用下，实现沿导轨 17a 和导轨 17b 作横向运动。锯片 12a 和锯片 12b 分别将工件的前后端余量锯掉。

如图 9-8(c) 所示，前、后余头锯切机构的锯片 12 在工作时有三个运动：由气缸 24 带动基板 23、锯架 18 沿纵导轨 22 作和工件同步的纵向运动，借气缸 20 使锯片 12 沿导轨 17 作横向靠近工件运动，同时，气缸 19 使锯片绕轴 O 摆动实现对封边条余头的锯切。弹簧 21 用于锯架 18 复位。

图 9-8(d)是一种倾斜导轨式封边条前后端锯切机构示意图。锯片 12a 和锯片 12b 分别用于对封边条前后端的锯切。气缸 29 推动锯架 28 沿导轨 27 作自下而上运动时锯切前端余头，气缸 30 推动锯架 25 自上而下运动时锯切后端余头。在有些封边机结构中，前、后两倾斜导轨作"V"字形布置。其运动原理相似，只是前后锯架运动方向与此相反。

图 9-8(e)是一种四连杆封边条前后端锯切机构示意图。连杆机构 34 在气缸 32 带动下进行摆动。在 $P.X$ 方向摆动时，锯片 12 实现对封边条 10 前端余头锯切；摆至虚线位置时，对封边条 10 的后端余头锯切。在有些封边机上，封边条前、后端余头分别由两个四连杆摆动式机构锯切。

图 9-9 是封边条前后端锯切机构的气动系统图。

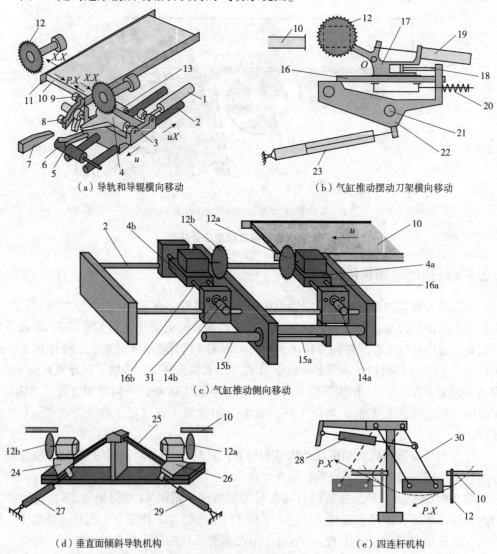

（a）导轨和导辊横向移动　　　　　　　（b）气缸推动摆动刀架横向移动

（c）气缸推动侧向移动

（d）垂直面倾斜导轨机构　　　　　　　（e）四连杆机构

1、13、14a、14b、15a、15b、18、19、23、27、28、29.气缸；2、5、16、16a、16b、21、25.导轨；
3.基板；4、4a、4b、17、24、26.锯架；6.导辊；7.撞块；8.撞辊；9.支辊；10.封边条；
11.封边条端部多余部分；12.锯片；18.锯架；20.弹簧；22.带动基板；30.连杆机构；31.滑块。

图 9-8　封边条前后端锯切机构

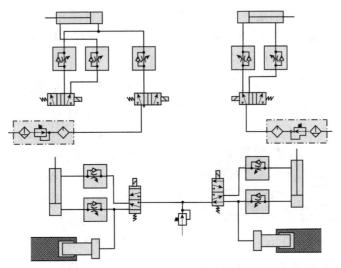

图 9-9　封边条前后端锯切机构气动系统图

9.2.4　上、下铣边机构

图 9-10 是一种上、下铣边或倒棱机构原理示意图。上、下铣边机构分别装在立柱 5 的右上方和左下方。上、下铣边刀架结构相似，但基本构件相互处于反对称位置。上铣边机构由直接安装铣刀头 9 的高频电机 1、可转溜板 4、水平溜板 6、水平浮动滑板 3、垂直溜板 2、上侧锥导轮 7 和上靠轮 10 组成。电机底板与可转溜板 4 为燕尾导轨配合，用手轮 17 单独调节铣刀头 9 的水平位置。可转溜板 4 沿水平溜板 6 的圆弧导轨转动，调整刀头的倾斜角度，加工不同的倒棱。水平溜板 6 和可转溜板 4 为燕尾导轨配合，在水平溜板 6 上装有侧锥导轮 7 和可沿导轨 14 借手轮 11 垂直调节的上靠轮 10。通过手轮 16 可同时调节铣刀、侧锥导轮和上靠轮 10 的水平位置。为使侧锥导轨 7 始终靠近工件 8，在水平浮动滑板 3 和垂直溜板 2 间设有两根圆柱导轨和压缩弹簧 15，两者可做相对水平浮动。上靠轮 10 借刀架的自重始终靠向工件上表面。上铣边机构的垂直位置可通过手轮 12 沿圆导轨 13 调节。

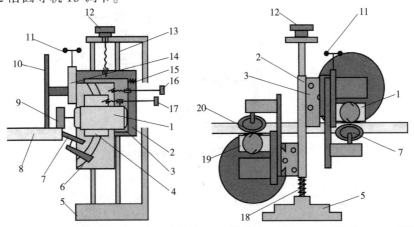

1、19. 高频电动机；2. 垂直溜板；3. 水平浮动溜板；4. 可转溜板；5. 立柱；6. 水平溜板；7、20. 侧锥导轮；8. 工件；9. 铣刀头；10. 上靠轮；11、12、16、17. 手轮；13、14. 导轨；15、18. 压缩弹簧。

图 9-10　上、下铣边或倒棱机构原理示意图

因为工件下基准平面固定不变，故下铣边机构不必设置垂直调节装置。为保证下靠轮能始终靠向工件下表面且能浮动，在下铣边刀架垂直溜板与立柱底间装有压缩弹簧18，使下铣边刀架始终处在上限位置。

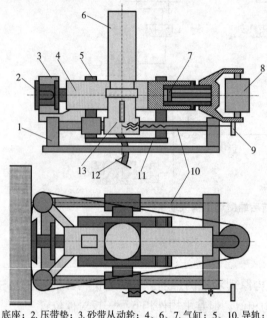

1.底座；2.压带垫；3.砂带从动轮；4、6、7.气缸；5、10.导轨；
8.砂带主动轮；9.手轮；11.平板；12.弧形导轨；13.溜板。
图 9-11　带式砂光机构示意图

9.2.5　砂光机构

图 9-11 是一种带式砂光机构示意图，用于对封边表面砂光。它由底座 1、砂带主动轮 8、砂带从动轮 3、压带垫 2、上下窜动机构、砂架倾斜机构和张紧机构等组成。砂光机构通过底座 1 安装在床身上，砂带安装在砂带主动轮 8 和一对砂带从动轮 3 上。主动轮和电机转子为一体。如图 9-12 所示，砂带张紧由气缸 7 带动砂带主动轮支架和砂带主动轮 8 实现。工作时由气缸 4 将压带器 2 压向工件侧面将其砂光。压带器气缸由气动行程换向阀控制，当工件进入砂磨区时，压带器缩回，避免将工件两端砂圆。为了改善砂光质量和提高砂磨效率，砂带还可做上、下窜动。砂带上、下窜动由气缸 6 带动砂架沿固定的平板 11 上的三根圆柱导轨 5 实现。气缸 6 的活塞杆固定在平板 11 上，其往复运动及行程大小由气控换向阀 6（图 9-12）和行程调节螺钉控制。通过手轮 9 使砂架沿水平圆导轨 10 移动，实现砂架与工件相对位置调整，使弧形导轨 12 沿溜板移动可调整砂带倾斜角度。

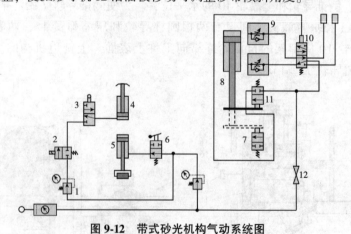

图 9-12　带式砂光机构气动系统图

9.3　双端自动封边线

9.3.1　设计要求

双端封边机不是简单的两台封边机的叠加，而是具有重型横向移动支架和精密的位置控制驱动系统，其控制界面可以方便可靠地与生产线控制系统集成。双端封边机是集成自动化生产线的最佳选择，其良好的稳定性、操控性是高效自动化生产的保证。

生产线的配置情况与生产率具有一定的配套性，产品制造企业作为一个生产作业的整体系统，要求系统各部分具有较紧密的联系，各部分生产效率的配套性很重要，要防止生产线中生产效率较低的瓶颈环节出现，否则会导致整个生产线的生产效率降低，即避免瓶颈环节的产量成为整条生产线的产量。

9.3.2　结构组成

双端封边自动生产线主要由自动上料机、封边机、90°转向输送机和自动下料机等机器组成，其中，封边机的类型可以是单边封边机、双端封边机，也可以是单边封边机和双端封边机的组合。

9.3.3　类型

在双端封边自动生产线中，封边机可以是两台双端封边机、四台单端直线封边机，也可以是双端封边机和单端封边机的组合。而根据封边机和自动输送设备的不同连接组合方式，可产生不同的双端封边自动生产线的类型。具体的类型如下：

(1) 自动上、下料机+两台双端封边机+90°转向输送设备(图 9-13)；

(2) 双端封边机+单边封边机+自动上、接料机+90°转向输送设备+平台(图 9-14)。

9.3.4　技术参数

选取国产双端封边自动生产线为例，各组成机械的相关参数见表 9-1 和表 9-2。

表 9-1　自动送/下料机和 90°自动转向机

技术参数	数　值	
	自动送料机 KDT-980、自动下料机 KDT-990	90°自动转向机 KDT-930
板料长度/mm	120~2400	250~2400
板料宽度/mm	80~1000	250~2400
板料厚度/mm	9~60	9~60
总功率/kW	9.4	1.5
机器重量/kg	3500	1000

表 9-2　双端封边机(KDT-2468JHK)

技术参数	数　值
板料宽度/mm	285~2650
板料厚度/mm	10~60
封边带厚度/mm	0.4~3
进给速度/(m/min)	12~20
外形尺寸(长×宽×高)/mm	8000×4400×1650

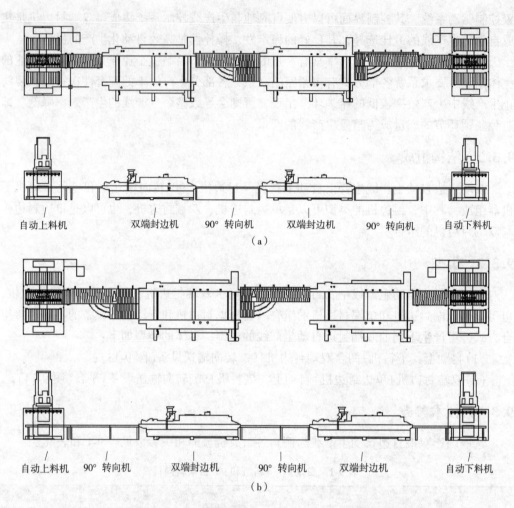

图 9-13 自动上、下料机+两台双端封边机+90°转向输送设备

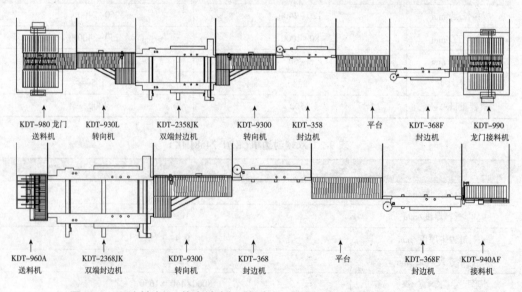

图 9-14 双端封边机+单边封边机+自动上、接料机+90°转向输送设备+平台

9.3.5 功能分析

9.3.5.1 自动上、接料机

自动上料机包括上料机和送料机,主要功能是为封边生产线中的封边工艺持续地提供板材,提高生产效率,是生产线实现大批量、高效率和全自动化加工的关键。

自动接料机包括推料机和下料仓,其功能是代替人工将已完成封边工艺的板材接下并使之退回至后位,是生产线的最后一步工序。

如图9-15所示,要使自动上、接料机与封边机之间能相互协调地、连续地、自动地运行,成为比较完善的全自动数控生产线,必须通过PLC来控制上料接料流水线上的各种电气与液压设备。在进行PLC设计与控制之前,分析封边工艺和板材上下料的过程是很有必要的,经分析其完成的自动上、接料动作顺序为:吸板从上料机上将待封边的板材吸起放置在送料机→送料机将板材送入封边机进行封边工作→完成封边的板材进入推料机送出→推料机的吸板将板材吸起放入下料仓。这样的设计可使双端封边自动生产线工作紧凑,也能节省板材循环时间,具有较高的生产效率。

9.3.5.2 90°转向输送机

90°转向输送机如图9-16所示,它的功能主要是在板材完成相对的两端封边工艺时,输送机将板材吸起,由下面安装的电机带动转向90°,使板材未完成封边的相对的两端进入双端封边机继续进行封边,从而使板材完成四端封边的工艺过程。

图9-15 自动上、接料机   图9-16 自动输送机(90°转向机)

9.3.5.3 转盘旋转机构

(1)转盘旋转机构的工作过程

如图9-17所示,当工件由输送滚筒输送至传感器2并由挡板4挡住,然后副转盘5由气缸6推起,使工件被主转盘3和副转盘5加紧,磁性开关7感应到气缸6升到指定位置时,表示工件已被夹紧。然后挡板4先下降至低于滚筒,接着旋转电机带动主转盘3转动,主转盘3带动工件旋转,旋转将要到90°时减速旋转,到90°时停止旋转。副转盘5下降,工件已被旋转90°,并由滚筒输送至下一工序加工。

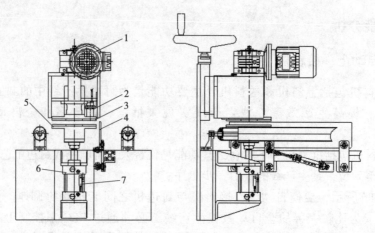

1.旋转电机；2.传感器；3.主转盘；4.挡板；5.副转盘；6.气缸；7.磁性开关。

图 9-17 自动输送机(90°转向机)

(2)转盘旋转机构的调节

当加工不同厚度的工件时，只需旋转手轮，使计数器显示的数值为工件的厚度即可，计数器的精度为 0.1mm。

当不需要转盘旋转功能时，只需将操作面板上的旋转开关和辅助支撑开关打到关的状态，并旋转手轮使计数器值大于工件厚度，主转盘脱离工件即可。

9.3.5.4 送料平台机构

送料平台机构的工作过程如图 9-18 所示，1 端进入工件，2 端输送出工件，由电机 3 带动输送滚轮输送工件，输送滚轮倾斜安装，使得工件贴边靠齐输送。

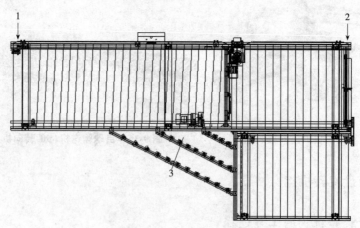

1.端进入工件；2.端输送出工件；3.带动输送滚轮输送工件。

图 9-18 送料平台

送料平台机构的调节主要是送料速度的调节，结合工件的输入速度和效率，单独加快或减慢平台输送速度，可能会影响旋转效果，在调节输送速度的同时，适当调整旋转速度和不锈钢贴靠板。

9.3.5.5　侧推机构

如图 9-19 所示，当工件被旋转了 90°之后，工件可能不是完全贴着导向器 5 输送，所以此时需要靠侧推机构将工件推至导向器 5。当工件由滚筒输送至侧推机构前面的传感器时，侧推机构气缸 2 工作，侧推轮 3 将工件推向导向器 5。

侧推机构的调节：当更换不同宽度的工件时，须根据工件的宽度来调节侧推机构的位置。可松开可调把手 1，移动侧推机构，使侧推轮距导向器 5 的距离小于工件宽度 3~5mm，再锁紧可调把手 1 即可。

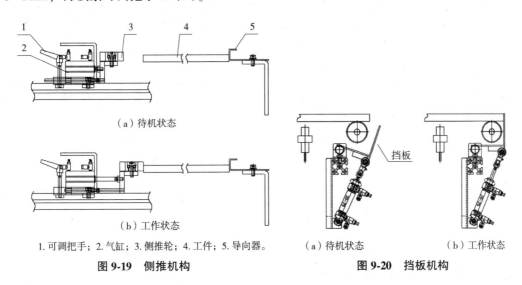

（a）待机状态

（b）工作状态

1. 可调把手；2. 气缸；3. 侧推轮；4. 工件；5. 导向器。

图 9-19　侧推机构

（a）待机状态　　　　（b）工作状态

图 9-20　挡板机构

9.3.5.6　挡板机构

如图 9-20 所示，挡板机构的作用是配合侧推机构使用。当工件被传感器感应到时，挡板机构进入工作装调。工件被阻止前进，工件紧贴着挡板，此时，侧推机构将工件推向导向器，这样工件不仅紧贴导向器，而且垂直于导向器。

另外挡板机构起到一个控制工件间距的作用。当工件到达传感器时，挡板机构工作，同时通过延时继电器控制挡板机构的工作时间。当时间到达之后，挡板机构退出工作状态，工件继续被输送至下一个工序。所以当需要不同的工件间距时，要通过实验调节时间继电器，达到调节工件间距的目的。

9.4　封边机功能分析

以国产双端封边自动化生产线为例，封边机为型号 KDT-486JK（图 9-21），主要功能为：预铣→快速涂胶→双导轨齐头→精修→粗修→高速跟踪修边→刮边→抛光。

主要技术参数见表 9-3：

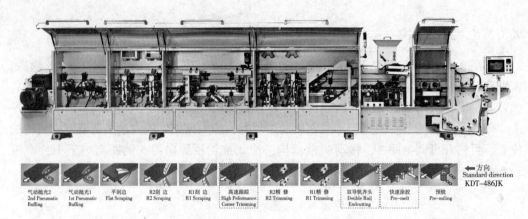

图 9-21　KDT-486JK 封边机

表 9-3　高速自动封边机

技术参数	数　值
总功率/kW	24
外形尺寸(长×宽×高)/mm	9189×920×1820
进给速度/(m/min)	20～26
封边带厚度/mm	0.4～3
板料厚度/mm	10～60
板料长度/mm	≥150
板料宽度/mm	≥60
工作气压/MPa	0.6
最小板尺寸(长×宽)/mm	300×60，150×150

9.4.1　预铣

（1）功能分析

由于板材在下料或搬运过程中有可能造成被加工面倾斜或残缺，导致封边效果的不理想，通过铣边机构的铣削后，可以清除被加工表面存在的各种缺陷，使封边达到最佳状态。

预铣机构由铣刀 1 和铣刀 2 两把铣刀组成，铣刀 1 和铣刀 2 可以通过控制面板上独立的开关开启使用。

铣边机构中铣削量的大小，根据被加工表面的加工情况而调节。一般情况下铣刀加工量不能大于 0.5mm。

铣刀 2 顺时针旋转，用来铣削板材待封边面的前一部分，铣刀 1 逆时针旋转，用来铣削板材待封边面的尾部。

（2）机构调节

当铣边不良时，可以通过图 9-22 中所示的各调节机构来调节：

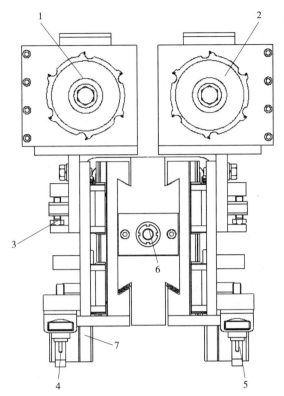

1. 铣刀，加工时刀具顺时针旋转；2. 铣刀，加工时刀具逆时针旋转；
3. 旋转调节丝杆；4、5. 铣削量调节轴；6. 升降调节轴；7. 气缸。

图 9-22 固定预铣机构

①升降调节轴：调节两把铣刀与板材的高度。一般让刀具的下边缘突出于板材的下边缘 2mm 左右。

②旋转调节丝杆：当板材通过铣边之后，测量铣出来的面是否与板材的上下表面垂直，若不垂直，则可以通过旋转调节螺钉来调节刀具的旋转轴线与板材的加工面垂直。

③两铣刀的调节：分别调节两把铣刀铣削量。

9.4.2 快速溶胶

(1) 功能分析

快速溶胶机构是一种预热补给胶黏剂装置，当涂胶盒中的胶黏剂使用到一定程度后会自动补给预热的胶粒，加快熔胶速度，减少辅助工作时间，提高工作效率。

如图 9-23 所示，当不用此功能时，可将电控柜内的电源开关关闭，再将支撑臂上的四个锁紧螺钉拧松，然后通过气弹簧将整套机构提起，再固定四个螺钉。也可直接在涂胶盒内加胶黏剂，只是加胶量相对较少。

(2) 机构调节

①手动方式：当激光液位传感器灭时，按下手动按钮，可手动加一次胶黏剂，气缸阀门将胶黏剂推出，气缸推到底时返回，加热打开，实现一次手动加胶黏剂。

②自动方式：按下自动按钮，当溶胶盒内胶黏剂到达一定液位之后，激光液位传感

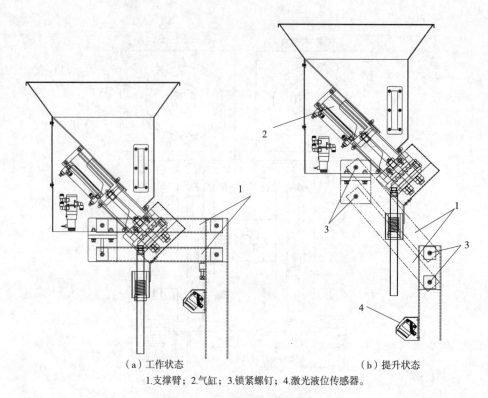

（a）工作状态　　　　　　　　　　　　　（b）提升状态

1.支撑臂；2.气缸；3.锁紧螺钉；4.激光液位传感器。

图 9-23　快速溶胶机构示意图

器灯灭，此时气缸阀门自动推胶，加热胶黏剂流到溶胶盒内，气缸推到底时，若光电激光液位传感器仍然灯灭，则气缸再次返回并推胶，直至激光液位传感器灯亮为止。

9.4.3　压贴

（1）功能分析

压贴机构（图 9-24）的作用是将封边带压贴于涂完胶的待封边面上，并可通过调节保证不同厚度的封边带均可黏接牢固均匀。

各压轮待机和工作时与板材的垂直距离应设为 1mm 较为合适（图 9-25）。当压贴机构处于正常工作状态，在更换不同厚度的封边带时，只须选择压贴机构上的五星手轮，将计数器的读数调到封边带的厚度尺寸即可。

假如在封边带压贴于板材上之后，从板材的上表面或下表面观察发现封边带与板材未完全黏接，则说明压贴轮的旋转轴线与板材的待封边面未垂直。此时可通过调节图 9-26 中 2 号紧定螺钉将其调节正常。

（2）机构调节

如图 9-26 所示，首先拧松两个螺钉 1，然后调节两个紧定螺钉 2。用板材进行试封边，在板材通过大压轮和最后一个小压轮时，仔细观察压轮与封边带接触面之间是否有缝隙，然后观察封边完之后板材上的封边带是否黏接牢固。通过反复试封板材并调节可将其调节正常。

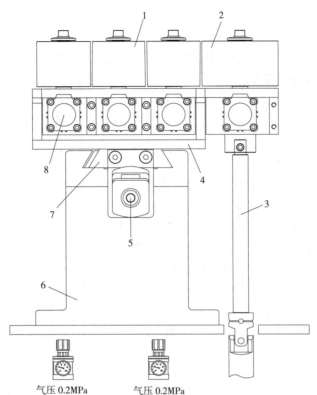

气压 0.2MPa   气压 0.2MPa

1.副压贴轮；2.主压贴轮；3.传动轴；4.滑座；5.调节轴；6.压贴座座；7.导向滑块；8.气缸。

图 9-24 压贴机构

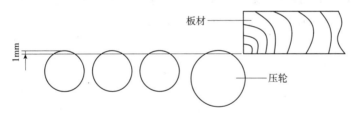

图 9-25 压轮调节

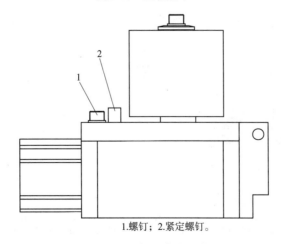

1.螺钉；2.紧定螺钉。

图 9-26 压轮垂直度调节

9.4.4 前后齐头

齐头机构的主要作用是将板材前后多余的封边带切除，使封边带两头与板材前后两端面平齐，并且可对封边带两头切出一定倒角。如图 9-27 所示，调压阀 1 的作用是调节齐头部分机构的气缸的气压，使其工作时能够自由升降，一般维持在 30 000~40 000Pa 左右；调压阀 2 的作用是调节齐尾部分机构使其工作时产生瞬时下降的动作，气压 30 000Pa。

（1）功能分析

齐头机构的工作过程如图 9-27 所示，当板材碰到行程开关 1 之后，齐头机构进入工作状态。板材随着输送带移动，板材前端与导向板 1 工作面接触，将齐头部分向左下方向推动，同时齐头锯片将板材前端多余的封边带切除，当齐头下降至齐头气缸磁性开关灯亮时，齐头气缸动作，齐头电机下降至脱离板材。当板材脱离行程开关时，齐尾气缸动作，齐尾导向板 2 上的两个轴承压在板材上表面，接近开关灯灭。板材脱离导向板 2 时，导向板 2 的侧面由气缸推力的作用下贴紧板材的后端，将多余封边带切除。当齐尾气缸磁性开关灯亮时，齐尾气缸动作将齐尾机构拉回顶端，接近开关感应灯亮后，齐头气缸动作，将齐尾机构拉回复位，整个工作循环结束。

（2）机构调节

齐头工序完成后，若出现如图 9-28 中效果 A 所示封边带还有残余的现象，将图 9-28 中螺钉顺时针方向旋转，电机向前产生移动即可；反之如果板材出现如图 9-28 中效果 B 现象所示，封边带出现被切多的现象，则可逆时针旋转图 9-28 中螺钉来调整。通过反复细微的调节，直到达到满意的齐头效果为止。

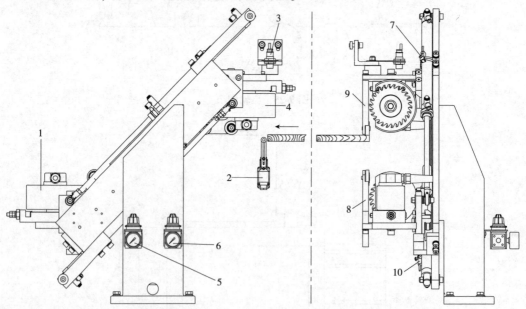

1.齐头机构；2.行程开关；3.接近开关；4.齐尾机构；5.调压阀1；6.调压阀2；
7.齐头气缸磁性开关；8.导向板1；9.导向板2；10.齐尾气缸磁性开关。

图 9-27 齐头机构的工作过程

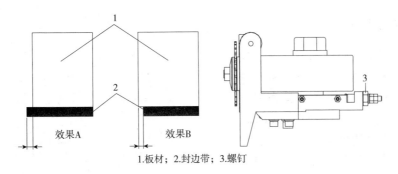

1.板材；2.封边带；3.螺钉

图 9-28 齐头效果的调节

同时还可以调节电机与导轨的角度，得到图 9-29 中 A 和 B 所示的齐头效果。

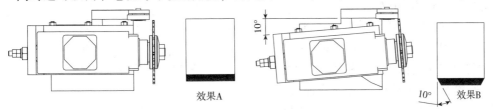

图 9-29 电机角度的调节

9.4.5 修边

（1）功能分析

修边机构分一次修边机构和二次修边机构，作用是将封边带上下两边突出于板材上下表面多余的封边带切除，使封边带上下边缘与板材的上下表面平齐（图 9-30）。

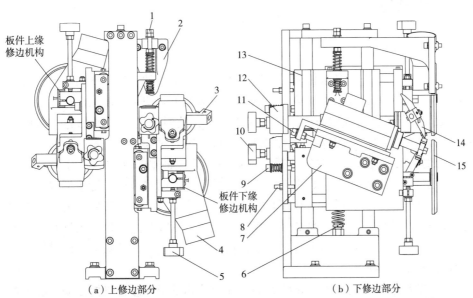

（a）上修边部分　　　　　　　　　　（b）下修边部分

1.上修边调节压力调节螺杆；2.吊架；3.侧止动盘座；4.吸尘罩；5.导向轮调节手轮；6.下修边压力调节螺杆；7.角度调节座；8.限位螺钉；9.修边刀压力调节螺杆；10.侧止动盘进给调节手轮；11.修边刀进给调节螺钉；12.封边带厚度计数器；13.修边滑座；14.侧止动盘；15.导向轮。

图 9-30 修边机构

（2）机构调节

①一次修边机构的调节。为了减小二次修边 R 圆角的铣削量，从而得到更为平整的 R 圆角；同时又为了满足不修 R 圆角，而修平直边时的需要，增设一次修边机构。

一次修边刀为平刀刃，安装和调试方法与二次修边刀的安装方法一样，只是一次修边刀的刀刃直线与水平方向的夹角为 10°左右。

②二次修边机构的调节。当利用二次修边机构整修工件的 R 圆角时，只须将上修边机构和下边机构的计数器值设置与封边带的厚度相对应即可。

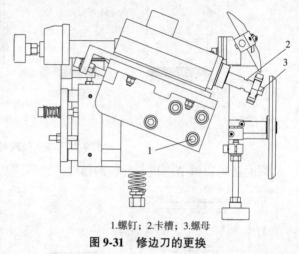

1.螺钉；2.卡槽；3.螺母

图 9-31　修边刀的更换

③修边刀的更换步骤。拧下如图 9-31 中 4 个 1 号螺钉，将电机座部分取下，再在 3 号位置上用扳手卡住电机轴，用扳手拧开修边刀前端的螺母 2，将修边刀取出，换上新的修边刀，安装过程与上述相反。

在安装新的修边刀时，应特别注意电机旋向和修边刀旋向的相对关系，如果将修边刀装反，作业时将使修边刀破损，板件也会受到损害。同时因为修边电机在高速旋转，修边时稍有不平衡，电机就会产生强烈的振动，造成许多部件的损坏，因此，只要发现修边刀稍有破损就必须立即更换。

9.4.6　跟踪修边

（1）功能分析

跟踪修边机构的作用是电机通过跟随板件移动，将板件上所封的封边带两端直角尖端铣成圆弧，使板件封边后更加美观和圆滑。一般要求封边带厚度大于或等于 1.5mm。

如图 9-32 所示，跟踪修边机构处于待机状态，此时感应器 2 的灯亮。当板件前端触到 1 号行程开关后，下跟踪修边机构进入工作状态，对板件左下角的直角尖端进行圆弧铣型，如图 9-33 所示，此时感应器 1 的灯亮。板件将跟踪修边电机往前推，两个气缸同时作用使得跟踪修边机构始终与板件紧密贴合，从而对板件进行仿形修边。当板件前端触到 2 号行程开关之后，上跟踪修边进入工作状态，准备对板件左上角的直角尖端进行圆弧铣型。当板件厚度脱离 2 号行程开关后，下跟踪修边机构对板件右下角的直角尖端进行圆弧铣型。当板件后端脱离 3 号行程开关之后，上跟踪修边机构对板件右上角直角尖端进行圆弧铣型。

在下跟踪修边机构运动到工作状态的过程中，如果跟踪修边机构运动速度太快，则会造成此机构与减振器发生较大力度的碰撞，使下跟踪修边机构就会产生很大的振动。在振动中下跟踪修边机构就会断断续续地脱离感应器 1 的感应范围，感应器 1 的灯不停地闪烁，因此导致此机构工作不正常或提前结束工作而恢复到待机工作状态。

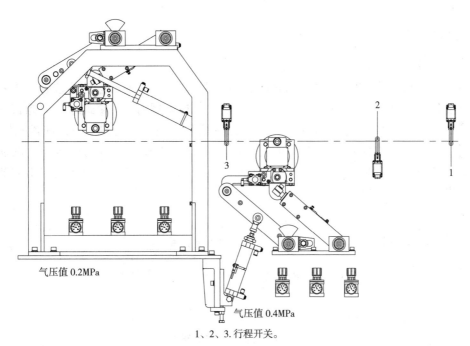

气压值 0.2MPa

气压值 0.4MPa

1、2、3. 行程开关。

图 9-32 跟踪修边待机状态

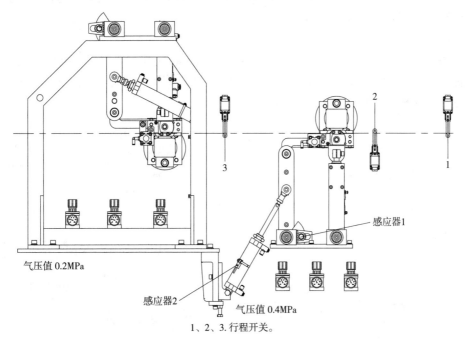

气压值 0.2MPa

感应器1

感应器2

气压值 0.4MPa

1、2、3. 行程开关。

图 9-33 跟踪修边工作状态

解决上述现象的方法如下：

①使用压力表调节工作压力；

②使用流量调节阀调节气缸的气体流量；

③如果仍未消除此现象，那么首先矫正感应器 1 的安装位置，再采用方法①和②进行调整。

（2）机构调节

①工件铣削量的调节

图9-34中表示被加工件的运动方向，同时用A、B、C表示板件的位置。当板件A处铣削量大，而B处铣削量小时，松开螺钉2，拧紧螺钉1，使跟踪器向螺钉2方向偏移；当被加工件A处铣削量小，而B处铣削量大时，松开螺钉1，拧紧螺钉2，使跟踪器向螺钉1方向偏移，来矫正铣削量。调节板件C处的铣削量是通过图9-34中3处的螺杆和螺母来共同调节的。用3处的螺杆和螺母及丝杆4对所铣削出的R角进行调节。

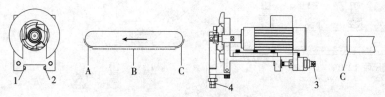

1、2、3.螺钉；4.电子杆；A、B、C.铣削位置。

图9-34　板件铣削量的调节

当机构处于正常工作位置时，更换不同厚度的封边带后，只须调节丝杆4，使计数器的读数与所用封边带厚度一致即可。

②电机转角调节

如图9-35所示，感应开关1为工作结束传感器，感应开关2为工作电机的旋转角度调节传感器。当感应开关2远离感应开关1时，电机的旋转角度就增大；当感应开关2靠近感应开关1时，电机的旋转角度就减小。

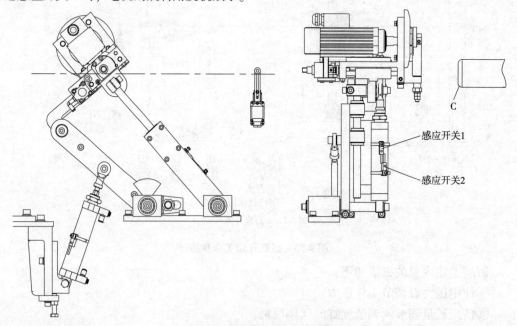

感应开关1

感应开关2

图9-35　电机转角调节示意图

③刀具更换步骤

将图 9-36 中的 2 个螺钉 1 拧下，可将图 9-36(c)结构整体取下，然后用扳手卡住图 9-36(b)中电机轴的 2 处，用扳手拧下刀具前端的螺母 3，即可更换新刀。更换好后重新装回即可。

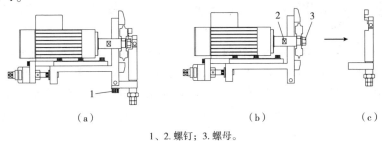

（a）　　　　　　　　　　（b）　　　　　　　　（c）

1、2. 螺钉；3. 螺母。

图 9-36　铣刀更换示意图

9.4.7　刮边

刮边机构的安装与调试与修边机构相似，功能是去除修边刀留下的刀痕及精修 R 圆角，所以它的安装直接关系到工件的加工质量（图 9-37）。

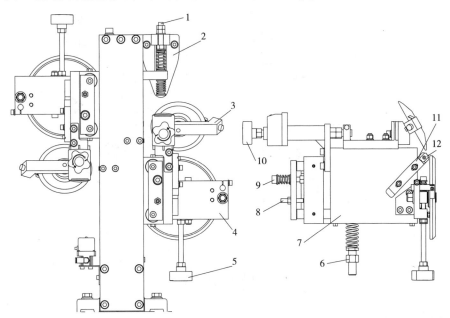

1. 上修边调节压力调节螺杆；2. 吊架；3. 侧止动盘座；4. 导向轮座；5. 导向轮调节手轮；6. 下修边压力调节螺杆；7. 刮边滑座；8. 限位螺钉；9. 修边刀压力调节螺杆；10. 侧止动盘进给调节手轮；11. 刮刀座；12. 刮刀。

图 9-37　刮边机构

刮边机构工作时所削下的封边带碎带应为 0.2~0.3mm，空气喷嘴的作用是吹走刮下的碎带，防止其夹到工件与导向轮之间，影响加工质量，因此喷嘴位置也应该调整到利于吹走碎带位置，同时还应该根据加工情况，适当控制加工过程各个方向上导向轮相对于工件的压力。

刮边机构在正常状态下，如果刮削出来的碎带太厚，则减小刮削量；如果刮边刀刮不到工件，则增大刮削量。

9.4.8 开槽

(1)上开槽

上开槽机构的主要作用是在板件的上表面铣出一个槽，以便于安装玻璃、背板等。加工简单，安装方便。

①操作方法：不使用上开槽机构时，机构处于待机状态。当需要使用此功能时，只须按下控制面板上的上开槽按钮，机构将自动进入工作状态。如须更改槽与板边缘的尺寸，只须旋转图 9-38(a)中调节手轮 2，将位置显示器的数字调整到与所需边距相同即可。若要调节开槽的深度，则可通过图 9-38(a)中的螺钉 1 来调节锯片的下降高度，图 9-38(a)中 H 即为开槽的深度。

②锯片更换方法：首先拆下吸尘罩，将图 9-38(a)中的 2 个锁紧块上的螺钉 3 拧松，然后拉开锁紧块，将开槽机构翻转到图 9-38(b)所示状态，即可更换锯片。更换好锯片之后，将机构翻回原位，锁紧锁紧块，固定后装上吸尘罩即可。

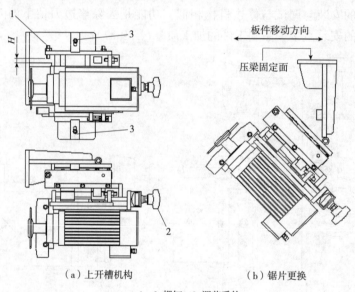

(a)上开槽机构　　　　　　　　(b)锯片更换

1、3.螺钉；2.调节手轮。

图 9-38　上开槽功能与机构调节

(2)水平开槽

水平开槽机构(图 9-39)的主要作用是在板件侧边铣出一个槽，以便于安装玻璃、防撞条等，加工简单，安装方便。

操作方法：不使用开槽机构时，机构处于待机状态。当需要使用此功能时，只须按下控制面板上的开槽按钮，机构将自动进入工作状态。如须更改槽与板边缘的尺寸，只须用扳手调节升降调节轴，将位置显示器的数字调整到与所需边距相同即可。若要调节锯槽的深度，则可通过图中的开槽深度调节手轮来调节，将计数器的数字调整到与所需的开槽深度相同即可。

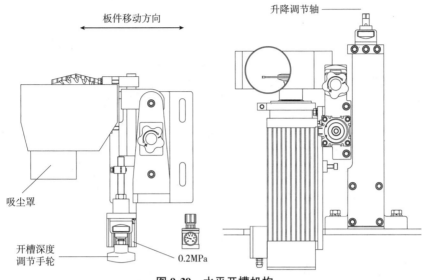

图 9-39 水平开槽机构

（3）垂直开槽

垂直开槽机构（图 9-40）的主要作用是为背板或玻璃的安装预先铣出一个安装槽，省去传统安装中的钉钉工序或推台锯开槽工序，使安装更简单、更精确，外观更为美观。

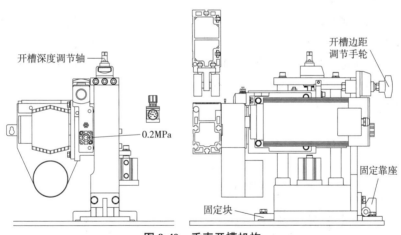

图 9-40 垂直开槽机构

①操作方法：不使用开槽机构时，机构处于待机状态。当需要使用此功能时只需按下控制界面上的开槽按钮，机构将自动进入工作状态。如需更改槽与板边缘的尺寸，只需调节开槽边距调节手轮，将位置显示器的值调整与所需边距相对应即可。若要调节锯槽的深度，则可通过图 9-41 中的开槽深度调节轴来调节锯片上升的高度。

②锯片更换方法：首先将图 9-41 中的固定块紧固螺钉拧松后将固定块拉开，然后将整个开槽机构翻转至固定靠座上，便可开始更换锯片。更换好锯片之后，将机构翻回原位，将固定块压在底座上，固定块紧固螺钉即可。

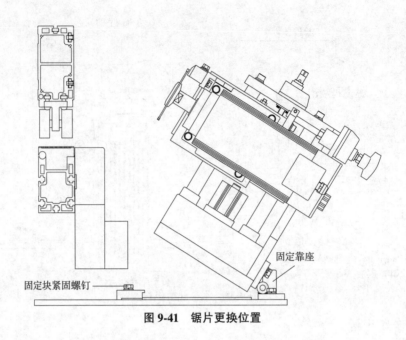

图9-41   锯片更换位置

固定块紧固螺钉

固定靠座

9.4.9   抛光

抛光机构的作用是抛除封边带的边缘毛刺及封边带与板件之间的残余胶水，使板件封出来的边更加干净光滑。

①操作方法：若对不同厚度的板件进行封边，则需调整上下抛光布轮的间距，只需拧动上下两个调节螺母2调节布轮间的间距即可。若要调节布轮与板件上下表面的倾角，则可松开固定电机的螺钉，调整电机轴线与板件上、下表面的垂直夹角，如图9-42中所示角度A在5°~10°；松开螺钉1，调整电机的水平夹角；利用升降调节丝杆调整电机的上下位置，使所加工的R圆角嵌入布轮3~5mm，拧紧各个固定的螺钉。

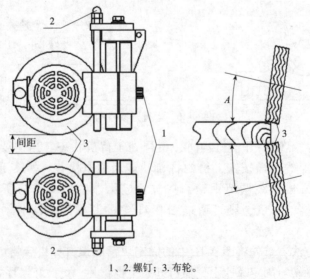

1、2.螺钉；3.布轮。

图9-42   抛光机构

②抛光布轮更换方法：抛光布轮为易损件，当板件经抛光后抛光效果较之前明显下降，则需立即更换布轮。如图所示，松开固定电机的螺钉，将布轮前的锁紧螺母拧下，卸下旧布轮，换上新布轮，再用螺母将其固定，并将电机按原位置固定于滑块即可。

9.5　异型封边机

异型封边机是一种直线曲面封边机。它可以封贴如图 9-43 所示各种形状的曲面，同时也可作直线平面边缘封边。封边材料可分为装饰单板、PVC 薄膜、三聚氰胺层积材、实木条等，采用热熔胶封贴。封边材料尺寸和封贴边缘尺寸如图 9-44 所示。

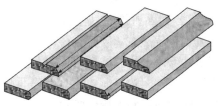

图 9-43　异型封边机封贴的各种曲面形状

如图 9-45 所示是 KLO78E 型异型封边机。该机由床身 10、进给机构 9、上压紧机构 8、电控盘 2 和 6 个基本机构：万能预加工机构 1、封贴机构 3、万能成型加压机构 4、前后截头机构 5、上下边粗铣机构 6 和上下倒棱机构 7 所组成。为了扩大机器的功能，在其后部设有长度为 1600mm 的空位，根据工艺要求，可加装 9 种任选修整加工机构。为便于制造、选用和装配，各加工机构都做成定型结构，相应加工机构的工作原理和结构与直线封边机基本相同。该封边机采用宽度为 80mm 的稳固的履带链条轨道无级调速进给机构和机动调整高度的上压紧机构，保证了工件有优越的基准导向；各加工机构很方便地安装在机架上，需要时，可快速地对机器进行改装；电气系统安全可靠，装有一个 300Hz 的变频电机；机器容易操作和维护，控制盘装在机器进给端的明显部位，具有总开关按钮、信号灯和紧急停车按钮，还设有各加工机构的高度总调整系统。

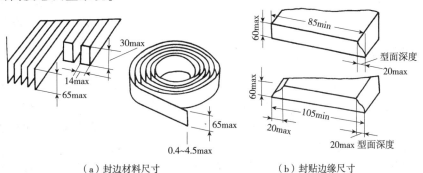

（a）封边材料尺寸　　　　　（b）封贴边缘尺寸

图 9-44　封边材料尺寸和封贴边缘尺寸示意图

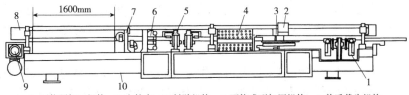

1. 万能预加工机构；2. 电控盘；3. 封贴机构；4. 万能成型加压机构；5. 前后截头机构；
6. 上下边粗铣机构；7. 上下倒棱机构；8. 上压紧机构；9. 进给机构；10. 床身。

图 9-45　KLO78E 型异型封边机外形结构

9.5.1 基本机构

(1)万能预加工机构：由两个铣削机构组成，分别装在支架的两边，铣刀直接装在高频电机的轴上。每台电机功率为3kW，频率为300Hz，转速为9000r/min，都具有垂直和水平调整机构。第一个铣刀头进行逆向铣削，并设有电气动中断加工控制机构，以防止工件横头撕裂。第二个刀头采用顺向铣削。

(2)封贴机构(热熔胶软边机构)：该机构采用热熔胶胶合技术。具有一个10L的胶容器，胶辊施胶，胶辊直径40mm，可正反转动。直缘封边时，将胶施在工件上；加工异型边缘时，将胶施在封边带上。具有电子温度控制和有带料或卷状封边条料仓和切断装置。当缺封边条时，能自动停止进给。胶料加热器功率约5kW。设有封边料与工件同步进给机构和预压合装置。后者由一个主压辊和若干个辅助压辊组成，以保证直角和异型边的预封贴作业。

(3)万能成型加压机构：它由很多不同形状的压辊组成。全部压辊分为四组，分别装在可转动的转轴四边。每边压辊的安排都适用于一个特别的型面压合，即不改变压辊排列，只靠转动压辊组就可以满足四种型面压合作业。

(4)前后截头机构：其结构和平面封边机相似。用于对封边材料前后头倾斜或垂直截断。可适应封边料最大厚度为14mm，异型面封边深度最大为20mm。每台电机功率为1kW，频率为300Hz，转速为18 000r/min。

(5)上、下边粗铣机构：用于铣削超出工件上、下表面的封边料多余部分。设有垂直限位装置，上、下各具有一个能正反转的硬质合金铣刀头。每台电机功率为1.5kW，频率为300Hz，转速为18 000r/min。

(6)上、下铣棱机构：用于塑料或木质封边料的工件上、下边纵向修整倒棱或圆化($r=2\sim6mm$)。设有垂直和水平导向辊，保证铣刀头能对工件进行精确修整。铣刀机构能作30°以内的转动调整。每个电机功率为0.6kW，频率为300Hz，转速为18 000r/min。

9.5.2 任选修整加工机构

(1)上成型修饰机构：它由两个从上部修饰加工前、后横头封边条端头的铣刀切削机构组成。为使铣刀头做仿型运动，每个铣刀头在做切削运动的同时还受控于一个能沿工件端头形状做仿型运动的靠环一起运动，并设有刀具快速更换装置。每个电机功率为0.3kW，频率为300Hz，转速为18 000r/min，所需安装长度为930mm。

(2)万能修整机构：由装在专用支架两边的铣削机构组成，两个铣刀直接装在电机轴上。用于在工件上加工贯通或不贯通凹槽或钝棱。由改变转动方向的正反向开关实现顺铣或逆铣。铣刀可以调成上位、下位或倒位完成不同的作业。电机功率为3.0kW，频率为300Hz，转速为18 000r/min，该机构还可附装一个中断修整加工控制装置，所需安装长度为470mm。

(3)刮光机构：由装在专用支架两边分别对工件上、下棱进行直接或成型刮削的机构组成。刮刀由相应的限位导向盘控制并可作相应的调整，所需安装长度为575mm。

(4)带式砂光机构：用于对单板或实木条封贴面进行砂光。电气控制的砂光垫可以防止工件两头砂圆或过量砂削。进料停止时，砂垫自动抬起。砂带除进行切削运动外还有侧向摆动，用数控调整对不同厚度封边条的加工。砂带尺寸为120mm×2100mm，砂带速度为 11m/s，电机功率 1.8kW，所需安装长度为 400mm。

（5）成型带式砂光机构：用于对宽度不超过 60mm 的直缘和异型面砂光，最小允许外圆弧半径为 4mm。由于该机构有较大的转动角度（向下可转 10°，向上可转 60°）并且倾斜带辊和砂垫之间距离很大，所以砂光机构对封贴面形状变化的适应性较强。可以用气压无级调整。在工件停止时，砂垫受电气控制自动抬起。砂带尺寸为（60~80）mm×2500mm。带速为 5.5m/s、11m/s。相应的电机功率为 1.1kW 和 1.8kW，所需安装长度为 650mm。

（6）上、下倒棱带式砂光机构：用于上、下边倒棱或加工圆化（圆化半径达 12mm）。设有一个快速夹紧系统，不用工具能快速转换砂垫位置。砂带尺寸为（20~35）mm×200mm。砂带速度为 7m/s，每台电机功率为 0.55kW，所需安装长度为 350mm。

（7）抛光机构：是采用两个层状砂布或其他材料做成的轮子对封贴面上、下棱角抛光的机构。抛光角度可以调整。抛光轮转速为 2800r/min，每台电机功率为 0.25kW。

（8）镶嵌封面加工机构：该机构由划痕锯片、清理铣刀和带有圆刀片的成型压辊等组成。其主要用来使包覆封边材料包贴在工件表面上，具有与工件上、下表面等高效果的加工作业。

9.6　曲直线封边机

曲直线封边机用于板件直线边缘和曲线边缘的封边作业。一般为手工进给，结构简单，适应性较强，生产效率较低。

如图 9-46 所示是曲直线封边机外形图。此种封边机可以采用塑料封边带、浸渍纸层压条和单板条为曲线外轮廓的板件封边，可以封边的最小圆弧半径为 20mm。封边条厚度为 0.4~0.8mm，直线封边时厚度可达 5mm。

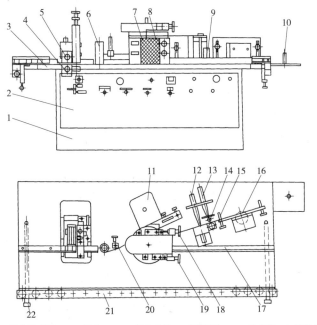

1.床身；2.操作控制板；3.工作台；4、5.修整刀架；6.压贴辊；7、8.涂胶辊；9.送料针辊；
10.封边带安放轴；11.胶罐；12.剪断气缸；13.压紧气缸；14.偏心辊；15.封边带宽度限位杆；
16.计量辊；17.导尺；18、19.涂胶量调节手轮；20.封边带导向片；21.侧向压架；22.侧向压紧架。

图 9-46　BRT 型曲直线封边机外形图

　　该机由床身 1、操作控制板 2、工作台 3、上修整刀架 5 和下修整刀架 4、压贴辊 6、涂胶辊 7 和涂胶辊 8、送料针辊 9、盘状封边带安放轴 10、计量辊 16、封边带宽度限位杆 15、偏心辊 14、压紧气缸 13、剪断气缸 12、胶罐 11、侧向压紧架 21、封边带导向片 20、导尺 17、涂胶量调节手轮 18 和涂胶量调节手轮 19 等组成。

　　工作时，将热熔胶加入胶罐 11 中，通电加热，当温度达到规定值时才可启动机器。在封边带安放轴 10 上安放盘状封边带，根据封边带宽度调节限位杆 15 的高度。如使用单板条封边时，则应卸去偏心辊 14，由压紧气缸 13 压向封边条。封边材料由送料针辊 9 送进，送料针辊和封边材料啮合或分离由气缸带动。封边材料经涂胶辊 7 涂胶后经导向片 20 由压辊 6 压向手工进给的工件封边表面使其贴合。计量辊 16 对封边长度进行计量并适时发出信号控制剪切气缸 12 动作，将连续封边带切断。工件经上、下修整刀头修边完成封边作业。涂胶量调节手轮 18、涂胶量调节手轮 19 用以调节涂胶量。在进行直线封边时，借侧压紧支架 21 将工件压向导尺 17，操作人员只需向进给方向施加一定的力就可以实现封边作业。

第 10 章
贴面压机与真空气垫薄膜压机

板件贴面设备广泛用于对木制品板件进行表面装饰贴面加工。装饰贴面所用的材料有木制刨切单板和人造薄膜装饰材料。

人造薄膜装饰材料主要是聚乙烯膜(PVC)、聚脂薄膜和三聚氰胺浸渍纸。人造薄膜装饰材料有各种花色和纹理，可以节省珍贵木材，无须挑选和拼接，贴面时无须砂光。木制刨切单板可以最大限度地利用珍贵材种。

木制刨切单板贴面工艺可以采用单层或多层贴面热压机或冷压机，人造薄膜装饰材料的贴面工艺可以采用单层、多层平面热压机或辊压机。平压机和辊压机都可以压出装饰纹理，以提高薄膜的装饰效果。因此，平压机上采用专用浮雕垫板，而辊压机则借助于浮雕压辊。

用单层和多层压机覆贴刨切薄木和人造薄膜装饰材料的贴面工艺过程非常相似，因此所用设备也相同。目前多用单层短周期覆贴压机。由于人造薄膜装饰材料一般为卷材，所以用单层压机和多层覆贴时，应将薄膜裁成与被装饰件相适应的尺寸。

根据热压机工作特性，贴面压机可以分为短周期式贴面热压机和连续式贴面热压机两大类。根据所用贴面材料不同，可以分为刨切单板贴面压机和浸渍纸或人造薄膜装饰材料贴面压机。根据加工工艺和压机结构特点，可以分为平压压机和辊压压机两种。平压压机又可以分为单层和多层平压压机，辊压压机又可以分为热辊压机和冷辊压机。目前国内广泛应用短周期平压法冷、热机进行覆贴。

10.1 工艺流程

10.1.1 短周期热压胶贴生产线

短周期热压胶贴生产线，可以用刨切单板(薄木)、浸渍纸和装饰薄膜对家具板件、门、各种板材和活动工房板件进行胶贴，其典型流程和结构如图 10-1 所示。

需要贴面的板垛用车间输送小车放置在液压升降台 10 上，气动进料装置 11 将板料自动送入除尘机 9 清除表面灰尘。然后板料经输送辊台 1 通过涂胶机 8 到达盘式输送机 2，操作人员将装饰薄木存放架上的薄木和已涂胶的板料在组坯台 4 上组坯，然后送往坯台输送机送入单层短周期贴压机 7，服帖好的板件经升降机 5 堆入辊台 6 上堆垛。

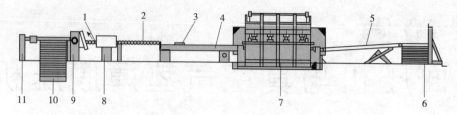

1. 输送辊台；2. 盘式输送机；3、4. 组坯台；5. 升降机；6. 辊台；7. 单层短周
期覆贴压机；8. 涂胶机；9. 除尘机；10. 液压升降台；11. 气动进料装置。

图 10-1　短周期热压胶贴生产线典型流程和结构图

10.1.2　浸渍纸覆贴生产线

树脂浸渍纸覆贴后的板材表面可以无须进行装饰加工。在热压时，浸渍纸中的胶，一部分在高压下使浸渍纸和基材胶合，另一部分到达胶贴板表面形成一层牢固的装饰表面。

多层压机覆贴按下列工艺进行：首先在组坯输送机上组坯，坯垛由表面装饰纸、板料、上下衬板和石棉平衡压力垫板组成。一般采用机械化方式同时对多层压机进行装料，装料在压机冷却状态下进行，坯垛装入后热压机闭合，然后使热压板升温加热浸渍纸，温度达到170℃，压力超过2.5MPa，加压时间为8~10min。热压完毕，压机冷却到80℃时热压板打开，进行机械化卸料。

现代生产较广泛地采用单层短周期热压机作业线进行覆贴，与多层压机作业线相比，在经济方面和技术方面更为优越。三聚氰胺浸渍纸固化时间一般为30~50s，热板温度为190~210℃，板面压力为2.0~3.0MPa，热板进出口的温度差不得超过4℃。在单层压机上加工大幅面板更为合理。

图10-2为三聚氰胺浸渍纸短周期压机贴面生产线平面示意图。

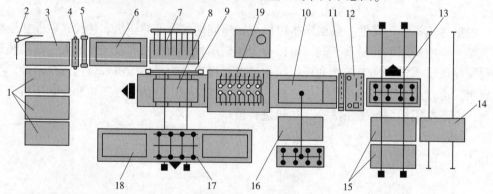

1. 输送辊台；2. 推料器；3. 升降台；4. 刷光机；5、6. 中间输送机；7. 转送台；8. 组坯台；9. 装卸料机；
10、13. 输送机；11. 锯机；12. 修边机；14、18. 小车；15. 辊台机；16. 料台；17. 真空输送机；19. 压机。

图 10-2　三聚氰胺浸渍纸短周期压机贴面生产线

用车间输送设备将板材垛放在输送辊台1上，以保证连续供料。三聚氰胺浸渍纸放在料台16上，其中一个存放上表面浸渍纸，另一个存放下表面浸渍纸。板料垛从输送辊台1输送到升降台3上，升降台上升一块板厚距离，推料器2将板垛最上一块板送入刷光机4除去灰尘。此后，升降台下降至最初位置，承接来自输送辊台1的下一个板垛。板料经刷光机4和中间输送机5和中间输送机6进入转送台7，必要时(如塑贴合成人造薄膜时)可将中间输送机5换装成涂胶机对板坯进行涂胶。浸渍纸存放小车18被送到真空输送机 17。真空输送机借真空吸盘将浸渍纸送到至组坯台 8 上，转送台 7 将板料放在底面塑贴纸上，然后真空输送机 17 再将上表面浸渍纸放在其上，完成组坯。坯垛借单层压机的装卸料机 9 送进压机 19，并同时将已覆贴好的板件提起送出压机并放在输送机 10 上。塑贴板材在锯机 11 上裁成较小幅面，然后在修边机 12 上修边，去除板材多余伸出部分浸渍纸。塑贴板材进而在输送机 13 上检验上表面质量，并使板材翻转 90°检验下表面质量。然后根据质量分级放在相应的辊台机 15 上。当已塑贴好的板材达一定数量时，真空输送机将一块保护板盖在板垛的上边，板垛被送到横向小车 14 上，并用车间运输机送入仓库。

10.2　短周期贴面压机

10.2.1　功能与用途

表面覆贴装饰工艺是用刨切单板、装饰纸、塑料装饰板或其他饰面材料覆贴到基材的表面上，遮盖材面的缺陷，提高基材表面耐磨性、耐热性、耐水性和耐腐蚀性等，同时可以改善和提高材料的强度和尺寸稳定性，短周期贴面热压机就是为满足不同装饰贴面工艺和保证贴面质量的一种设备。

短周期覆贴热压机广泛用于木质板式家具零件胶贴生产中，在门窗生产中应用也很普遍。短周期压机和多层热压机相比有着更多的优越性，其结构较为简单，容易实现连续化自动化生产，投资效益高，操作维修较方便且宜覆贴大幅面板件。

在家具生产中，特别是板式家具生产中，板式零部件有很大的比重，这些零部件一般都是刨花板、中密度纤维板、纤维板、胶合板等素板进行覆贴木质刨切薄木、人造薄膜和浸渍纸等，以提高其装饰性能。该处理有利于利用低品质材和提高木材利用率，降低家具生产成本。

随着家具等木制品生产中各种木质人造板的广泛应用和表面装饰材料加工技术的进步，使各种贴面材料饰面的需求不断增多，各种木制品生产厂家对自动化和智能化机械和工艺的需求也越来越高，连续高效的短周期热压机饰面工艺技术应运而生。其将组坯工序组合到压机生产线中，简化工序同时，组成一条自动循环的生产线。生产线由进料运输机、出料运输机和热压机组成，计算机数字控制系统将热压机和运输机连接起来，自动完成制品的压贴过程。

10.2.2　分类与特点

10.2.2.1　分类

根据短周期贴面压机的应用情况，短周期贴面压机分类方法主要有两种，即根据压机机架结构特征进行分类和根据压机使用的贴面复合生产工艺进行分类。

（1）按机架结构特征分类

机架是短周期贴面压机承受作用力的主要部件，用于支撑油缸、热压板、隔热垫等各基本部件，并在工作时承受压机的总作用力，根据压机的机架结构特征压机分类，可分为型材焊接式(图10-3)和钢板框架组装式(图10-4)两种。

①型材焊接式：该结构采用上、下横梁与立柱焊接，构成一个整体机架。活动横梁通过油缸上、下运动开启闭合，完成加压制作。上热板安于活动横梁上，下热板安装于下横梁上，工件置于两个热板之间。型材焊接式机架整体刚度好，制造工艺简单，经济性较好，市场占有率高。因此型材焊接式是我国行业内目前使用较典型的类型。

②钢板框架组装式：该结构与型材焊接式的区别是机架，其他部分基本相同。钢板框架组装式机架是由厚板切割成的单片整体镂空框架组成。就是将两片或两片以上框架通过焊接或螺栓拼接成的一个受力单元，该结构拆装方便，便于运输。

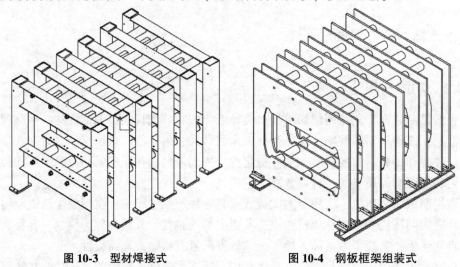

图10-3　型材焊接式　　　　　　图10-4　钢板框架组装式

(2)按贴面复合生产工艺分类

贴面复合工艺流程为：备料→涂胶→组坯→压贴→修补。

根据贴面胶合工艺的特点，贴面胶合工艺可分为以下两种：

①冷压贴面工艺：冷压贴面工艺无须加热，有的冷压须在一定的温度下陈放一定时间再进行压制；有的冷压无须陈放，压制时间短，生产效率高，比如常用的AB胶生产工艺。

②热压贴面工艺：热压贴面工艺需要热压板达到一定的温度，一般为100℃，热压时间短，生产效率高。

每种贴面工艺都有各自的优缺点，实际应用中需要根据生产条件和需求，选择不同的生产工艺，短周期贴面压机都可以满足不同工艺的使用要求。

10.2.2.2　主要特点

(1)贴面压机热压板单位工作压力要求比较低，一般情况下，面压小于0.5MPa。

(2)要求热压温度高(或冷压)、时间短，进出料速度快，既能保证工件压贴质量，也能显著提高工作效率。

(3)工艺参数调整范围较宽，通过调整控制过程，能满足各种贴面生产工艺的要求。

(4)采用耐高温、耐腐蚀、耐磨损与防粘胶的高性能薄膜，具有性能优良，使用寿命长的优点。

(5)根据不同的压制工件，设备可以进行偏压设置，加压油缸可以分成左、中、右三组，当工件幅面大时，可以三组同时加压，当工件幅面小而不能满铺热压板幅面时，可以根据情况将左或右加压油缸组停止加压，尽可能满足更多规格工件的压制，这样既可以节约能源、节省成本，又可以延长压机使用寿命。

（6）由短周期贴面热压机为主组成的机组可以一次完成组坯、进料与出料的功能。最大限度降低由于人工装料造成面材开缝和重叠的缺陷。短周期贴面压机机组如图 10-5 所示。

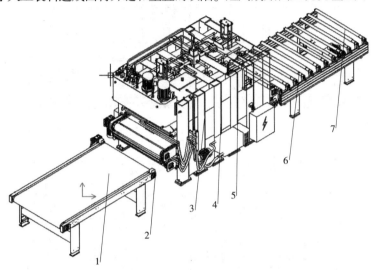

1.组坯皮带运输机；2.驱动辊筒；3.压机；4.下热压板；5.上热压
板上限位行程开关；6.出料辊筒；7.光电开关。

图 10-5　短周期压机机组

10.2.3　结构

贴面压机主要用于对各种人造板和木质基材覆贴刨切装饰单板，也可用于其他片状装饰薄膜覆贴加工。

图 10-6 是一种装饰单板短周期覆贴压机的示意图。压机由机架 3、液压系统 1、板坯运送装置 4、蒸汽管 2、上压板 5、下压板 6 和上压板平衡运动机构 7 等组成。

10.2.3.1　主机结构

机架由厚钢板框片组成，底部用螺栓和两个纵向支承基梁连在一起，便于在基础上安装。机架下梁上面和上横梁下面各装有一块固定热压板，上横梁上装有压力油缸和回程油缸。油缸活塞杆分别与上活动横梁连接，在活动横梁的下面装有上热压板，上、下热压板中加工有一系列互相接通的管道，用于接通蒸汽或热油等加热介质对热压板加热。上热压板与活动横梁之间和下热压板与下横梁之间都有隔热石棉板层。压机有 12 个主压力油缸和 4 个回程油缸，不同的工件幅面和压力要求压机有不同数量的主压力油缸和回程油缸。

10.2.3.2　液压传动系统

图 10-7 是短周期贴面热压机液压系统图。当三位四通换向阀 15 处于中间位置和两位二通阀 4 接通时，回程液压缸 12 接通油箱 11 回油。上热压板靠自重下降，同时带动压力缸柱塞下降，液压油从油箱 11 经充油阀 10 对主压力油缸 9 充油。换向阀 15 处于左位时压力油进入主压力液压缸加压。卸荷时，换向阀 15 处于右位，两位二通阀 4 关

闭，液压泵控制油打开压力缸的充油阀 10，压力油进入回程液压缸 12，使上热压板和压力缸柱塞上升，压力缸中液压油经充油阀 10 回油箱 11。

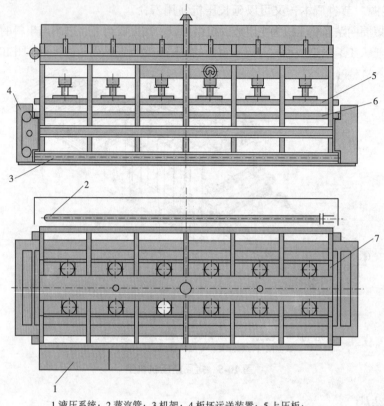

1.液压系统；2.蒸汽管；3.机架；4.板坯运送装置；5.上压板；
6.下压板；7.上压板平衡运动机构。

图 10-6　装饰单板短周期贴面热压机

10.2.3.3　板料装卸运送机构

板坯运送装置(图 10-8)由电机 7 带动位于压机边部的两根链条 2 运动。两链条上装有相应的夹紧装置 6，并带动四根夹紧运送装置推动聚酯前一个板长的距离，送入压机两块 1.22m×2.44m 的板坯垛。在上热压板 4 和下压板 1 与运送聚酯带之间，各装有一块防静电织物衬带 3 和防静电织物衬带 5。

10.2.3.4　压力保护装置

压机热压板受压不均不仅影响产品质量，还会损坏热压板。因此一般设有压力保护装置，其结构示意如图 10-9 所示。

在进行压力保护初调前，必须具备下列条件：①全机必须精确调平，装好电气装置；②清除热压板上的灰尘和污垢；③装好装卸料带和防护带；④热压板加热到最高操作温度。

压力保护装置(图 10-10)是由多个均布在框架 1 上的微型开关 2 和控制电路组成的，每横排压力缸有两个微型开关。压力保护装置在上热压板 3 上的调整。

调节步骤如下：①闭合压机；②转动滚花头螺钉 2，调节框架 4 与上热压板 1 平行，借滑规检查。支架 6 应正常支承框架 4；③将螺钉 5 旋入支架 6 内，将所有微型开

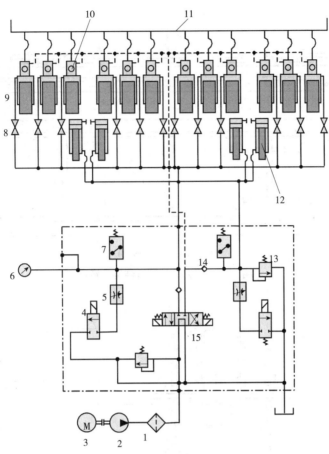

1. 滤气器；2. 气泵；3. 电机；4. 两位二通阀；5. 节流阀；6. 压力表；
7. 压力继电器；8. 截止阀；9. 主压力液压缸；10. 充油阀；11. 油箱；
12. 回程液压缸；13. 溢流阀；14. 单向阀；15. 三位四通换向阀。

图 10-7　短周期贴面热压机液压系统图

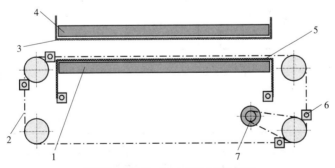

1. 下压板；2. 链条；3、5. 防静电织物衬带；
4. 上压板；6. 夹紧装置；7. 电动机。

图 10-8　装卸运输机构

关 3 旋至同一水平面，再使所有调节螺钉 5 和微型开关间保持 0.02mm 的间隙；④指示装置或报警装置必须正常工作，电压为 220V。

微型开关精度为 0.4mm，重复精度为 0.01mm。所有微型开关装在一个共同框架 4 上，控制上压板的变形，微型开关始终调到加工板料厚度位置。在正常情况下，当压力

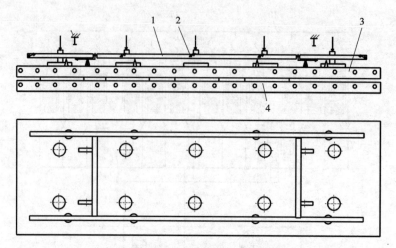

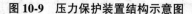

1.框架；2.微型开关；3.上热压板；4.下热压板。

图 10-9 压力保护装置结构示意图

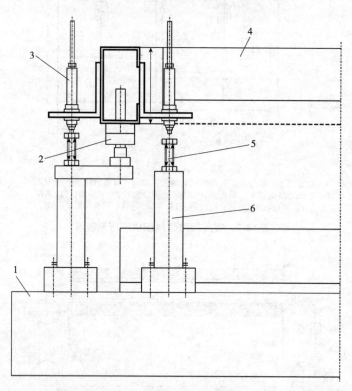

1.上热压板；2.滚花头螺钉；3.微型开关；4.框架；5.螺钉；6.支架。

图 10-10 压力保护装置调整图

保护装置框架 4 均匀地支承在支架 6 上时，所有微型开关应关闭。

当压机的加压误差超过允许量或调整错误时，在热压板和框架之间会产生不同的间隙，相应的微型开关会打开而停止工作，这时压机不能升压并立即打开，指示装置指示出错误加压字样。

当热压机完全打开时，框架 4 从其支架 6 上抬起，所有微型开关便打开。如有一个或几个未打开，则压机不能闭合，指示装置指出错误加压字样，在消除调整错误原因后压机才能正常工作。

10.2.3.5　机械同步装置

在单层短周期热压机上，一般都装有机械同步装置，用于提高活动横梁的运动精度和抗偏载的能力。主要结构有齿轮齿条式和连杆式两种(图 10-11)。

图 10-11(a)为齿轮齿条式，在活动横梁 6 的前后均设有一根和活动横梁下平面平行的齿轮轴 4，轴两端固定大小相同的齿轮 3 与固定在机架 1 上的齿条 2 啮合。这样就保证了活动横梁的平行运动。其运动精度取决于齿轮传动精度和轴的刚度。有的压机结构把齿轮轴布置在机架上横梁上，两齿轮固定在活动横梁上，可视具体情况而定。

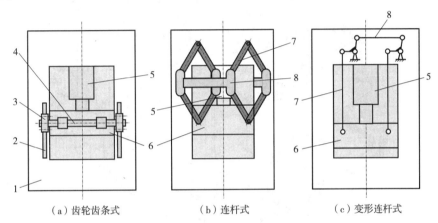

（a）齿轮齿条式　　　　（b）连杆式　　　　（c）变形连杆式

1. 机架；2. 齿条；3. 齿轮；4. 齿轮轴；5. 气缸；6. 活动横梁；7. 连杆；8. 连接杆。

图 10-11　短周期热压机机械同步装置

图 10-11(b)为连杆式同步结构，它是利用两个平行四边形机构保证活动横梁平行移动，每组又各由四根连杆 7 和连接杆 8 构成。这些连杆、连接件和机架上横梁及活动横梁铰接。

图 10-11(c)是图 10-11(b)同步机构的变形，结构作用原理相同。采用机械同步装置后，活动横梁运动精度大为提高，大大减小了偏载下导轨面上的挤压应力，并改善了应力分布状况。

10.2.4　机组

10.2.4.1　机组功能

短周期贴面压机机组由三部分组成：组坯皮带运输机 1、压机 3 和出料辊筒运输机 6组成。根据产品要求出料也可以是皮带运输机，实现工件从进料、压制、出料的自动化。

工件在皮带 1 上进行组坯，组坯完成后进料，光电开关感应到工件后皮带运行停止，随后启动压机 3 的进料输送系统，当链条挡块碰撞行程开关 4 后，压机进料输送链停止运行，压机 3 的油泵电机启动，油缸带动活动横梁和上热板闭合，生产线运行前，根据工件工艺要求设置热压机热压板的温度、热压机压力和热压机保压时间，当热压板闭合后持续时间达到保压时间后，压机上热压板开启，活动横梁触碰到行程开关 5 后停止上升，压机输送链和出料辊筒 6 同时运行，工件被送出热压机，当出料辊筒的光电开关 7 检测到工件时，出料辊筒停止运行，等待取料，如图 10-5 所示。

10.2.4.2 机组结构

短周期贴面热压机(图 10-12)由压机主体 1、进出料输送系统 2、液压系统 3、气压系统 4、电气系统 5、加热系统 6 组成(冷压机没有加热系统)。

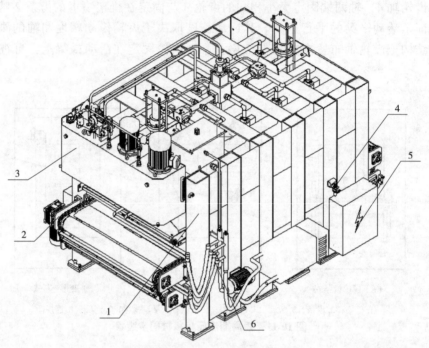

1. 压机主体；2. 进出料输送系统；3. 液石系统；4. 气压系统；5. 电气系统；6. 加热系统。

图 10-12 短周期压机

热压机主体(图 10-13)主要由立柱 1、上下横梁 2、活动工作台 3、固定工作台 4、热压板同步机构 5 等部件构成。

机架与工作台是热压机设计制造中最关键的部分。因为它的质量对热压机的性能与可靠性影响非常大。由于它焊接应力使机架产生变形(弯曲度与扭曲度)，直接影响热压机的形状与位置公差，有可能间接影响压机其他主辅功能系统的使用性能，甚至最终影响产品的质量。特别是机架的不可更换性，它的抗弯曲强度能够决定热压机使用寿命，因此材料的应用、设计安全系数的确定以及焊接工艺的选择也都非常重要。

型材焊接式的机架一般采用 H 型材和槽钢整体焊接结构，根据压机使用压力或者加工工件面压，对机架上下横梁与立柱进行受力分析，运用理论力学和材料力学，进行静载荷梁的受力计算，保证强度和刚度在有效范围。

工作台有活动工作台与固定工作台两种：活动工作台一般采用槽钢焊接结构；固定工作台根据结构有时与机架焊为整体；无论何种形式的工作台也都要经过强度和刚度的计算，保证其使用性能与可靠性，并符合产品使用要求。

为了保证活动工作台上、下动作的稳定性，必须安装同步机构(图 10-14)。

同步机构齿条 1 与活动工作台相连接，齿轮 5 与连轴套 4 及齿轮座板 3 固定在上横梁

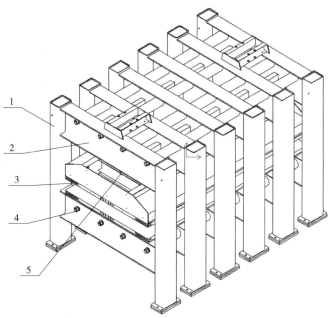

1.立柱；2.上下横梁；3.活动工作台；4.固定工作台；5.热压板同步机构。

图 10-13　热压机主体

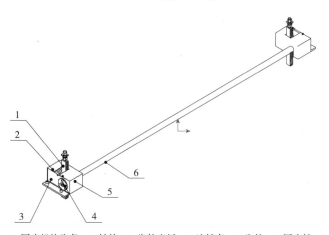

1.同步机构齿条；2.转轮；3.齿轮座板；4.连轴套；5.齿轮；6.同步轴。

图 10-14　同步机构

上，同步轴 6 左右两端分别与齿轮 5 固定，同步轴 6 旋转运动时与连轴套 4 相对运动。当油缸驱动工作台上下运动时，齿条 1 上下运动时依靠转轮 2 进行导向，同时与齿轮 5 相啮合，齿轮轴 6 带动左右齿轮与齿条做同步上下运动，保证活动工作台的上下平稳运动。

10.2.4.3　加热系统

加热系统(图 10-15)是热压机的主要功能系统，主要由加热炉、上下热压板、循环泵及管路等部件构成。

上热板 7 和下热板 6 是加热系统的执行部件，加热炉是加热系统的热源部件。上下热板内开有进出循环孔道。加热炉 1 采用电热管加热，循环介质是导热油，热导热油经过分油器 3 到上下热压板开有的孔道循环后到集油器 4，再经导热油循环油泵 2 回到加热炉1，整个加热系统采用开式强制循环。

在压机闭合条件下，热压板通过工作台的加压，热量经过热压板板面传递到板坯组表面，然后再逐步传递到板坯中央，促使胶黏剂固化。通常热压温度是指热压板温度，且被视为恒热源。在进行压贴时根据工艺要求提前进行设置，压机热压温度是短周期压机的主要参数，热压板表面质量及温度均匀度直接影响工件的贴面质量。

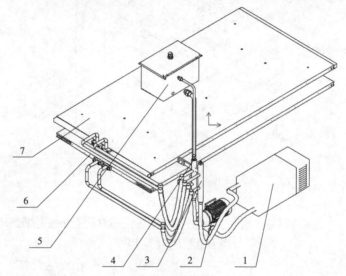

1. 加热炉；2. 导热油循环油泵；3. 分油器；4. 集油器；5. 油箱；6. 下热板；7. 上热板。

图 10-15   加热系统

10.2.4.4   液压系统

液压系统是压机的主要功能系统，主要由主油缸、提升缸、液压站及液压管路等部件构成。

液压系统压力的确定是根据加工件所需面压，计算出压机总压力。再根据总压力，选择油缸的数量规格与液压泵的型号规格后，最后确定液压系统压力。

短周期贴面压机液压系统的特殊性质为在压机贴面压制的工件幅面大小不一致时，如果油缸全部加压，就会出现有的地方无工件进行空压现象，致使压机受力不均衡，不能充分发挥压机的使用优点，影响其使用寿命，造成很大能源浪费。针对此种特殊情况，可采用偏压液压系统原理，对原有压机液压系统进行改良，使压机能根据工件进行调整，满足不同使用要求。

应针对不同工件，应对液压系统进行合理设计，当工件能铺满压机时，全部油缸进行加压；当工件不能铺满压机时，只部分油缸进行加压，保证压机受力均衡。液压系统如图 10-16 所示。

液压系统是一种多油缸工作的系统，油缸分为中间缸、左偏压缸、右偏压缸和提升油缸；油泵分为大功率油泵组和小功率油泵组，可根据使用系统压力以及对压机开启和闭合的要求，分别用不同的油泵进行控制。

液压系统通过溢流阀对整个系统起安全保护作用和保持恒定的系统压力，通过单向节流阀控制系统流量和调整开启、闭合速度，通过单向阀控制系统油液单向流动，通过电磁换向阀实现油缸开启和闭合时的换向。此外，为便于对系统压力显示，系统中有压

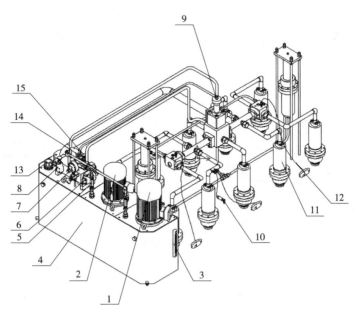

1.柱塞泵；2.柱塞泵；3.液位计；4.油箱；5.单向阀；6.顺序阀；7.压力表；8.溢流阀；9.充液阀；
10.压力变送器；11.油缸组；12.测压接头；13.空滤器；14.电磁换向阀；15.单向节流阀；

图 10-16　液压系统

力表，通过测压接头把系统压力直观显示于压力表中。在 PLC 控制系统中，增加压力变送器把系统压力通过模拟量的转换直观显示于触摸屏中。

10.2.4.5　气压系统

气压系统(图 10-17)是热压机的辅助功能系统，主要由气缸、气压元件以及气压管路构成。

热压机在上热板与工件之间安装有耐高温树脂膜，可以保护热压板表面质量，从而保证工件的表面质量；此外为保证工件实现自动进出料，在机架下部安装有耐高温树脂膜，起到输送工件作用。

在工件完成压制时，压机开始启动吹抖膜系统，工件上面的膜在气缸 4 作用下进行上下抖动，防止工件与上方膜形成真空进行粘连和防止工件表板透胶影响热板工作表面，工件下方热板开有气孔进行吹膜，同样防止工件与下方膜进行粘连和防止工件表板透胶影响热板工作表面。

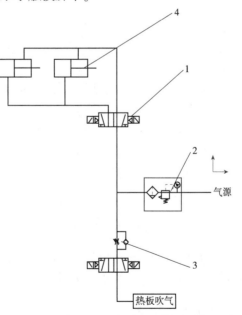

1.电磁阀；2.过滤减压阀；3.排气节流阀；4.气缸。

图 10-17　气动系统

10.2.4.6　进出料系统

进出料系统(图 10-18)具有实现热压机自动进出料的辅助功能，主要由减速机 1 驱动主动辊 2 转动，主动辊 2 通过链条 3 带动从动辊 6 转动，薄膜 7 通过夹紧机构 5 和链板 4 与链条 3 固定，这样减速机驱动整个薄膜运转，实现从进料到出料的自动输送。

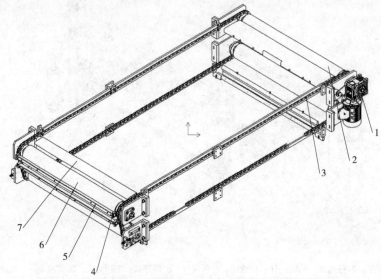

1.减速机；2.主动辊；3.链条；4.链板；5.夹紧机构；6.从动辊；7.薄膜。

图 10-18　进出料工作系统

10.2.4.7　电气系统

电气系统是实现所有功能与动作自动化的重要指挥控制系统，主要由电控柜、电气元件组合等部件构成。它能够通过软件控制系统实现压机，甚至整个生产线的所有动作与功能。如压机自动进料、开启、闭合、加压、保压、补压、自动出料等功能，同时可以通过触摸屏对压机温度、压力、加压时间等参数进行设置。操作简单，便于调整，方便实现压机自动压贴。它也能够帮助机组完成工件加工工艺路线的自动化，即由组坯→送料→压制→开启→出料→卸料的全过程。

根据生产自动化的不同需求，短周期贴面压机可以配套其他运输机实现工件组坯前的自动化输送和产品压制完成后的自动取料，也可和其他自动化设备连线实现全线智能化生产。

10.2.4.8　进出料输送装置

为更好地满足压机进出料，一般短周期贴面压机最简单的配置为进料输送运输机和出料输送运输机，极大缩短了进料和出料时间，提高了生产效率。

（1）皮带运输机

皮带运输机（图 10-19）架体 1 可以是型材结构也可以是其他铝型材结构。具体动作：皮带运输机通过电机 3 驱动主动辊 2 运转，主动辊 2 通过皮带 4 驱动从动辊 5 一起转动从而使置于皮带 4 上的工件输送到压机。为保证皮带 4 能很好地运输工件，可以通过调节张紧机构 6 来实现皮带的张紧程度，此外，通过调节地脚 7 可以调节运输机操作高度。

皮带运输机转动时为防止皮带跑偏，皮带上有专用导向条。

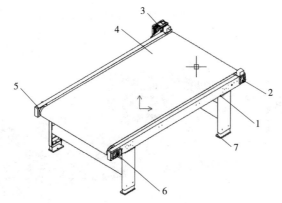

1. 架体；2. 主动辊；3. 电机；4. 皮带；5. 从动辊；6. 张紧机构；7. 地脚。

图 10-19　皮带运输机

（2）辊筒运输机

辊筒运输机（图 10-20）架体 1 可以是型材结构也可以是其他铝型材结构。具体动作：辊筒运输机通过电机 4 驱动链轮 5 运转，链轮 5 通过链条和从动链轮驱动传动轴 6 转动，传动轴 6 带动尼龙片基带 2 转动，尼龙片基带 2 驱动辊筒 3 运转，从而实现工件输送。

根据生产的使用要求和贴面工艺，可以增加运输机来实现组坯或其他功能。

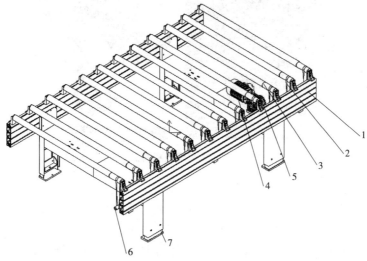

1. 架体；2. 尼龙片基带；3. 辊筒；4. 电机；5. 链轮；6. 传动轴；7. 地脚。

图 10-20　辊筒运输机

10.3　真空气垫覆膜压机

真空气垫覆膜压机是使用压缩空气以及真空压力作为压力，将通过接触、对流或辐射加热后的表面装饰膜贴覆在各种表面成型板材上的一种机械设备，表面装饰膜主要以 PVC 膜为主，同时还可以使用天然木皮、皮革、PP、PET 膜等各种材料，主要用于制作家具门板、门扇等，如橱柜、衣柜门板，内室门，门窗的各种套板等，同时可以延伸到汽车内饰产品的表面贴膜，平板电脑保护壳的贴膜，冰箱、空调外壳的贴膜，飞机、高铁、房车的内部装饰等。真空气垫覆膜压机如图 10-21 所示，装饰加工的产品如图 10-22所示。

图 10-21　真空气垫覆膜压机外形图

顶线（未封膜）

灯线

罗马柱

楣线（未封膜）

图 10-22　真空气垫覆膜压机覆膜加工的产品

真空气垫覆膜压机是随着家具产品的市场需求，原材料的改进，特别是中密度纤维板在家具产品上的应用，不断改进和发展起来的。而真空气垫覆膜压机技术的不断完善，也促进了家具工艺技术的进步。

中密度纤维板的出现，为家具工业提供了一种可以进行三维立体成型的木质人造板，从而实现了过去难以实现的设计思想。实木和人造板制品几乎都需要进行表面处理，但对三维成型的工件，大多数传统装饰工艺技术并不适用，只有喷漆工艺还可以使用，但也存在问题。由于中密度纤维板在铣削的过程中，其纤维不是被平滑地沿加工表面切断，而是被撕断或剪断，并且被铣刀和切削产生的热熨平在切削面上。一旦从胶黏剂或涂料中获得水分就会重新竖起。对于中密度纤维板工件铣削后产生的这种表面缺陷，要想得到高质量的装饰效果，一般要喷涂并砂磨 5~8 次，这无疑增加了相应的生产成本。另外，涂饰工艺也会使工件的表面造型受到一定的限制。因此生产工艺需要一种方法，既可以减少生产高质量表面的工序，又可以把通过印刷或压花技术的覆面材料包覆在工件表面上，达到理想的装饰效果。

10.3.1　分类

真空气垫覆膜压机分为真空覆膜压机(也叫真空吸塑机)和正负压覆膜压机(也叫正负压吸塑机)。

真空气垫覆膜压机按加热方式不同,也可以分为:热水床压机、红外加热薄膜气垫压机、电热毯加热薄膜气垫压机、接触加热和对流加热薄膜气垫压机、无气垫覆膜压机。

(1)真空覆膜压机。使用真空负压作为设备的动力,真空泵是设备的动力源,同时具有膜材加热系统对装饰膜进行加热,通过真空将装饰膜吸覆在成型板件的表面上定型等。

(2)正负压覆膜压机。设备的动力源既有真空负压,也有压缩空气的压力,两种压力同时作用覆贴的装饰膜上,配合加热系统对膜和产品进行加热覆贴装饰膜在成型板件的表面上定型,加工出来的产品膜与板件之间黏接力更好,胶合强度更高。

10.3.2　工作原理

如图 10-23 所示,1 为上压板,2 为高弹性的覆膜气垫,3 为覆面薄膜,4 为工件,5 为下热压板。热压时,在覆膜气垫上腔充压,下压板内抽真空,覆膜气垫与覆面薄膜在等压力作用下包覆在工件表面,实现对异型工件的表面覆贴。

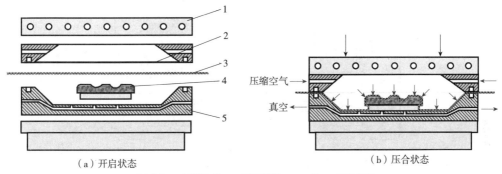

（a）开启状态　　　　　　　　　　　　　　　（b）压合状态

1.上压板；2.覆膜气垫；3.覆面薄膜；4.工件；5.下热压板。

图 10-23　真空覆膜气垫压机的工作原理

10.3.3　红外加热薄膜气垫压机

图 10-24 是红外加热薄膜气垫压机的工作原理图。此种压机上压板 1 可不加热,薄膜气垫装在上压板上,红外加热器 2 装在上压板下,内压框架 3 与薄膜气垫 4 构成一个相当大的密封空间 5,薄膜气垫围绕内压框架由夹紧装置 6 夹紧。这种压机不需要特殊的密封,因为压机开启时,薄膜腔内处于常压状态,内压框架与下密封框架 7 之间的薄膜气垫由液压缸夹紧,并同时起密封的作用。

覆面加工时,将工件 10 型面朝上放在底板 9 上,底板的规格必须比工件小 5～10mm,以便薄膜气垫能把覆面的薄膜紧紧地压在工件的背面边缘。红外加热薄膜气垫压机,其覆面薄膜的塑化成型是在压机闭合后直接与加热薄膜接触实现的,在覆面材料发生变形前,工件与覆面薄膜间的空气由真空系统 12 吸走,以免工件的表面凹陷部分存有气泡而产生缺陷。然后加热的压缩空气经压缩空气管道 13 进入薄膜腔,以使已塑化的覆面薄膜发生变形。

红外加热是一种直接加热方式，在适用范围内其加热温度不受任何限制，但它也存在以下问题：

（1）加热温度不均。红外加热不能精确地控制热辐射的范围，以使薄膜气垫各部分均匀加热。各点的温度不同对产品的质量和薄膜气垫的寿命都有不利影响。

（2）热能损失大。在使用红外加热的条件下，为了防止薄膜气垫受到过度的热辐射，上、下压板间的距离必须达到200~220mm，而用其他方法，根据工件的厚度尺寸其调节范围只需70~100mm。因此，红外加热所需的加热压缩空气量可能是非红外加热方式的两倍以上。而这些热空气携带的热量随压机的开启和闭合而被释放。另外，由于所用空气的容积大，在薄膜气垫腔内产生和消除压力的时间就要相应地加长，从而延长了热压周期。

（3）不能进行具有侧凹型面工件的覆贴加工。由于工件上的侧凹部位的形状变化最大，覆面材料由于变形而产生的应力也最大，而此部位正好是照射的盲区，由于热量不足，覆面材料的塑化和胶黏剂的固化不充分，不能阻止因覆面材料的内应力而产生的脱落现象。

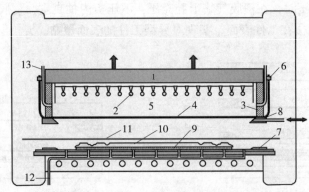

1.上压板；2.红外加热器；3.内压框架；4.薄膜气垫；5.密封空间；6.夹紧装置；7.下密封框架；8.上密封框架；9.底板；10.工件；11.覆面薄膜；12.真空系统；13.压缩空气管道。

图10-24　红外加热薄膜气垫压机的工作原理示意图

10.3.4　电热毯加热薄膜气垫压机

如图10-25所示，电热毯加热薄膜气垫压机的结构基本上与红外加热薄膜气垫压机相同，覆贴工艺程序很大程度上也与红外加热薄膜气垫压机相同，不同的仅是薄膜气垫上方的加热元件是柔性电热毯2，热量直接传给薄膜气垫4，薄膜气垫受热更均匀。

与红外加热薄膜气垫压机相比，该结构的压机具有以下优点：

（1）内压框架的高度可降低50%，减少了压缩空气的耗量以及加空气所耗的能量。

（2）柔性电热毯的温度可以快速灵敏地调节。

（3）加热均匀，不存在局部过热现象，可以相对延长薄膜的寿命。

（4）快速装卸，用于平面或型面覆贴加工比较方便。

电热毯薄膜气垫压机的一个致命弱点是气垫对型材表面凹陷部分和垂直边，特别是侧凹部位的加热覆贴效果不好。电热毯的柔性明显低于薄膜气垫，加热层只是轻轻地压在气垫上，不能与薄膜气垫的变形同步，由于接触不够，在加热层与气垫之间的某些部位，传热不好，而这些部位的胶合强度对覆贴质量的影响是至关重要的。

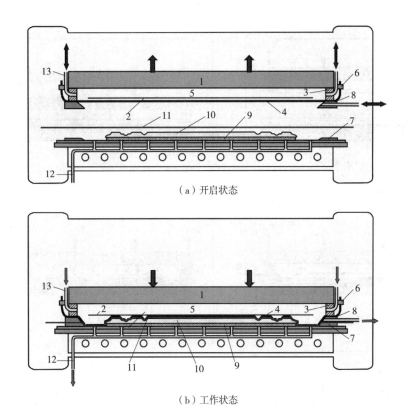

（a）开启状态

（b）工作状态

1. 上压板；2. 电热毯；3. 内压框架；4. 薄膜气垫；5. 薄膜气垫腔；6. 气垫夹紧装置；7. 下密封框架；8. 多功能框；9. 垫板；10. 工件；11. 覆面薄膜；12. 真空管路；13. 压缩空气管道。

图 10-25　电阻加热的薄膜气垫压机

10.3.5　接触加热和对流加热薄膜气垫压机

接触加热和对流加热薄膜气垫压机的工作原理如图 10-26 所示。图 10-26（a）为开启状态的压机，循环空气管路 13 吸气，形成负压真空后，使薄膜气垫紧贴在上热压板 1 上，并得到加热。

图 10-26（b）表示进料后处于闭合状态的压机，薄膜气垫腔 5 的真空状态已经消除，并已按要求吹入空气，使薄膜气垫 4 下降到中间位置，通过多功能框的真空管使热塑性覆面薄膜 11 附在薄膜气垫上，由薄膜气垫加热使其塑化。这时的薄膜位置是非常重要的，一方面要使覆面薄膜与冷工件保持非接触状态，因为接触会发生热传导，从而使覆面薄膜不能均匀地完成塑化过程，另一方面又不能使覆面材料离工件太远，否则会产生双向延伸，在随后的加压过程中，会使覆面薄膜产生皱折，从而产生废品。由于薄膜气垫的热含量是有限的，所以，在塑化阶段要通过循环空气管路 13 使常压热空气处于循环状态，以便为薄膜气垫补充热量。

图 10-26（c）是压机的热压工作状态，此时薄膜气垫腔 5 中循环的是经电加热器加热的压缩空气，对薄膜气垫施加所需的变形压力，并不断供给薄膜气垫热量，充足的热量补充既保证了胶黏剂的充分固化，也可保证最短的热压周期。

图 10-26（d）和图 10-26（e）分别为压机工作结束状态和取出工件状态。

由于此种压机是通过压缩空气不断对被加工件进行加热的，所以很容易覆贴形状复杂的工件，如凹陷度较大、垂直边、侧凹部位等。为了避免在工件与覆面材料之间产生

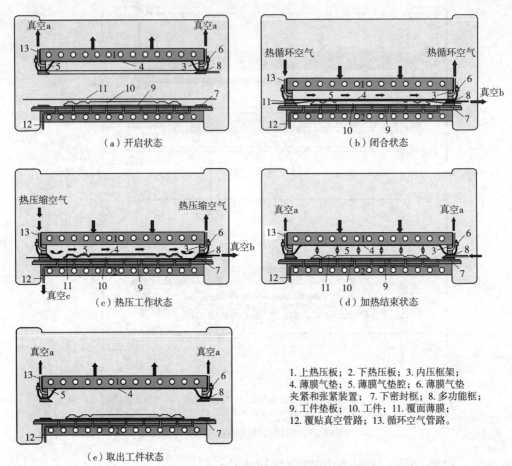

（a）开启状态　　　　　　　（b）闭合状态

（c）热压工作状态　　　　　　（d）加热结束状态

（e）取出工件状态

1.上热压板；2.下热压板；3.内压框架；
4.薄膜气垫；5.薄膜气垫腔；6.薄膜气垫
夹紧和张紧装置；7.下密封框；8.多功能框；
9.工件垫板；10.工件；11.覆面薄膜；
12.覆贴真空管路；13.循环空气管路。

图10-26　接触加热和对流加热薄膜气垫压机

气泡，要在加压之前，通过覆贴真空管路12吸走工件与覆面薄膜之间的空气。

压机开启前，多功能架起着特别重要的作用。在热压过程中，由于压力和加热的作用，在薄膜气垫与覆面薄膜之间产生了很强的附着力。另外，由于使用的胶黏剂是热塑性胶黏剂，其最终形成网状结构，完全固化需很长时间。如果此时立即开启压机，提升薄膜气垫，覆面薄膜与工件之间胶层因尚未固化，强度不足，难以承受这种瞬间的压力释放而剥离。此时多功能架上的管道系统即可发挥其作用，在覆面薄膜与薄膜气垫之间吹入冷却压缩空气使其彼此分离，同时保持一定时间的压力，让胶层的温度降低，胶合强度增强。还可以缩短热压时间。一个热压周期结束，真空装置再次将薄膜气垫吸起在上热压板上加热。覆面工件由进出料装置送出送入，新的热压周期开始。

10.3.6　无垫覆贴压机

无垫覆贴压机的主要特点是用热塑性覆面薄膜代替薄膜气垫。这样可以节省价格昂贵的薄膜气垫，而且可以减少热量损失，更重要的是较薄的薄膜能更好地覆盖展示工件的细微表面轮廓。这种压机的工作原理如图10-27所示。其结构组成包括上加热板1，其上装有密封框架2，框架上有管道系统3，通过它可进行薄膜的上压腔4中的压力调节，下加热板5上装有同样的密封框架6，框架上有管道系统7，通过此框架可进行工件背腔10内压力的调节。

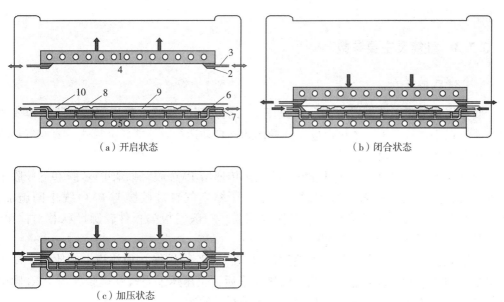

（a）开启状态　　　　　　　　　　　　（b）闭合状态

（c）加压状态

1.上加热板；2、6.密封框架；3、7.管道系统；4.上压腔；5.下加热板；8.覆面薄膜；9.工件；10.工件背腔。

图 10-27　无垫覆贴压机

工件 9 被送入压机后，热塑性覆面薄膜 8 在上加热板下压后被夹紧在上下框架之间，然后在薄膜的上压腔减压，工件背腔升压，以便将冷的覆面薄膜呈平面状地推向上加热板，对薄膜进行加热塑化。覆面薄膜完全塑化后，进行压力的转换，也就是薄膜的上压腔由真空状态转为加压状态，工件背腔由加压状态转为真空状态，使已加热的覆面薄膜热塑成型，避免在工件的凹陷部位形成气泡。下面真空，上面加压，结果是使覆面材料覆贴在工件的型面上，并可呈现工件所有的细微轮廓。

与其他结构形式的薄膜气垫压机相比，无垫覆贴压机主要存在以下问题：

（1）材料较薄。可以充分呈现成型工件的细微轮廓，是无垫覆贴压机的优点，同时也是它的一大弱点，因为这样也就无法避免使由于基材本身和工艺加工中产生的缺陷呈现出来。

（2）覆面薄膜易发生破裂。在加工中发生薄膜破裂就意味着真空系统和加压系统工作失灵，从而产生废品。产生破裂的原因主要是上加热板的热含量不足，以致不能将覆面薄膜的热塑性保持到它与工件表面凹陷深处接触为止。因此这类压机热量的补充是至关重要的。

（3）覆面薄膜发皱。这是由于覆面薄膜吸向上加热板进行塑化过程中覆面材料发生了双向拉伸。

10.3.7　正负压覆膜机

10.3.7.1　主要用途和功能

正负压覆膜机的工作台在压机的两侧，工作台内径长 3m。可进行 PVC、热转印及单面木单板在橱柜门板、衣柜门板、内室门等产品表面的立体贴饰，一次可以贴覆板件的 5 个面。

10.3.7.2　组成结构

正负压覆膜压机主要由机架及平衡装置、加热及控制部分、液压系统、真空系统、压缩空气系统等组成。

10.3.7.3　性能及主要参数

（1）模式选择

真空气垫覆膜压机模式分为一次充压、二次充压、覆贴木单板模式、膜压模式四种。只有在手动状态下，才可以进行选择模式，自动运行时不能转换模式。真空气垫覆膜压机包含四种工作模式：

①哑光模式。加热时，通过硅胶膜将热量传递给 PVC 膜，抽取 PVC 膜和硅胶膜中间的空气，但硅胶膜不参与吸塑膜压，正压压缩空气在硅胶膜与 PVC 膜中间施加，PVC 膜单独被贴覆到产品表面，不消耗硅胶膜。一般门板类板件轮廓形状相对简单，PVC 膜质量较好的情况下，使用哑光模式为佳。

②高光模式。制作高光门板时使用的模式，硅胶膜始终在加热板上吸附着，高光 PVC 膜通过空气和热辐射进行加热，加热完毕后，正压压缩空气在硅胶膜与 PVC 膜中间施加，PVC 膜单独被贴覆到产品表面。不消耗硅胶膜。

③膜压模式。加热时，通过硅胶膜将热量传递给 PVC 膜，抽取 PVC 膜和硅胶膜中间的空气，加热完毕，从硅胶膜上部施加一个较小的压力，硅胶膜和 PVC 膜一起被贴覆到门板表面，定型后，释放硅胶膜上部的正压压力，二次从硅胶膜与 PVC 膜中间施加较大的压力，从而定型 PVC 膜。消耗和使用硅胶膜。一般门板类板件轮廓形状相对复杂，对到位程度要求较高，且 PVC 膜质量一般，优先使用膜压模式。

④木单板模式。主要是用于产品表面贴覆木单板的产品，亦可用于"补单"制作单件的产品。此模式对硅胶膜的损耗较大。

（2）温度设定

温度设定为 60℃，压制高光 PVC 覆贴表面时下压板开启温度，夏季根据室温，一般不超过 50℃，春、秋、冬季下压板开启温度设定为 55℃。上压板温度根据选用的模式和 PVC 设定，选择亚光 PVC 时，设定温度为 135℃。选择高光 PVC 时，设定温度为 100℃。覆贴木单板时，设定温度为 120℃。

（3）压力设定

正负压覆膜压机正压压力最高可以设定 0.6MPa，不能超负荷使用。

（4）手动操作

手动操作一般为预热工作台时使用，选择吸覆按钮，气垫薄膜硅胶膜开始吸覆加热。工作台高速进台、低速进台、停止进台，工作台开始上升，硅胶膜自动落下，液压系统加压，均为手动操作。液压压力已到设定压力，液压系统自动停止。

（5）自动操作

自动操作为首先选择模式，设定所有的参数，设定压力，按吸覆按钮，预热硅胶膜，5min 以后左台启动或右台启动，机器按照设定的参数自动运行，工作结束后自动出台。

第 11 章
涂饰机械

按照一定工艺将涂料涂布于家具产品的表面，形成具有一定理化性能的覆盖层的加工过程称为涂饰。这一覆盖层不仅能使家具基材避免受空气、水分、日光、酸碱的作用和日常磨损而过早损坏；还能美化、提高家具表面质量，起装饰作用。由于人造板和非木质材料在家具生产工艺中的广泛应用，表面涂饰早已是家具制造中不可缺少的工序。随着科技的发展，涂料的结构、性能和品种都发生了根本性的变化、为家具的表面涂饰向机械化、自动化方向发展提供了物质基础。

表面涂饰的生产流程设计和工艺要求，依据表面涂饰层的种类、涂饰方法及生产规模来选择。涂饰机械的质量优劣和选用是否恰当也直接影响表面涂饰的质量、生产效率和涂料的消耗量。

11.1 分类及工艺流程

11.1.1 涂饰机械的分类

依据一般家具产品表面涂饰的需求，其分类见表 11-1。

表 11-1 家具表面涂饰机械

机械类型	涂饰方式	
喷涂	气压喷涂	常温空气喷涂
		加热空气喷涂
	无气喷涂	常温无空气喷涂
		加热无空气喷涂
	静电喷涂	固定式静电喷涂
		手提式静电喷涂
		自动式静电喷涂
淋涂	平面淋涂	
	方料淋涂	
	封边淋涂	
辊涂		
浸涂		

11.1.2　生产工艺流程

（1）采用光敏涂料的表面机械涂饰工艺流程如图 11-1 所示。该流程适用于平面类家具部件的表面涂饰。

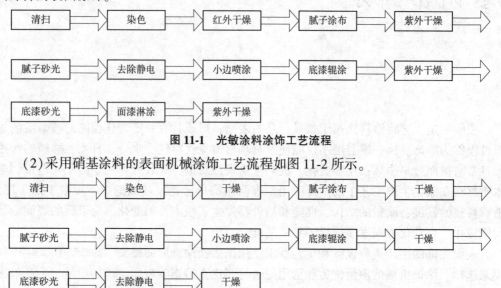

图 11-1　光敏涂料涂饰工艺流程

（2）采用硝基涂料的表面机械涂饰工艺流程如图 11-2 所示。

图 11-2　硝基涂料的表面机械涂饰工艺流程

11.2　喷漆设备

11.2.1　气压喷漆设备

气压喷漆是利用压缩空气，将涂料雾化高速喷到工件表面形成连续漆膜，达到工件表面涂饰效果的一种涂饰方法。气压喷漆主要有两种形式：常温空气喷漆和加热空气喷漆。

11.2.1.1　常温气压喷漆

图 11-3 是常温气压喷漆装置示意图。它主要由喷枪、空气压缩机、贮气罐、油水分离器、压力漆桶、导气管及喷漆室等组成。其工作原理是空气压缩机 1 产生的压缩空气送入贮气罐 2 中，经导气管 3 和油水分离器 4，一部分压缩空气进入压力漆桶 5，使漆桶内的漆在空气压力的作用下经软管 6 送到喷枪 8，另一部分压缩空气直接经软管 7 送至喷枪。图中所示喷漆室 9 和排气管道 10 的作用是将悬浮在空气中的涂料及溶剂排走。

（1）喷枪

喷枪的作用是将液态的涂料雾化成细小的颗粒，喷向制品。图 11-4 是一种喷枪的结构图，它主要由喷头和枪身两个部分组成。当扳动枪机 8 时，针阀 9 和空气阀杆 6 同时向后移动，压缩空气通道首先接通，从空气接口 7 进入的压缩空气经枪身内部空气通

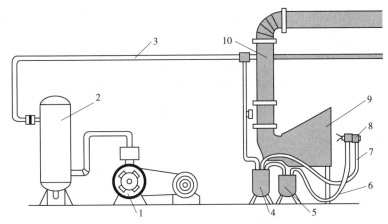

1.空气压缩机；2.贮气罐；3.导气管；4.油水分离器；5.压力漆桶；
6、7.软管；8.喷枪；9.喷漆室；10.排气管。

图 11-3　空气喷漆装置示意图

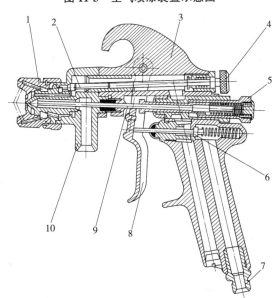

1.喷头；2.空气调节阀；3.枪身；4.空气调节旋钮；5.涂料调节旋钮；
6.空气阀杆；7.空气接头；8.枪机；9.针阀；10.涂料进口。

图 11-4　喷枪的结构

道送到喷头 1。继续扳动枪机，针阀后退至涂料嘴开口，从接口 10 进入的涂料经枪身涂料通道送至喷头。工作时，压缩空气应在涂料前喷出，否则，涂料便会呈柱状流出，而不能雾化成颗粒状，停止喷漆时，针阀先闭合，空气阀后闭合，空气调节旋钮 4 用于调节空气的进气量，当旋动旋钮时，阀杆 2 的阀口开度得到调整，改变了气流量，调节空气的进气量。涂料调节旋钮 5 用于调节涂料的进漆量，旋动时限制了针阀的后退位置，控制了漆量。

　　喷枪的主要组成部分是喷头（图 11-5）。它主要由涂料喷嘴和空气喷嘴组成。当压缩空气从空气喷嘴 2 喷出时，在涂料喷嘴 1 前产生真空，涂料在压力漆桶的压力和真空的抽吸作用下，从涂料喷嘴中喷出，在压缩空气的冲击和空气阻力作用下，涂料细化，喷向制品。图 11-5 中（a）所示的喷头有一个压缩空气口和一个涂料口，（b）在（a）的基

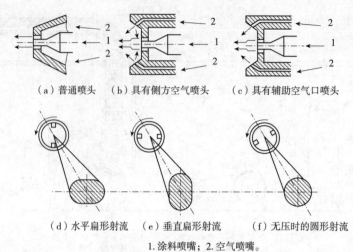

（a）普通喷头　（b）具有侧方空气喷头　（c）具有辅助空气口喷头

（d）水平扁形射流　（e）垂直扁形射流　（f）无压时的圆形射流

1. 涂料喷嘴；2. 空气喷嘴。

图 11-5　喷头结构示意图

础上加了侧方空气口，（c）是在（b）的基础上加了辅助空气口，其作用是避免在喷头的前端形成（b）所示的涡流。

侧方空气口的作用如图 11-5（d）～（f）所示，转动喷头时，可以改变侧方空气口的位置，以改变了涂料流的压力方向，得到不同断面形状的射流。图 11-5（d）为水平扁形射流，图 11-5（e）为垂直扁形射流，图 11-5（f）为无压时的圆形射流。

喷枪的种类很多，但其工作原理大致相同。以上介绍的喷枪是借助压缩空气的压力和真空的抽吸作用，将涂料送入喷枪，称为压入式喷枪。图 11-6（a）、（b）所示为另外两种喷枪。图 11-6（a）为吸入式喷枪，枪身的下方装有一个小漆罐，涂料只借助真空的抽吸作用进入喷枪。优点是充漆方便，更换不同种类的涂料比较容易。缺点是为了减轻劳动强度，漆罐容积较小，一般低于 1L。喷不同种类的涂料时，涂料的黏度不同，喷漆量也不同。另外，过度倾斜漆罐，涂料容易漏出。图 11-6（b）为重力式喷枪，漆罐在枪身上方，涂料借助于重力和真空的抽吸作用进入喷枪。优点也是充漆方便，缺点是容积较小，一般不超过 0.5L。这两种喷枪都适于小面积的喷漆。另外，重力式喷枪也可以去掉漆罐，在空中接一个容积较大的漆桶，供长时间供漆。图 11-6（c）为压入式喷枪，它适用于大批量、大面积的喷漆，喷流方向不受限制，操作方便。还可以将涂料从固定的装漆间用导漆管送至喷漆室，以减少火灾的危险性。但此设备费用大，清洗比较困难。

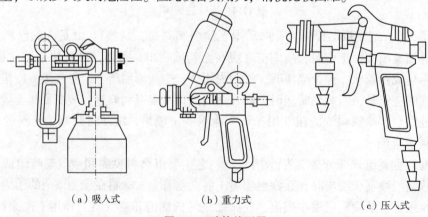

（a）吸入式　　　　（b）重力式　　　　（c）压入式

图 11-6　喷枪外形图

由此可知，压入式喷枪对涂料施压，喷漆量最大，重力式喷枪次之，吸入式喷枪只借助真空的抽吸作用，喷漆量最小。

喷枪的口径一般在 0.2~12mm，常用喷枪口径为 1.0~1.9mm，喷涂黏度较小的涂料时，可采用 2~1.0mm 小口径喷枪，喷涂黏度较大的涂料时，可采用 2.5~12mm 大口径喷枪。

(2) 空气压缩机

空气压缩机的作用是产生压缩空气以供喷涂使用。空气压缩机主要由电机和气缸组成，电机带动气缸曲轴旋转，气缸活塞上下往复运动，产生压缩空气，送往贮气罐。

(3) 贮气罐

贮气罐用于存储供喷枪连续使用、清洁和稳定压力的空气。气缸靠油滴的飞散润滑，这些油滴会随压缩空气进入贮气罐中，压缩气体进入贮气罐时，速度下降，油滴便积于贮气罐底部。另外，由于空气压缩机提供的压缩空气是脉动气流，不能供喷枪直接使用，需用贮气罐稳定压缩空气的气压。

图 11-7 为贮气罐示意图。它主要由罐体、压力表、安全阀、进气口、排气阀和排油水阀等组成。贮气罐的进气口 6 与空气压缩机的排气阀 7 连接，启动压缩机前，打开下边的排油水阀 4，排除罐中积存的油和水后关闭，然后开动压缩机，压力达到气压表 2 指示使用值时即可，贮气罐的贮气量应比实际喷枪消耗量多 20%~30%。

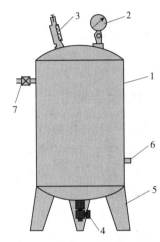

1.罐体；2.压力表；3.安全阀；4.排油水阀；5.支架；6.进气口；7.排气阀。

图 11-7　贮气罐

(4) 油水分离器

油水分离器用来进一步分离贮气罐排出的压缩空气中微量的油和水分，当带有油水的压缩空气进入油水分离器时，突然膨胀，速度下降，油滴在重力的作用下下落。另外，分离器内含有吸附油水的物质，当压缩空气从其上通过时，油水被过滤。图 11-8 为两种油水分离器结构图。图 11-8(a) 为直通式，图 11-8(b) 为隔离式。油水分离器里分层装有刨花丝 2 和木炭 3。压缩空气通过时即得到过滤分离，纯净的空气从排气阀 1 排出，积于底部的油水从排油水阀定期排出，附于木炭和刨花上的油水，随定期更换木炭和刨花时清除。隔离式的分为两腔，气体通过的路径比直通式的长，分离效果更好。

(5) 压力漆桶

压力漆桶用于贮存容量较大的涂料，以备长时间连续喷漆。如图 11-9 所示，它主要由桶体、调压阀、气压表、吸漆管、进气管和过滤网等组成。经油水分离器来的压缩空气，从进气管 1 进入，加压于涂料上部，涂料在压力作用下经过滤网 4 进入出漆管 6 送至喷枪。

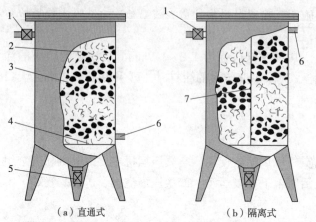

（a）直通式　　　　　　　　　（b）隔离式
1.排气阀；2.刨花丝；3.木炭；4.底板；5.排油水阀；6.进气口；7.隔板。

图 11-8　油水分离器结构图

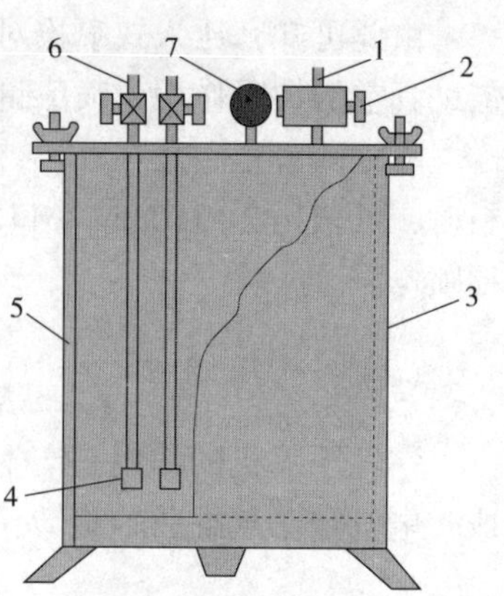

1.进气管；2.调压阀；3.桶体；4.过滤网；
5.内桶；6.出漆桶；7.气压表。

图 11-9　压力漆桶

（6）喷漆室

喷漆室用于喷漆时排除悬浮在空气中的涂料溶剂微粒，保护人的身体健康以及周围环境。从喷枪喷出的涂料，呈圆锥状喷向制品，射流中心速度较快，越向外越慢，一部分涂料微粒和空气摩擦脱离射流。另外高速射流在运动中蒸发以及喷到制品后反弹出的涂料，都悬浮于空气中，必须将其排除。喷漆室按其过滤方式分为干式和湿式两类。干式喷漆室有板式和垫式两种，湿式喷漆室有喷水式、撒水式、水沫式三种。图 11-10（a）为干式喷漆室示意图。它主要由室体、通风装置、放置和装卸装置、过滤装置四部分组成。室体一般由金属板制成，可以防止火灾。放置装置通常是一个能转动的圆台，有的采用气缸自动升降。

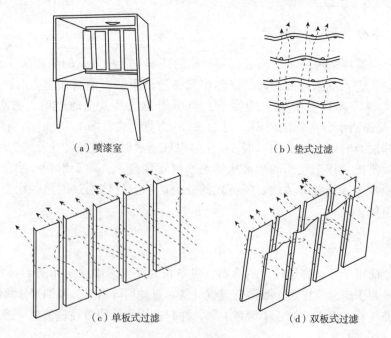

（a）喷漆室　　　　　　　　　　（b）垫式过滤

（c）单板式过滤　　　　　　　　（d）双板式过滤

图 11-10　干式喷漆室

　　装卸装置通常由工件规格而定，大规格工件喷漆时，一般用吊式运输机或传送链，小规格工件喷涂时可以采用小车，同时小车也可以兼做放置装置。图 11-10（c）、（d）为板式过滤装置示意图，这是一排等距离的金属板，当气流通过时，使涂料颗粒附于其上。板厚 2~3mm，宽 150~250mm，高度一般和喷漆室高度相宜，采用图 11-10（d）中的双板是为提高其附着效能，另外，如果排气在喷漆室的上方，应使板的上部前倾安装。这种喷漆室的特点是结构简单，但当涂料颗粒黏附较多时须取下，火烤后刮掉。图 11-10（b）为垫式过滤装置，网垫用耐火纤维制成，可以单层、双层或多层，间距应为 150~200mm，也可以采用不同目数的金属网代替垫网。垫式比板式吸附效率高，但易堵塞，需经常清洗。

　　图 11-11 为湿式喷漆室。图 11-11（a）为喷水式，它主要由喷水头、去水器和风机等组成。水从喷水头 3 喷出，经两个斜面流下。废气从箭头所示方向进入。绕过喷水头经过去水器 5，滤出水分，然后由风机 4 排出。在废气通过水幕时，漆粒和溶剂被水吸附，水可以循环使用。图 11-11（b）为撒水式，水从图示 2 个撒水管撒出，落在丝网上，经冲击，水分细化，形成一个水过滤层，当含漆粒和溶剂的废气通过时，便被吸附。图 11-11（c）为水沫式，它的过滤原理是当高速气流通过狭缝水面时，水分蒸发飞散，形成水过滤层，达到过滤的目的。为了得到高速气流，应采用大风量的风机。

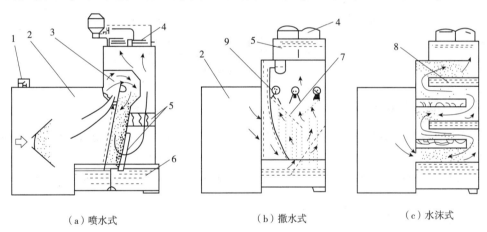

（a）喷水式　　　　　　　　（b）撒水式　　　　　　　　（c）水沫式

1. 照明灯；2. 喷漆室；3. 喷水头；4. 风机；5. 去水器；6. 水漕；
7. 丝网；8. 水池；9. 撒水头。

图 11-11　湿式喷漆室

　　湿式喷漆室为了减少耗水量，采用水循环系统，设备的费用较高，但比较整洁，特别是夏季，水对喷漆室还起到冷却作用，维修也方便。

11.2.2　加热空气喷漆设备

　　常温喷涂时，要求涂料有较低的黏度，所以常加稀释剂降低黏度，使固体含量降低，一次喷漆所得漆膜薄，又耗费了大量的稀释剂。加热也可以降低涂料的黏度，另外，涂料的流平性也得到改善，可以获得较好的漆膜。

　　加热器的种类很多，按其加热涂料是否流动分为循环式和非循环式两种。图 11-12（a）为循环式，涂料由压力桶沿管 6 进入漆桶 5 中，压缩空气从绕在漆桶上的管道 3 通过，当加热管 4 中通入蒸汽或热水后，涂料和压缩空气一起被加热。加热压缩空气是为了在喷枪喷漆时涂料不迅速冷却。图 11-12(b)为非循环式，加热漆桶是加热式的压力漆桶，加热后的压缩空气一部分经调节阀 10 进入漆桶中，将涂料从出漆口 9 送至喷枪。另外，也可以采用电加热，用恒温控制器控制水温。

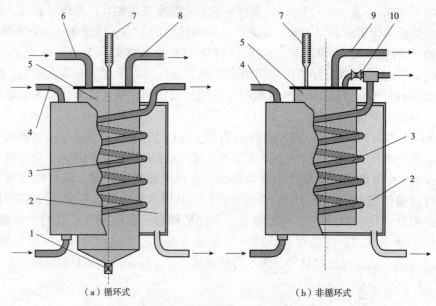

（a）循环式　　　　　　　　　　（b）非循环式

1. 开关；2. 加热套箱；3. 压缩空气管道；4. 加热管；5. 漆桶；
6、8. 输漆导管；7. 温度计；9. 出漆口；10. 调节阀。

图 11-12　加热器

11.2.3　静电喷漆设备

静电喷漆是利用静电原理，使涂料带负电，制品带正电，在电场力的作用下（辅以机械力），涂料便会喷向制品。

静电喷涂有很多种形式，按其工作方式可分为固定式、手提式和自动式三种。

11.2.3.1　固定式静电喷漆设备

图 11-13 为固定式静电喷漆原理图，它主要由静电发生器、供漆装置和喷具等组成。其工作原理是静电发生器 4 的负极接到喷具 1 上，正极和制品 8 接地，这样，喷具和制品之间就形成了一个电场。

静电发生器是静电喷漆的主要设备，是一种高压输出电源。常用的主要有两种：一种是利用工业频率变压器升压，再用高压整流；另一种是利用工业频率或高频电源，再采用多级倍压整流获得高压直流电，供漆为重力式，也可使用压力漆桶，喷具的种类比较多，图 11-13 所示的喷具 1 为旋杯式，它的形状像一个普通的无底杯，利用电机 3 带动其旋转，涂料在离心力和静电力的作用下，沿杯的内壁向外甩出，喷向制品。图 11-14 为另外几种喷具示意图。图 11-14(a)为圆盘式，涂料在圆盘转动时，沿切线方向飞出，圆盘的直径通常为 100~500mm。其上、下两面可通入两种组分的涂料，在边缘混合喷出。图 11-14(b)为蘑菇式，漆所受的离心力和静电场力方向不一致，喷漆面积比圆盘式大。它的规格有多种，直径通常为 50mm、100mm、150mm。图 11-14(c)为旋风式，在一个扁圆体上，有 2个伸出的喷嘴。此种喷具可以防止其沾染杂物，但喷头弯转角度应适宜。

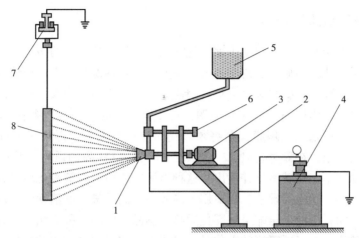

1.喷具；2.支座；3.电动机；4.静电发生器；5.漆槽；
6.输漆调节阀导管；7.运输机；8.制品。
图 11-13　固定式静电喷漆原理图

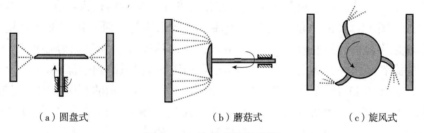

（a）圆盘式　　　　　（b）蘑菇式　　　　　（c）旋风式

图 11-14　静电喷具示意图

11. 2. 3. 2　手提式静电喷漆设备

　　和气压喷漆一样，手提式静电喷漆是借助于喷枪完成的。图 11-15 是一种喷枪头结构图。喷嘴在直径方向上开有长孔，它可以使用低压空气，喷广角的涂料射流。大多采用压缩空气雾化涂料，有的也用无气压喷漆的形式。供漆装置可使用小漆罐或漆桶。

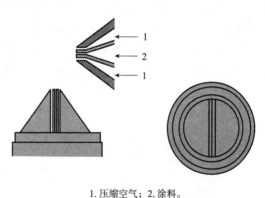

1.压缩空气；2.涂料。
图 11-15　喷枪头结构图

11. 2. 3. 3　自动式静电喷漆设备

　　自动式静电喷漆一般是将手提式喷枪安装在有轨道的横、竖梁上，自动控制其上下和水平移动，枪机是由枪中的气缸来遥控的。自动式静电喷漆实现了生产线的涂料自动化。

　　静电喷漆有许多优点。由于静电吸引，可以保证大部分涂料附于制品上，节省涂料，适于机械化作业，减轻了工人劳动强度，避免了涂料对身体的直接危害。缺点是设备费用高，不适用于小规模的喷漆，另外，由于木材的导电性差，因此要求木材有一定含水率。

11.2.4　无气压喷漆设备

在家具工业喷涂作业中，利用压缩空气雾化涂料已有相当长的历史。然而这种雾化方法有许多不足之处，如喷雾的密度较大、喷射工作效率低等。由于压缩空气进入大气扩散后带走了不少雾化较好的雾状涂料，因此涂料和介质损耗较大，运用的范围受到限制。而无气压喷枪是用压缩空气作动力源，但不参加雾化，不与涂料一起从喷嘴中喷出。它是使用一个柱塞式或隔膜式泵将须雾化的涂料吸入后，再从一个特别的喷嘴喷出。由于喷嘴的作用，在瞬时达到 22.4MPa 的压力。这样高的压力，足以使涂料在没有压缩空气带动下也能高度雾化并喷出。这种喷涂方法使涂料被雾化成微粒状，消除了喷雾面的模糊不均、起泡等现象，更适用于高效率、高质量、低消耗的生产要求。

气压喷漆是涂料借助于压缩空气雾化后喷向制品表面的一种方法，而无气压喷漆是依靠压力直接喷漆。无气压喷漆的雾化是自身压力和空气阻力作用的结果。

无气压喷漆按照涂料是否加热分为常温无气压喷漆和加热无气压喷漆两种。图 11-16 为两种无气压喷漆原理图。图 11-16(a) 为常温无气压喷漆，它主要由泵、漆箱、贮漆桶及喷枪等组成。其工作原理是压缩空气驱动活塞泵，将涂料送入贮漆桶中贮存，使用时送至喷枪。图 11-16(b) 为加热无气压喷漆，主要由漆箱、泵、加热器、喷枪等组成。其工作原理是漆箱里的涂料在泵 6 的作用下，在加热器 8 中加热后经温度计 9 送至喷枪，多余的涂料经回漆管 2 回到泵中，排出阀 3 用来排出系统内的涂料。

加压方法如图 11-16 所示主要有两种：即图 11-16(a) 所示的利用压缩空气带动泵加压，图 11-16(b) 所示的利用电机驱动泵加压。无气压喷漆是借助泵产生 10~30MPa 的压力进行喷漆。而加热喷漆是涂料在受热时，内含的溶剂汽化产生压力，在泵的作用下，使涂料喷射出来，速度快，遇到空气阻力便会迅速雾化。

无气压喷漆和气压喷漆比较有许多优点，如涂料损失小，对黏度的适应性强，一次作业喷漆量比较大，生产效率高，附着力大，无气压喷漆所得断面呈均匀平状，往返喷漆量小。缺点是它不能调节喷射流断面的形状。

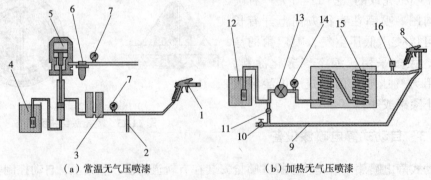

(a) 常温无气压喷漆　　　　　　(b) 加热无气压喷漆

1.喷枪；2.回漆管；3.漆箱；4.贮漆桶；5.气泵；6.空气过滤器；7.压力表；8.喷枪；9.回漆管；
10、11.阀；12.储漆桶；13.泵；14.压力表；15.加热器；16.温度计。

图 11-16　无气压喷漆原理图

11.2.4.1　结构

无气压喷枪结构如图 11-17 所示，由以下几部分组成：涂料供应泵、储料桶、搅拌器、增压泵、控制阀、高压软管、喷枪等。通常涂料供应泵与增压泵组合为一体,以缩小体积、提高效能。涂料供应泵是一种以压缩空气作为动力的隔膜泵。柱塞泵用以将涂料从储料桶中吸入送到增压隔膜泵中。搅拌器是电机带动一个小型搅拌桨,以防止涂料分层,将溶剂与涂料混合得更均匀。增压泵的动力是0.4~0.8MPa的压缩空气,在压缩空气推动下增压泵将吸入的涂料增压到22.4MPa,通过控制阀经喷枪的喷嘴雾化喷出。增压泵、喷枪和涂料供应泵结构如图11-18~图11-20所示。

11.2.4.2 传动系统

无气压喷枪组合中除搅拌器由一小型电机直接带动外(也可由气动马达带动),其他动作均以压缩空气作为动力。

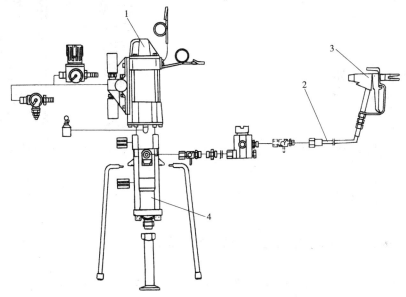

1.增压泵;2.高压软管;3.喷枪;4.涂料供应泵。
图 11-17 无气压喷枪结构图

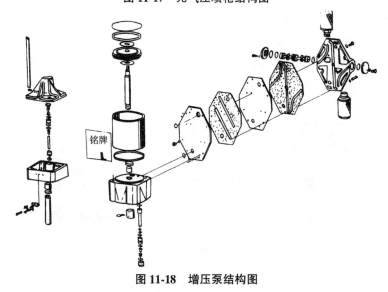

图 11-18 增压泵结构图

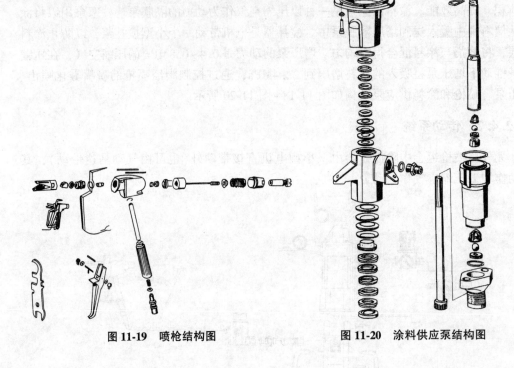

图 11-19 喷枪结构图   图 11-20 涂料供应泵结构图

11.3 辊涂设备

辊漆是涂料附在回转的辊筒上，当输送带带动制品通过时，在制品表面获得涂料膜的一种涂饰方法。

图 11-21 为辊式涂饰工作原理示意图。它主要由上漆辊 4、分漆辊 1、进给辊 3 等组成。图 11-21(a)、图 11-21(b)均为上辊式辊涂机，图 11-21(c)为下辊式辊涂机。其工作原理相同。图 11-21(a)、图 11-21(b)略有不同。图 11-21(a)的分漆辊和上漆辊同向转动，此种形式适用于较高黏度的涂料，而图 11-21(b)不安装刮刀，适用于较低黏度的涂料。上辊式辊漆机，涂料贮存于分漆辊和上漆辊及两侧板形成的空间内。而图 11-21(c)的涂料由漆槽贮存，上漆辊浸入其中。涂料漆膜的厚度可以通过调整分漆辊和上漆辊之间的距离来控制，设有专门的调整机构。

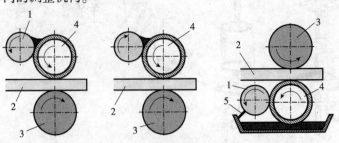

（a）上辊式辊涂机   （b）上辊式辊涂机   （c）下辊式辊涂机

1.分漆辊；2.工件；3.进给辊；4.上漆辊；5.刮刀。

图 11-21 辊式涂饰工作原理示意图

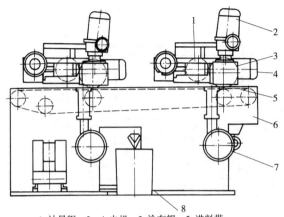

1.计量辊；2、4.电机；3.涂布辊；5.进料带；
6.进料装置；7.供料泵；8.漆桶。

图 11-22　辊涂机外形图

11.3.1　结构

如图 11-22 所示，辊涂机由涂布辊、计量辊、刮刀、传动系统、进料带、供料泵、调整机构、安全装置、机架等部分组成。涂布辊是一个包覆有光滑橡胶层的辊筒，其直径为 238mm。工作时由它将涂料涂布到工件表面上。计量辊起控制涂布量的作用，它是一个光洁度较高的镀铬光辊。计量辊和涂布辊间形成贮漆槽，两个辊的端面各有一块塑料挡板，以防止涂料从端面流失。涂料积聚到一定程度时可以通过溢流管返回贮料桶。供料泵采用薄膜泵由压缩空气作动力，由它将贮料桶中的涂料泵入贮漆槽。在计量辊和涂布辊的斜上方各安装有刮刀，涂布辊上的刮刀将涂料膜刮均匀，使工件上的漆膜更均匀；计量辊上方的刮刀将计量辊带出的涂料刮下返回到贮料槽中。

进料装置由输送带、主动辊、张紧辊、从动辊、支承辊、传动电机组成。支承辊承受涂布辊对工件的压力，防止输送带受压变形而影响输送和涂布质量，张紧辊不仅起张紧作用，还可调整带的跑偏。

11.3.2　传动系统

辊涂机的传动系统分四部分：第一部分是涂布辊的传动，它由电机带动无级变速器经减速箱传动涂布辊，或由变频电机直接驱动涂布辊(图 11-23)。第二部分是计量辊的传动，它由电机带动无级变速器经减速箱驱动计量辊，或由变频电机直接驱动计量辊(图 11-24)。第三部分是输送带的传动，它由电机带动无级变速器(或由变频电机)经减速箱，然后通过链传动带动输送带的主动辊(图 11-25)。输送带跑偏时由张紧辊的摆动实现调整，而张紧辊的摆动则由气缸来实现(图 11-26)。第四部分是输料泵的传动，由压缩空气推动薄膜泵完成抽吸和输送涂料的动作，其原理如图 11-27 所示。

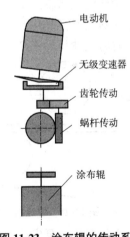

图 11-23　涂布辊的传动系统

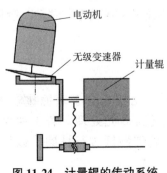

图 11-24　计量辊的传动系统

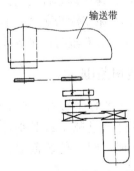

图 11-25　输送带传动系统

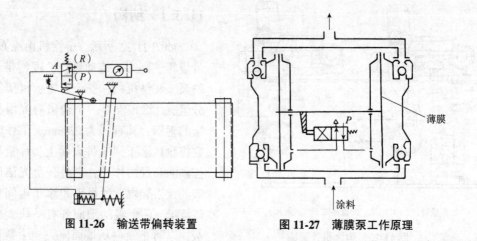

图 11-26　输送带偏转装置　　　　图 11-27　薄膜泵工作原理

辊涂机的调整机构有三组：第一组是根据工件厚度调整涂布辊的高度，通过蜗杆传动副转动丝杠调整涂布辊的上、下位置。第二组是计量辊与涂布辊的间距调整，也是通过蜗杆传动副转动丝杠来调整计量辊的前后位置。第三组是刮刀与计量辊及涂布辊表面距离的调整，通过蜗杆传动副驱动刮刀架轴来实现位置调整。

11.3.3　辊涂工作原理

旋转的涂布辊沿工件前进方向旋转，计量辊与涂布辊的旋转方向相反，以控制涂布辊上涂料的厚度和均匀度，工件送入输送带后被带入涂布辊和支承辊之间（图 11-28）。涂布辊将底漆压涂在工件表面上。输送带跑偏时（图 11-26），它的边缘触动气阀的杠杆，换向阀换向使摆气缸动作，张紧辊摆动使输送带复位。

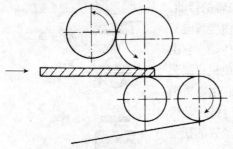

图 11-28　辊涂机工作原理

计量辊与涂布辊形成的凹槽中储存涂料，该涂料由薄膜泵供给。如图 11-27 所示，当压缩空气通入气阀的 P 腔时，右边薄膜的左腔进入压缩空气，而左边薄膜的右腔连通大气，这时右边的薄膜通过拉杆带动左边的薄膜同时向右变形位移，从而使右边薄膜的右腔将涂料经过上面的单向阀泵出，而左边薄膜的左腔经过下面的单向阀吸入涂料。当拉杆向右移动到一定位置后，碰压阀芯杆使阀换向。这时右边薄膜左腔通大气，左边薄膜右腔进入压缩空气，吸入和泵出涂料顺序与前述相反。这样随着拉杆的左右移动，涂料就源源不断地从涂料桶泵入涂布辊与计量辊间的储料凹槽。

11.3.4　适用范围

由于辊涂机的涂布量一般在 $30 \sim 80 \mathrm{g/m^2}$，比较适合于表面比较光滑的工件。因此，应对已涂过腻子或其他涂料的表面先进行砂光处理。若工件表面未进行其他涂料的处理，则工件表面必须用 120 目或更细砂纸进行精磨，以保证表面平整光洁。

11.4　淋涂设备

淋漆是制品以稳定的速度通过连续从上流下的漆幕，在制品表面形成均匀漆膜的涂饰方法。

图 11-29 为淋漆工艺原理图，它主要由淋漆头、漆的循环装置、传送带及淋漆头调整装置等组成。其工作原理是涂料箱 7 里的漆，在泵 1 的作用下，经过滤器 2 和调节阀 3 送至淋漆头 4，多余的漆从回收槽 6 流回。

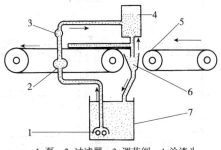

1. 泵；2. 过滤器；3. 调节阀；4. 淋漆头；
5. 传送带；6. 回收槽；7. 涂料桶。
图 11-29　淋漆工艺原理图

淋漆头的结构种类按其成幕方式可分为：底缝成幕、溢流成幕、斜板成幕、溢流斜板成幕和挤压成幕。

图 11-30(a) 为底缝成幕，这种机头一般在底部安装两把刀片，一片固定，另一片可调，通过调整底缝距离，改变出漆量。淋漆头内的涂料由泵从管 1 送入，然后经刀片缝隙落下成幕。这种结构的淋漆机头，性能比较完善，缺点是很难在底缝全长上(长达 1400mm)保持间隙均匀。图 11-30(b) 为溢流成幕，这种淋漆机头是以侧方开口作为溢流边成幕的。工作时，涂料从管 1 进入，流量由管 1 控制。此种淋漆方式的单位时间淋漆量比底缝式小，传送带的速度可降低。图 11-30(c) 为斜板成幕，从管 1 送出的漆，落到下边的光滑斜板上，沿着斜板流经锐利的底边后成幕。图 11-30(d) 为溢流斜板成幕，是由溢流成幕与斜板成幕组合而成。中间有一隔板，使淋头分两腔，隔板下方装有过滤网，滤去杂质和空气。优点是对涂料的适应性强，过滤网便于取出清洗。图 11-30(e) 为挤压成幕，它是由两块刀片借助于螺栓 2 对合起来。工作时，涂料由泵压入腔 3 中，经过节流缝 4 进入贮漆腔 5，从淋漆刀缝 6 中流出成幕。节流缝的宽度一般为 0.6~1mm，淋漆刀缝一般为 0.1~0.12mm，刀口的内壁高为 20mm。此种淋头的优点是由于压力成幕，漆幕较薄，可采用较低的进给速度。

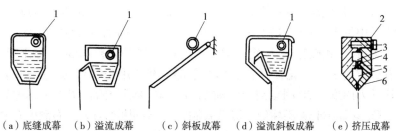

(a)底缝成幕　　(b)溢流成幕　　(c)斜板成幕　　(d)溢流斜板成幕　　(e)挤压成幕
1. 进料管；2. 螺栓；3. 料腔；4. 节流缝；5. 贮漆腔；6. 淋漆刀缝。

图 11-30　淋漆头的成幕方式

淋漆循环装置，可以使涂料连续向淋机头供给。循环装置主要由泵、过滤器、调节阀、输漆管及回收槽组成。泵是供漆的动力装置，采用过滤是防止涂料里的杂质和气泡进入淋漆机头。气泡主要来自两个方面，一是淋漆时，多余的漆经空气回到回收槽时带入未滤净的涂料，二是涂料本身也含有空气。气泡在压力的作用下送入淋漆机头，接触大气后，体积膨胀而破裂，影响漆幕的连续性。调节阀用于调节进入淋漆机头的涂料

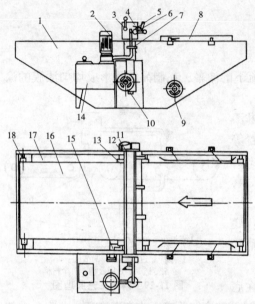

1. 支架；2. 泵；3、6. 手柄；4. 淋漆机头；5. 输漆管；7. 过滤器；8. 靠尺；9、10. 手轮；11、12. 驱动装置；13. 驱动辊；14. 漆箱；15. 回漆槽；16. 传送带；17. 导向装置；18. 张紧辊。

图 11-31 单头淋漆机外形图

量，也保证漆幕的均匀。

传送带用于运输制品，其速度的大小，不仅影响生产效率，还会影响在其上形成漆膜的厚度。传送带速度增加时，漆膜厚度减小，反之增大。速度一般为 70～120m/min，即接近于漆幕速度为佳。

淋漆机根据其用途可以分为：平面淋漆机、方料淋漆机和封边淋漆机三类。本节重点介绍平面淋漆机。

平面淋漆机用于板式制品的淋漆，如缝纫机台板的板面主要采用淋漆。

图 11-31 为某种单头淋漆机外形图，它主要由淋机头及其升降调整装置、涂料循环装置和传送带等组成。漆箱 14 里的漆，在泵 2 的作用下，通过过滤器 7 和输漆管 5 送入淋漆机头 4。一部分涂料淋到制品上，多余的流到淋漆机头下边的回收槽，由回漆槽 15 经漆箱上的过滤网回到漆箱里，完成一个循环。传送带 16 安装在驱动辊 13 和张紧辊 18 上，由驱动辊带动传送带进给，张紧辊安装在床身上的轴承座内，轴承座可以用螺栓和工作台连接，调整螺栓可以改变支板的高度。为了适应不同厚度的制品，淋漆机头可以通过手轮 10 上下垂直调整。手轮 9 是进给速度调整手轮。

11.4.1 淋漆机头

图 11-32 为淋漆机头结构图，它是底缝成幕的淋漆机头，主要由固定刀、活动刀、侧板及刀缝调整与涂料量调整机构等组成。涂料从漆箱输出后，进入由槽钢 34 的一边、固定刀 35、一端开刃成活动刀的角钢 26 及两端部左侧板 11 和右侧板 6 组成的贮漆槽 30 中。为了不使角钢内角积漆，焊一块焊板 29。当固定刀和活动刀口有缝隙时，涂料便从贮漆腔中流出，在淋漆机头全长上形成漆幕。槽钢用螺栓固定到左右侧板上，下边固定刀用螺钉 31 和螺钉 32 固定在其上，它的右侧是防护罩 36，防止灰尘及涂料进入。其上有软质垫 17，一延续到右上角的下部，其作用是和活动刀的一端相接触，实现密封。活动刀用螺钉 20 固定到转动轴 21 上，转动轴如俯视图所示，中间有段圆柱，两边为正方形，两端部仍是圆柱形。其两端穿过左、右侧板装在左、右侧板上的拖板 10 和 3 的轴承 5。拖板如侧视图所示，可以在螺栓 2 的调整下做微量的水平移动。拧紧螺栓时，从剖视图上可以看出，转轴的水平移动，使得活动刀的角钢上部压向软垫。松开螺栓，打开刀体进行清洗。由于转轴细而长，为增强其刚性，在中间的圆柱体上，套有一个支架 18，支架的一端包在转轴上，另一端装有调整螺栓 15，可以调节拉紧力的大小，调好后，用螺钉 13 固定在铁条 16 上。刀口缝隙的调整是用手柄 7 来实现的。图 B-B 为其剖视图，轴的两端各装有一个偏心块将轴安装到左右侧板上，扳动手柄使轴 33 移动，而固定架 24 是套在槽形环 38 上的，它和轴心线的位置相对不变，所以当转动手柄时，轴便在固定架内滑动，活动刀得到了调节。从侧视图可以看出，手柄 7 上装有指

针，指示缝隙距离。为防止扳动过度，安有限位螺钉 8。固定架是用螺钉 20 和螺钉 22 固定的，可以沿靠面有少量的调节，使得刀口缝隙调节用力适当。其上的手柄 25，可将活动刀角钢向上翻起，以便清洗淋漆机头。螺钉 27 用于限位，一方面限制轴的移动距离，以限制刀的缝隙开口大小，另一方面当翻起活动刀清洗贮漆腔时，轴不致从其中滚落。导杆 28 的作用是导流，由于液体涂料内聚力的作用，漆幕两端有向中间收缩的趋势，影响漆幕厚度在刀口全长上的均匀性。导杆可以利用涂料的附着力和表面张力，保持漆幕厚度均匀。

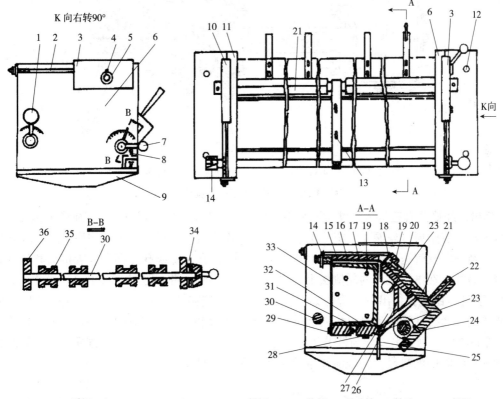

1、7、25.手柄；2、12、13、18、20、24、28、29.螺钉；3、10.拖板；4.转动轴；5.轴承；6、11.侧板；8.限位螺钉；9、17.支架；14.调整螺栓；15.铁条；16.软质垫；19.转动轴；21.固定架；23.角钢；25.导杆；26.焊板；27.贮漆槽；30.轴；31.槽钢；32.固定刀；33.防护罩；34.指针；35.槽形环；36.偏心块。

图 11-32　淋漆机头结构图

图 11-33 为淋漆机头垂直升降调整机构图。它用螺杆连接并支承淋漆机头，转动调整手轮 7 时，轮轴中心的蜗杆带动蜗轮轴 6 运动。蜗轮轴上有螺纹，滑板 1 在导轨 2 内上下移动，高度得到了调整。

11.4.2　涂料循环装置

涂料装于漆箱（图 11-34）中，漆箱是钢板件，主要由内箱和外箱两部分组成。内箱装涂料，外箱装水。改变水温可以使涂料的黏度发生变化，适用于黏度较大的涂料淋漆。箱底下的两个阀 6、7 分别用于放水和放漆。漆箱上面，有一带盖的装漆口，一个过滤网口，过滤网的作用是滤掉回收槽排回的涂料中的杂质和气泡，供再次使用。另外，漆箱上方还装有电机和泵，泵浸入漆中。图 11-35 为泵结构图，电机 1 的转轴 3 带动在轴承 2 和轴承 4 支承下的泵轴 6 旋转，螺旋叶片 7 转动时，将涂料吸入，从排漆口

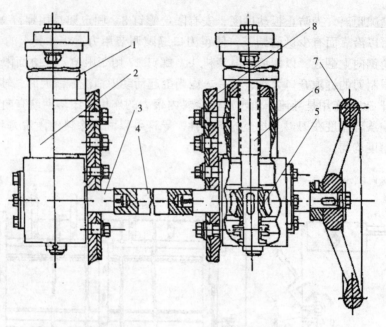

1.滑板；2.导轨；3、4.蜗杆轴；5.蜗轮；6.蜗轮轴；7.调整手轮；8.支架。

图 11-33　淋漆机头直升降调整机构

5 排出，经输漆管道送入过滤器进行过滤。过滤器如图 11-36 所示，由圆形上盖 2、下盖 6 和两层金属过滤网 4 组成。上、下盖有螺栓连接。涂料经过过滤网后，从螺纹管接头 1 经一段软管送入淋漆机头。淋漆机头上的进漆孔是螺纹孔，其上有管接头和软管相接。另外，在淋漆机头的左侧板上，也开有一个和贮漆腔相通的回漆孔 23（图 11-32 中侧视图），由此孔接出一条管道如图 11-37 所示，连接管 1 和孔相连，回流管 3 置于回收槽上，通过此管的流量可由阀 2 进行调节。此阀和细长调节轴 33 一端的阀套相连接（图 11-32）。轴的另一端与调节手柄相连。转动手柄，改变回漆管道的漆流量，即改变进入贮漆腔的涂料量，实现漆流量的调节，改变漆膜厚度。

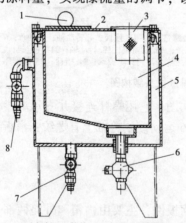

1.压力表；2.箱盖；3.滤网；4.漆箱；
5.水箱；6.放漆阀；7.放水阀；8.进水阀。

图 11-34　漆　箱

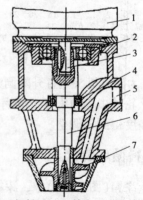

1.电动机；2、4.轴承；3.电机轴；
5.排漆口；6.轴；7.叶片。

图 11-35　泵的结构图

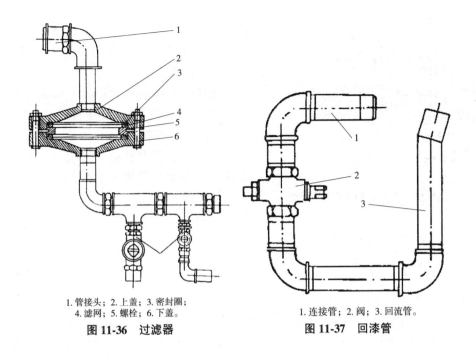

1.管接头；2.上盖；3.密封圈；
4.滤网；5.螺栓；6.下盖。

图 11-36　过滤器

1.连接管；2.阀；3.回流管。

图 11-37　回漆管

11.4.3　传送带

制品由传送带进给，传送带由单独电机带动。传动系统比较简单，电机带动锥盘无级变速器，经过链轮带动驱动辊进行进给。无级变速器的调速是靠图 11-31 的调速手轮 9 来实现的。当转动手轮时，改变了小带轮上皮带的节径，达到变速的目的。

传送带工作时，容易产生跑偏现象。图 11-38 所示的防跑偏原理图，它主要由压辊和导套组成。安装在传送带的下部，从两侧倾斜压向传送带，达到防止跑偏的目的。

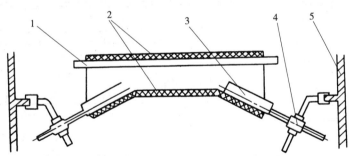

1.工作台；2.传送带；3.压辊；4.导套；5.支架。

图 11-38　输送带防跑偏系统工作原理图

淋幕式平面淋漆机根据不同淋漆宽度(常见的宽度规格有 300mm、600mm、900mm、1200mm、1500mm 五种)选择使用。

在家具产品加工中，除了上述淋漆工艺外，还有一种浸漆工艺。浸漆是将制品浸入涂料槽内以一定的速度运动，经过一段时间后，将制品取出，使制品表面浸覆一层涂料，多余的涂料沿制品表面流回到漆槽内。

图 11-39 为浸漆装置图。它主要由漆槽、滴漆槽、制品运输装置等组成。制品由运输装置运送到位后，达到漆槽上方，运输机轨道下降，将制品自动浸入漆槽中，经过一

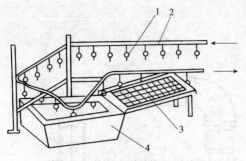

1. 挂钩；2. 运输链；3. 滴漆槽；4. 漆槽。

图 11-39　浸漆装置的工作示意图

段时间的运行后，将制品从漆槽中取出，经过滴漆槽上方，将多余的漆滴入滴漆槽中，然后流回到漆槽中。

漆槽的容积大小及形状，取决于制品的大小和形状。容积过大，涂料溶剂挥发较多，会增加涂料的黏度。

浸漆适用于大批量、流线形、小制品的上漆。所需设备简单，成本低，便于形成机械化生产线。

11.5　辅助设备

11.5.1　清扫机

清扫机又称刷尘机，是广泛用于清除工件表面尘土、砂光粉尘、锯屑等细小尘埃杂质的设备。从图 11-1 和图 11-2 的工艺流程中可看出清扫是机械化涂饰生产线的第一道工序，布置在生产流程的起点，其清扫的质量对后工序的涂饰质量有很大的影响。

11.5.1.1　结构

如图 11-40 所示，清扫机由床身、上下清扫辊 5 和 1（又称刷辊）、进给辊 2 和 10、压紧辊 4、传动装置 11、静电装置 6、调整机构 8、吸尘罩 9 等组成。

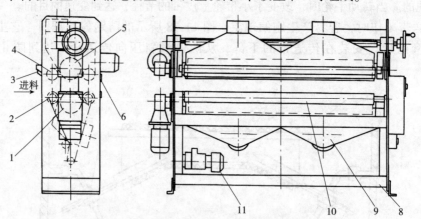

1、5. 清扫辊；2、10. 进给辊；3. 进料口；4. 压紧辊；6. 静电装置；
7. 高度调节手轮；8. 调整机构；9. 吸尘罩；11. 传动装置。

图 11-40　清扫机结构图

11.5.1.2　工作原理

工件在进料辊和压紧辊的夹持下进入清扫机。上下清扫辊以逆于上件的前进方向旋转，使辊表面的棕刷紧贴在工件表面扫过，将贴附在工件表面上的尘埃等杂物扫起并经吸尘罩捕捉后被吸走，从而使工件的涂饰表面清洁无杂物。由于清扫辊与工件表面的强烈摩擦会使工件表面产生静电场。一些极细小的尘埃杂物被静电吸附在工件表面上。因此，在清扫机的出口端上下各安装一个由细铜丝制作的去静电铜刷，一方面消除静电

场，另一方面还能将工件表面再清扫一次，从而确保
工件表面的清洁。

11.5.1.3 传动系统

上、下清扫辊分别由一台电机和齿轮减速箱传
动，其转速为 400r/min。进料辊由一台电机通过无级
变速箱、链条传动组成传动装置(图 11-41)。其进料
速度最高可达 20m/s。压紧辊无动力传动，其压紧力
由轴端上方的弹簧提供。

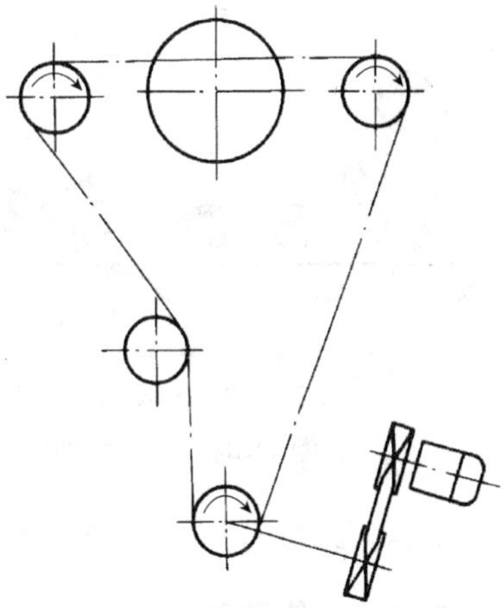

11.5.2 染色机

染色机用于将工件表面染成所需的颜色(通常将
浅色部件表面染成深色)，涂料可以是醇溶性的，也可以是水溶性的。

图 11-41 清扫机传动系统图

染色也是家具涂饰中使用涂料工艺的首道工序，因此染色机通常均布在生产线的前
端，清扫机之后。

11.5.2.1 结构

染色机由机架 13、着色辊 5、刮辊、刷辊 2、输送皮带、擦拭装置 1、送料泵 11、
安全装置 9、调整机构 14、传动装置 15 等部分组成。也可将染色和刷、擦分成两个独
立的机器组合而成图 11-42。

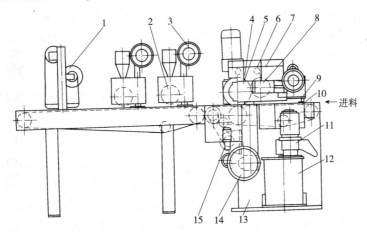

1.擦拭装置；2.刷辊；3.电机；4、5.着色辊；6、7、9.安全装置；8.刮辊；
10.输送皮带；11.送料泵；12.涂料桶；13.机架；14.调整机构；15.传动装置。

图 11-42 染色机结构图

11.5.2.2 工作原理

如图 11-43 所示，染色辊 4 与刮辊 2 形成的料槽内储放送料泵送入的涂料，刮辊控
制染色辊表面附着的涂料液膜的厚度，从而控制染料的涂布量。由于工件表面有木材鬃
眼，染色辊不能将涂料均匀地涂布到鬃眼内，而鬃眼内的空气由于涂料的封堵不易排出
反而使涂膜表面产生气泡而影响质量。因此，刷辊 5 要逆着工件前进方向旋转，在工件

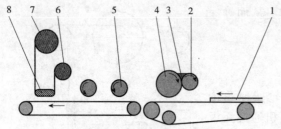

1. 工件；2. 刮辊；3. 染料；4. 染色辊；5. 刷辊；
6. 手轮；7. 擦拭装置；8. 压块。

图 11-43　染色机工作原理图

表面滚刷消除气泡并使涂料填补到鬃眼内。虽然过刷后染料已均匀抹开，但整个涂料薄膜厚度是不均匀的，因而在刷辊后有一个擦拭装置 7。该装置上的无纺布靠压块 8 压贴在工件表面上，随着工件的前进将染色薄膜更均匀地涂抹，并把多余的涂料用无纺布吸收。擦拭装置在工作时不运动，等无纺布充分吸满染色剂时应用手轮 7 将无纺布卷过，到露出新的干净的无纺布为止。

11.5.2.3　传动系统

染色辊由电机通过无级变速箱直接带动旋转。刮辊（又称计量辊）由另一电机通过无级变速箱直接带动旋转，刮辊除旋转运动外还可以通过手轮调整螺杆作直线运动以调整刮辊和染色辊之间的距离。刷辊由电机通过减速器直接带动旋转。进料输送带由电机通过无级变速箱和链传动带动。

涂料由电机通过无级变速箱带动浸入式螺旋泵输送。该泵将涂料泵入由刮辊和染色辊组成的储料槽中，当涂料多出正常位置时通过回流槽流回储料桶。

11.5.3　腻子机

在家具零部件的表面涂布腻子的目的是填平其表面的凹陷、空隙、木材鬃眼等，提高零部件表面的平整度，在涂底漆或面漆时有一个更光滑平整的表面，避免产生气泡、塌陷等缺陷。腻子有硝基腻子、醇酸腻子、光敏腻子、水性腻子等。腻子的涂布量根据基材性质而定，表面较细腻的材料涂布量较少，反之则较多。

由于涂布腻子是在涂底漆和面漆之前进行，因此腻子机都布置在底漆机或面漆机之前，染色干燥机之后。

如图 11-44 所示，腻子机由机架 1、填料辊 8、计量辊 9、压光辊 3、进料辊 2、传动机构、加压机构、调整机构等部分组成。填料辊是一种覆盖橡胶层的辊筒，它的作用是将腻子填压到工件表面上，计量辊的作用是控制填料辊的涂布量，其控制方式是调整计量辊与填料辊之间的间隙。压光辊是一个光洁的镀铬钢辊，其作用是将涂布过腻子的工件表面滚压一次，使腻子填料进一步填入到工件表面的鬃眼中，更好地封闭鬃眼，并且使表面涂料膜更均匀光洁。

压光辊布置在填料辊的后面，进料辊布置在填料辊和压光辊的下方，共由 7 个传动辊和 2 个压力辊组成。传动辊直径较小，将工件送进和输出；压力辊承受填料辊和压光辊对工件的压力，所以直径较大、刚度较好。2 个压力辊分别布置在填料辊和压光辊的正下方。

如图 11-45 所示，腻子机传动系统由 4 组传动机构组成。第一组是电机带动无级变速箱、蜗杆传动副，通过 3 个"斯密脱"联轴节分别带动填料辊和 2 个压力辊。"斯密脱"联轴节为适应工件厚度不同可做上、下调整移动。这种联轴节可适应传动中心距的变化，使轴向尺寸紧凑。第二组是电机带动变速箱，通过万向联轴节带动计量辊的传动。第三组是电机带动变速箱，经链传动使 7 个进料辊运动。第四组是电机带动变速

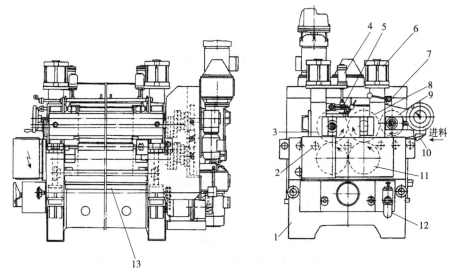

1. 机架；2. 进料辊；3. 压光辊；4. 刮刀提升气缸；5. 刮刀摆动气缸；6. 抬升气缸；7. 刮刀；
8. 填料辊；9. 计量辊；10. 进料厚度安全装置；11. 压力辊；12. 压缩空气系统；13. 清洗盘。

图 11-44　腻子机结构图

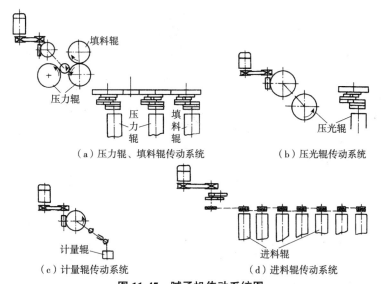

（a）压力辊、填料辊传动系统　　　　（b）压光辊传动系统

（c）计量辊传动系统　　　　（d）进料辊传动系统

图 11-45　腻子机传动系统图

箱，用一个"斯密脱"联轴节带动压光辊的传动。

　　工件从送料口被进料辊带入填料辊和压力辊之间，在计量辊和填料辊形成的料槽中的腻子被填料辊涂布在工件表面上，并立即被后面的压光辊滚压。为防止腻子在涂布过程中由于溶剂的挥发而过分黏稠或干枯，在计量辊的上方有溶剂施加管定时由人工给料槽中的腻子添加溶剂，以保持正常黏度以利于涂布。为不使填料辊将腻子带出，在填料辊上方有刮刀将辊上的腻子刮下返回到储料凹槽中。工作过程中压光辊表面应始终保持清洁光亮，因此，在压光辊上方有刮刀刮去黏附在压光辊表面上的腻子。填料辊和压光辊要对工件施加一定的压力，因此在上机架上配有气缸，气缸压力的大小要根据工艺条件调整。

参 考 文 献

傅有保，叶倩如，1992. 木工机械理论与设计计算[M]. 北京：中国林业出版社.

傅有保，1998. 轻工技术装备手册[M]. 北京：中国轻工业出版社.

花军，1995. 木制品加工机床（下册）[M]. 哈尔滨：东北林业大学出版社.

李黎，杨永福，2002. 家具及木工机械[M]. 北京：中国林业出版社.

李志仁，1990. 木工机床结构[M]. 哈尔滨：东北林业大学出版社.

南京林业大学，1987. 木材切削原理与刀具[M]. 北京：中国林业出版社.

南京林业大学，1987. 木工机械[M]. 北京：中国林业出版社.

王国才，1995. 木制品加工机床（上册）[M]. 哈尔滨：东北林业大学出版社.

肖正福，刘淑琴，胡宜萱，1992. 木材切削刀具学[M]. 哈尔滨：东北林业大学出版社.